心理觉醒

幸福人生的自我修炼

暴占光　马喜亭　编著

北京航空航天大学出版社
BEIHANG UNIVERSITY PRESS

内 容 简 介

本书打破了心理学专著内容垂直度较高的惯例，关注学生的核心素养和成长过程中的热点问题，理论框架专业扎实，具有系统性、发展性和递进性。书中内容包括个人优势、积极自我、情绪管理、压力应对、人际沟通、爱情心路 6 个专题，围绕影响青年学生心灵成长的人生课题层层递进，将受学生欢迎的专题讲座内容编写成册，知识面广、信息量大、针对性强。

本书编写体例、思路明晰，突出实用性、趣味性和真实性。书中每讲都包含关注话题、心理探索、热点解读、心理有术、拓展阅读等几个版块，内容有理解有分析有策略，能使读者明了自己在面对什么，要怎么应对、怎么改变，以及如何积极行动、努力扎根、勇敢做自己。

本书适合青年学生、教育工作者以及广大学生家长阅读，尤其适合那些愿意投入时间进行深度阅读，并希望从中获得个人心理成长和认知能力提升的人群。

图书在版编目（CIP）数据

心理觉醒：幸福人生的自我修炼 / 暴占光，马喜亭编著. -- 北京：北京航空航天大学出版社，2025. 5.

ISBN 978-7-5124-4711-0

Ⅰ. B821-49

中国国家版本馆 CIP 数据核字第 2025 SS 0626 号

心理觉醒——幸福人生的自我修炼

暴占光　马喜亭　编著

策划编辑　冯　颖　　责任编辑　王迎腾

*

北京航空航天大学出版社出版发行

北京市海淀区学院路 37 号（邮编 100191）　http：//www.buaapress.com.cn

发行部电话：（010）82317024　　传真：（010）82328026

读者信箱：goodtextbook@126.com　　邮购电话：（010）82316936

北京雅图新世纪印刷科技有限公司印装　各地书店经销

*

开本：710 × 1 000　1/16　印张：22.25　字数：349 千字

2025 年 5 月第 1 版　2025 年 5 月第 1 次印刷　印数：2 000 册

ISBN 978-7-5124-4711-0　定价：79.80 元

若本书有倒页、脱页、缺页等印装质量问题，请与本社发行部联系调换。联系电话：（010）82317024

总　　序

心理学是一门颇具吸引力的学科，既实用又充满趣味。但是，它并不好学。寻觅一本内容系统又兼具专业性与趣味性，同时保持真实性的心理学科普读物，实属不易。首要原因在于心理学源于西方，常常缺乏对中国文化的深入理解和对中国人情感的深切关怀。市场上的心理学书籍大多引进自国外，理论表述晦涩难懂，且对中国文化背景考虑不足。

目前市面上的心理学著作基本专注于特定领域，专业垂直度高。在信息多元、观点纷呈、知识碎片化的今天，非专业人士和学生想要系统地掌握心理学的实用理论和经典精髓，无疑是一项巨大的挑战。

此外，我国心理学界在理论研究和实践应用之间存在着明显的脱节。学院派以实证研究为学术评价核心的导向，导致部分高校学者对心理学科普的热情不高；而从事心理学实践的一线教师由于工作任务繁重、精力有限，难以投身于既专业又系统、既有深度又贴近生活的心理学科普创作之中。

当前社会竞争激烈，人们普遍感觉精神压力较大。特别是在迎来史上最难就业季的当下，毕业生们尤为需要心理上的关怀与支持。

如何精准契合国家对大学生心理素质提升的迫切需求，为学生提供简单实用的心灵成长指南，同时也为教育工作者与学生家长提供科学的心理指导，是摆在心理学工作者面前的重大课题。

随着教育部相关文件的发布，学生心理健康工作上升为国家战略。2024 年，教育部更是以“学生身心健康促进年”为牵引，立足于“防未病”综合施策，深入推进心理科学研究和知识普及，举办“全国学生心理健康大讲堂”，营造全社会关心学生心理健康的良好生态。

2025 年，中共中央、国务院印发的《教育强国建设规划纲要（2024—2035 年）》

明确提出：普及心理健康教育，建立全国学生心理健康监测预警系统，分学段完善服务工作机制。

北京航空航天大学一直高度重视学生心理健康，持续为学生发展赋能。学校积极心理体验中心从2022年开始为学生开设“知心讲堂”系列心理学科普讲座，旨在通过专业指导与知识普及提升学生的心理素质。

我们将北京航空航天大学20年学生发展辅导工作的积淀、中国学生发展核心素养和大学生最为关切的心理讲座主题予以深化成文，编著了《心理觉醒——幸福人生的自我修炼》和《心理能量——智慧人生的进阶密码》一套两本心理学科普著作。

这两本书相互独立又相辅相成，具有系统性、深刻性、递进性、专业性、趣味性、实用性和真实性，是图书市场上鲜有的贴近社会、贴近生活、贴近实际的心理学读本。

这两本书的写作初衷就是引导读者掌握心理发展的基本特点和调节策略（术），并挖掘心理成长的本质规律和底层逻辑（道），向读者传递“术”“道”双修的理念。

这两本书的意义在于引领读者用成长礼赞生命，增强心理韧性，勇敢面对不确定的未来；用文化滋养生命，持续心力赋能，积极探索实现自我价值；在任何境遇下都保持蓬勃的生命力、丰盈的生命状态和坚强的生命意志，拥有积极向上的幸福人生和智慧人生。

这两本书均内容翔实、体例清晰，从心理学整体知识版图中抽取出精简但又系统、实用的心理学知识，并将其梳理融汇成12个专题，让读者基本了解经典心理学概貌，形成自己的心理知识结构，在成长的道路上不断认知自我、提升自我、调整自我。

本套书在兼具专业性和实用性的同时，注重经典例证的知识性和趣味性、实践策略的可操作性和真实性，诚心诚意地为广大青年学生和教育工作者、学生家长献上有益身心健康的心理学科普盛宴。

尤其在《心理觉醒——幸福人生的自我修炼》一书中作者勇敢地分享了自己

面对贫穷、艰苦和疾病时的成长经历、不懈努力和人生智慧，真实地诠释了人生是一条有波峰有低谷的曲线，只要不轻言放弃，总会有峰回路转、柳暗花明、涅槃重生的机会和惊喜。

习近平总书记强调："每一代青年都有自己的际遇和机缘，都要在自己所处的时代条件下谋划人生、创造历史。"

愿本套心理自助丛书成为你人生征途中的灯塔，引领你穿越迷雾，照亮你前行的道路。无论你身处何方，无论你面临何种挑战，都请记得，你绝非孤军奋战。让我们一起，用积极心态勇敢面对所有未知挑战，用积极行动追寻自身价值、成就梦想。

马喜亭

2025 年 1 月 9 日于北京航空航天大学

序

我和本套书作者之一暴占光相识有三十多年了。她是走过艰辛人生路程却一直保持着积极向上心态的人。

在大学时代，她要自己打工补贴生活费用，但既没影响学业也没耽误参加集体活动；在工作初期，她要帮扶家人改善生活，却仍然精力充沛、不断进取；在辞去基础教育管理职务脱产攻读博士研究生以后，她克服种种困难，选择了基于自我决定认知动机理论的外在学习动机内化研究，博士论文成果受到了后学们的高频次引用；在亲友们的困难时刻，她总是掩盖起自己的不容易，坚强地伸出援手；在自己的大病治疗过程中，她冷静而智慧地配合大夫采用最优治疗方案；在病后本该安静休养的日子里，她完成了这套心理学图书的编写，希望以自己的方式为集体做出贡献。在半百岁月里，她一直是默默地克服自己的困难，总想着为集体、家人、亲属、同事、同学、朋友们再做点什么。

这个寒假，她把这套书的样稿摆到了我的面前。让我看见，她在努力整理自己半生的心理学知识、个人生活经验和文化传承体会，想要为年轻人写出一套通往幸福、智慧人生的心灵修炼指南。

作为一门新兴学科，心理学科的知识更新速度极其迅速。每个心理学专业人士都在持续努力去发现自己认为重要的新知识，不断改造自己头脑中的心理科学知识结构，不断加深对心理学科的理解。在这个知识选择和认知结构重建的过程中，关于知识价值的判断，难免都会受到个人经验的影响。可以说，这套书的内容架构，是作者带着自己的半生经历，去对心理学学科知识价值重新审视的一个结果。因此，这套书的内容结构一点儿也不像常见的学科教材结构那样中规守矩，倒很像是作者个人知识结构的提炼和重建。所以，它打破了常规的学科边界，覆盖范围十分广泛。一方面，针对年轻读者开创个人事业格局的目标追寻需求，设置了学习能力建设、心理资本建设、人格自塑、人际沟通、婚恋指导等内容；另一方面，针对人生路上难免会遭遇到的困难、挫折和不如意，也设置了压力应对、情绪管理、自尊维护和积极心智模式等内容。简而言之，它既教人追求成功，也帮助人调整自我。每个专题的内容都翔实而丰满，由浅入深地对心理学知识进行层层剖析，引领读者进行深层次的理解和应用。

这套书的表现形式引人入胜，可见作者的用心良苦：既有新颖时尚、吸引读者目光的时代热点话题剖析，也有对流行学说和热点议题的专业化解读，使读者能把抽象的知识原理与真实的生活现象、生动的概括总结相结合，一步一步走向自我成长之路。

希望读者们在阅读这套书的过程中，也能快速搭建起自己的心理学知识结构；更希望读者们在学习完这套心理自助丛书之后，能像作者本人一样，有一颗智慧、坚韧、乐观、阳光、积极向上的心灵。

盖笑松

2025年2月8日于东北师范大学

自　　序

2013年暑假，我正兴高采烈地在长春参加爱人单位10周年庆典活动，怎么也想不到一个大雷正在送达的路上。

作家茨威格说过："一个人年轻的时候，总以为疾病和死神只会光顾别人。"8月末，我回到北京后因为感觉不舒服，去北医三院做了个检查，几天后收到了乳腺癌确诊通知。

这个晴天霹雳让我如坠深渊难以置信，那时满心都是努力想从噩梦中醒来的惶恐。在最惊恐最无助的时刻，我得到了北航各级领导和同事们的关怀和帮助。

当时主管学生工作的校领导帮忙引荐了北京肿瘤医院胸外科专家，给我转介了北京肿瘤医院乳腺科专家王天峰大夫。

校医院领导帮我协调沟通，我才得以顺利办理了转院手续，后任领导又指导我如期办理了跨院报销手续。

学校机关党委给我送来了关怀和慰问；校工会给我送来慰问卡和女职工大病医疗保险赔偿金。

当时刚刚接手学工部工作的武立勋部长马上安排其他老师接替我手里的工作，让我安心去就诊治疗，并委托两位女教师到医院慰问。

当时刚刚调离北航的前任学工部部长得知我生病后，多次打电话关心我的病情并意愿帮我接洽医生。后来我在选定的医院治疗并做完手术逐渐恢复时，她又亲自到我家里探望关怀慰问。

我的同事慧琳老师通过医学院同学帮忙，给我找到两本主治医生的电子书，让我对这个疾病和治疗方案有了更多了解。

遇到北京肿瘤医院王天峰大夫是我的幸运，王大夫根据我的实际病情采用个性化内分泌治疗方案，使我的身体没有受到太大损伤逐渐康复。

在治疗期间，我也一直在单位行政岗工作，减轻了工作量，也不再熬夜写文章了。2015 年 10 月，我做了病灶切除的局部手术，遵医嘱休息三个月后回到学校，转回学校积极心理体验中心工作。

刚开学时恰巧办公室暖气坏了，2 月末的北京乍暖还寒，三四天没有暖气的北向房间寒气彻骨，我自己也是不娇气全身冻透了也能忍耐。

可能手术后的身体还没完全恢复，再加上受寒，我又急于做满工作量，给本科生上课、带研究生、接受学生心理咨询等，到 2016 年 7 月时我就是说话上气不接下气的状态了。

时任学工部部长董卓宁和积极心理体验中心主任马喜亭老师看到我的状况，在秋季学期开始时就给我减少了咨询工作量，让我做一些尽量少说话的文字工作，也鼓励我做一些研究工作。学工部的全体同事们一直都给予我无私的关照和鼓励。

除了完成单位的相关文字工作以外，我开始反思并系统学习中国经典文化，经典文化与心理学的碰撞，让我收获颇丰，也让我有了更多成长。2018 年，我整理出一本 15 万字的《道德经与心理健康》，但是跟领导讨论后感觉它更像读书笔记，就暂时搁置了，但这为我后来的写作提供了坚实的文化基础。

2019 年春季，我感觉自己的气力恢复到 70% 以上了，就不想再局限于做文字材料类工作了，还是想承担更多的直接接触学生的创造性工作。于是，我就开始为辅导员和学生开发专题讲座。这些年，我一直给本科生开设“青年发展心理学”选修课，后来又讲过“管理心理学”“心理学史”等专业课，我的专业基本功还是挺扎实的。

我给学生开设的第一个专题讲座是《幸福密码》，当时大教室基本坐满了，还有两位老师来旁听。

工作这么多年，这是我第一次做面向全校学生公选的专题讲座。它跟讲课和做研究的思路都不同，要在 90 分钟内有价值地呈现一个主题，既要有深度、有新意，又要有趣味；不能太学术太理论，又不能太鸡汤。

来听讲座的学生都很聪明，几乎每人都带着作业或者电脑，你讲得有意思他们就抬头，讲得没意思他们就写作业。结果这个讲座中，有 50% 左右的学生在低头写作业，感觉是我打扰学生写作业了。

虽然做总结的老师给予了很客气的赞扬，但是我知道这是一次失败的专题讲座。它的内容陈旧落后了，我的表达也缺少感染力，不能引发学生的注意和兴趣，不能给予学生太多的新鲜信息和启发。

我是一个知耻而后勇的人，第一次专题讲座结束后我就对讲座内容进行了修改、补充、深化和提升。随后，我也一直在努力给学生呈现更有启发的更好的专题讲座。

《情绪管理》专题讲座时学生的抬头率大约到了 90%，《超越自卑》专题讲座时学生的抬头率大约 90% 以上，《人际沟通》专题讲座时学生的抬头率大约 95% 以上。

看到学生们的反应，我的信心和动力逐步增强了，只要学生感兴趣，我就愿意付出努力给学生开发更多更好的专题讲座。

马喜亭老师建议我把讲座录下来申报教育部优质课，我听着有点动心，就开始整理讲座文稿。但是不久之后我就打退堂鼓了，在课堂上讲讲还可以，真要录课那可不是简单的事情。

这些年我对北航充满感恩，北航校党委、校领导对教师的人文关怀和大气包容，学工部几任领导和同事们给予我的无私关爱和温暖尊重，都让我沐浴在阳光和希望中。

在我身体休养恢复的这几年，我承担的工作量比同事们少很多，我觉着这对大家不公平，所以心里也充满歉疚。

后来自己身体逐步恢复了，就想着老天爷既然留我一命，那我一定还有自己的使命和责任。我开始思考自己能为学校做点什么，能为学生做点什么，能为同事做点什么，能为社会做点什么，把北航的大爱传递下去，也弥补一下自己职业生涯的遗憾。

当时就想着既然不擅于录视频课，那就把这个内容整理出来编辑成册，作为内部资料供各位老师参考使用吧！于是，我把本书中的六个专题讲座的文稿和

PPT 整理成型以后发给了几位感兴趣的老师参考使用。

有位老师建议我考虑编辑出版，这个建议引发了我的思考。我来北航的第一个工作岗位就是大学生发展辅导，给全校辅导员做培训、给各班发展辅导委员做培训，指导学生身心健康发展。做一件有创造性的对学生对学校有意义的事，把我做学生发展辅导工作积淀了二十年的经验整理出来，这也算是不忘初心吧！

给学生写本书的想法得到了学工部宋晓东部长的支持，他鼓励我结合当代青年的重大现实需求做有意义的深度研究。在书稿完成后，参加学校专著立项申请时，宋晓东部长为我做推荐专家，他详细地审读了本书的目录和全部文稿，提出修改建议并认真地书写了推荐意见。

学生中心纪一鹏主任非常重视我的研究项目，全力支持我的研究工作，鼓励我做出符合时代需求的、能引导当代青年心理健康成长的优秀作品。

就这样，从 2019 年开始构思搞专题讲座到 2024 年 12 月书稿成型，五年期间经历了很多艰苦的工作。我和马喜亭老师共同讨论、共同修改、共同推进。

本书在编写过程中一共经历了四个版本。第一个版本是我给学生做专题讲座的参考讲稿；第二个版本是整理深化成的文字稿；第三个版本是 2024 年 5 月对全书的知识点进行分配后的系统成稿；第四版是在先后听了 3 位编辑老师的意见后，终于下决心在 2024 年 10—12 月用两个月的高强度工作进行了大幅度结构调整的成稿，此稿在先前的系统性、深刻性和专业性基础上，增加了关注话题、真实案例和热点解读，提高了可读性、趣味性和真实性。

本书包括个人优势、积极自我、情绪管理、压力应对、人际沟通、爱情心路 6 个专题内容，围绕影响幸福最关切的人生课题层层递进。在编写本书过程中，《情绪管理》专题是我自己觉得最艰苦最吃力的部分。

2023 年，我在给学生开《情绪管理》这个专题讲座时，阅读了几本专业书籍，整理了大量资料，在制作 PPT 的时候却又觉得有很多表达都是苍白无力的。面对现实困境，我不断思索什么样的心理学解读和策略指导才更有意义。为了这个专题讲座，我废寝忘食、全神贯注地思考、备课。

2024 年 5 月，我又对这个专题进行了反复整理提炼，为了吃透理论、比对案例，又花费了很多时间。在整理应对策略的时候，每到一处我都会问自己：这个理论有必要阐述吗？这个内容学生会感兴趣吗？这个方法对学生有帮助吗？这样的表述风格学生能接受吗？有天晚上，我在将近 23：50 时关上电脑，但是躺在床上，脑子里还在反复琢磨怎么调节焦虑，连自己也进入焦虑的状态了，辗转反侧一直难以入眠，后来索性不睡了。凌晨 3：27 我又打开电脑继续工作，第二天中午补睡了三个小时。

其实在整个求学生涯中，焦虑是一直如影随形的，战胜它的办法就是专注于眼前的任务。

2024 年 11 月，我又对这个专题的内容进行了大幅度修改，尽量压缩理论部分，增加了有用的现实指导策略。特别是在看到当今大学生就业形势严峻，学生多年苦读后却遇上经济不景气，就业机会变少、经济压力大，部分年轻人归属感、能力感、成就感和价值感缺失的现状后，在关注话题和热点解读版块，我重点针对毕业生群体进行了案例解读和策略指导。

当时在图书馆里，我是眼含热泪整理焦虑调节、年轻人就业选择这部分内容的。我的孩子今年研究生毕业，工作还没有着落，也很焦虑，所以我对这一代青年学生的成长经历和他们背后父母的期待有着深深的共情。他们是各自的家庭倾尽全力、悉心关爱培养出来的孩子，曾经的节假日几乎都是在辅导班和课外班中度过的，最终才从千军万马中杀出重围进入大学，对美好未来充满了期待，但他们一出校门便体会到了人生的艰难。

慨叹个人力量之微小，在感到既心疼又很无力的时候，我呼吁社会为年轻人提供切实的系统支持；作为心理学工作者，我也有义务为年轻人提供一些系统的心理支持：关注当代青年的心理诉求，科学解读他们当前的思维困境，探索缓解普遍焦虑的实用策略，缓解他们的心理冲突和压力，引导他们理性解读生活中的不确定性，增强心理韧性和松弛感，引领他们将价值坐标由追求成功、卓越转向追求向上的生命力。

北京航空航天大学图书馆三楼自习室西南角的桌椅板凳见证了近三年来我的全身心投入，共享单车的支付记录留下了我带着电脑早出晚归的足迹。我坐硬板凳的功夫不减当年，但是以我这样经过五年高强度药物治疗的身体再加上处于更年期的年龄，每天坐在图书馆里长时间面对电脑工作实在是脑力和体力的双重挑战。每当累到腰酸背疼、眼睛模糊、颈椎难受、肩周疼痛、手腕发酸的时候，我就抬头看看自习室里埋头苦读的学生们，我看到的是我们的学生，也是全国其他高校的年轻人，我的孩子也是他们中的一员，跟他们谈谈心、给他们鼓鼓劲儿是我写作动力的直接来源。

著名心理学家米哈里·契克森米哈伊说："人类最好的时刻，通常是在追求某一目标的过程中把自身实力发挥得淋漓尽致之时。"

书稿完成的那天我发了个朋友圈"纪念一下跟考研学生一起在图书馆努力的日子"。发布的几张照片是我在图书馆里最艰苦的写作时期自拍留存的几张蓬头垢面、疲惫憔悴的丑照，那也是我整个写作期间最真实的样子。当我敢于把自己那些难堪、失败、露怯和丢脸写进书稿的时候，当我敢于发布自己不修边幅的粗糙状态的时候，表明我已经能够完全接纳真实的自己了，我的内心也真正变得更强大了。

我之前因劳累、压力、焦虑、郁闷产生了心因性疾病，随着写作期间的系统梳理和深刻反思，到完稿时感觉自己身心痊愈了！这些文字是我用时最久、用心最诚、用情最深的心血结晶。

古语有言："天欲祸人，必先以微福骄之，所以福来不必喜，要看他会受；天欲福人，必先以微祸儆之，所以祸来不必忧，要看他会救。"

人生是一场觉醒。觉醒的本质就是向内求，每个人都本自具足，相信自己，才是真正的清醒。觉醒是心灵的新生，是对过去的释怀和对现在及未来的接纳。

我跟儿子说自己累得眼睛模糊了，看稿子都发现不了错字和病句了，实在是干不动了，儿子答应我寒假时帮我把全文校对一遍。儿子能作为我的第一读者，这本书不论外界如何评价，于我已经是人尽其才、物尽其用了。

得知他看了一部分时，我问他读着感觉怎么样，他说："挺好的。"后来，我跟他聊找工作的事，他说："我就是一块砖头，哪里需要，我就去哪里，就是让我扫地我也能干。"

哇！我好感动，00后的年轻人真是不可小觑！他们自信心强又个性鲜明、信息面广又有创新意识，独立精干又务实，是互联网“土著”，能顺利融入AI浪潮。他们承担着国家的希望，也面临着前所未有的挑战。相信经过时代的历练和生活的考验，这一代人必定能尽快成长为有担当有责任感的社会中坚力量。

本书适合青年学生、教育工作者以及广大学生家长阅读，尤其适合那些愿意投入时间进行深度阅读，并希望从中获得个人心理成长和认知能力提升的人群。

本书写作过程中参考了国内外心理学专家和同行们的相关研究成果，在每一讲结尾处均列出了相关文献，个别之处引用网友的总结也已在文中说明，在此一并向原作者致以衷心的感谢！

由于本书内容涉猎较广，作者水平有限，书中难免会出现疏漏或错误，敬请专家学者和广大读者批评指正，以便于我们及时修正！不胜感激，顺颂时宜！

暴占光

2025年1月12日

目　录

第一讲　个人优势

第二讲　积极自我

第三讲 情绪管理

第四讲 压力应对

第五讲　人际沟通

第六讲　爱情心路

第一讲　个人优势

【关注话题】

HR 最想知道你有啥与众不同的地方

前几天跟一个正在求职的年轻人聊天，他说春招补录岗位少，1—4 月他投递了 50 多份简历，收到了 4 次面试机会。

面试官基本都会问：“你觉得你的优点是啥？你觉得相对其他面试者你哪些方面能力强？你的核心竞争力是什么？”

当面试时被问到“你有什么优势？（你应聘我司这个岗位有什么优势？）”时，是不是好多人的第一反应就是觉得自己没有优势？

其实要明白，公司问这个问题无非就是想知道某个岗位你能不能胜任，能干到什么程度，对公司来讲，人岗匹配就是最大的优势。

现在的社会竞争真的很激烈，感觉每个人都在努力往前冲。但你知道吗？在这种环境下，发挥我们的个人优势就显得超级重要了。

你想想看，每个人都有自己的闪光点，就像天上的星星一样，每颗都有自己独特的光芒。如果我们能找到并发挥自己的优势，那就能在人群中脱颖而出，成为那颗最耀眼的星星！

所以，别害怕竞争，也别盲目跟风，要多了解自己，找到自己的长处，然后努力把它发扬光大。这样，你就能在激烈的竞争中站稳脚跟，走出一条属于自己的路。

我们一起来了解优势、寻找优势、提升优势吧！

【心理探索】

希腊德尔菲神庙阿波罗神殿门上刻着铭文“认识你自己”，这句铭文和“凡事勿过度”“承诺带来痛苦”一起被奉为“德尔斐神谕”。

就连大哲学家、思想家苏格拉底都曾把这句话作为他人生的座右铭。“认识自己”这大概是要花我们一生的时间。

苏格拉底认为，“认识自己”就是要努力让自己成为一个道德完善、人性正义的人，去发现、关注自己本身潜在的精神德行，比如幸福、美德、正义，不去过多关注身外之物，在这个追寻的过程中，就会逐渐完整地认识自己。

积极心理学告诉我们，每个人都存在巨大的潜能，都能决定自我的多种基本需要，都有向上发展的成长能力。

把自己的心态调整到积极状态，发挥积极品质挖掘自己的潜力，积攒内在的积极力量滋养心灵，不仅可以让自己生活得更健康、更快乐、更充实有意义，而且可以促进个人、社会以及整个人类的进步和发展。

我们到底要如何去认识自己？我是个什么样的人？我有哪些优点，又有哪些缺点？我拥有哪些个性特点和品格优势？怎样接受全部的自己，爱上全部的自己？怎样提升自己的心理素质，增强个人优势？

积极认知：明智而灵活的自我

要认识自己，我们首先要了解自己的个性心理特点，也就是自己的气质类型、性格特点。

哪种气质类型最好？

气质是指个体表现在心理活动的强度、速度、灵活性与指向性上的一种稳定的心理特征。这种特征既决定了个体心理活动的动力特征，又给每个人的心理活动蒙上了一层独特的色彩。

气质所表现的是一个人从内到外的一种稳定的个性特点。气质并不是我们自己所说出来的，而是内在修养以及文化修养的一种结合，是持之以恒的结果 。

气质说源于古希腊医生希波克里特的体液说，他认为人体内有四种液体：黏液、黄胆汁、黑胆汁、血液。约 500 年后，罗马医生盖伦进一步确定了气质类型，提出人的四种气质类型是胆汁质、多血质、粘液质、抑郁质，现代气质学说沿用了这四种气质类型。

暴脾气的张飞是妥妥的胆汁质型

胆汁质型的人有如下特点：

表里如一、行为果断、热情积极；精力旺盛、反应速度快；直率刚强、有独立见解，容易感情用事；

不愿受人指挥，而喜欢指挥别人；一旦认准目标，就希望尽快实现，学习和工作带有明显的周期性特点，能以极大的热情和旺盛的精力投入学习和工作；

一旦精力消耗殆尽，便会失去信心，情绪顿时转为沮丧从而心灰意冷，其整个心理活动表现出迅速而突发的色彩。

胆汁质型的典型代表有张飞、李逵等。

八面玲珑的王熙凤领衔多血质型

多血质型的人有如下特点：

性情活泼、主动、热情，言语表情具有表达力和感染力，在群体中精神愉快，与人相处自然，常能机智地摆脱困境；

反应迅速，情绪来得快而多变，兴趣容易转移；容易适应新环境，有高度的可塑性，也善于结交新朋友；

在学习和工作中表现出精力充沛、肯动脑主意多的特点，不安于机械、刻板、循规蹈矩，常表现出较强的工作能力和办事效率；

兴趣广泛，但容易失于浮躁，见异思迁；喜怒流于外表，可塑性强。

多血质型的典型代表有王熙凤等。

严谨理性的财务人员多属粘液质型

粘液质型的人有如下特点：

安静稳重，沉默寡言，情绪不易外露；反应较为迟缓，但无论环境如何变化，都能基本保持心理平衡；

凡事深思熟虑，力求稳妥，一般不做无把握的事情，善于忍耐，在各种情况下都能表现出较强的自我克制能力；

外柔内刚，沉静多思，不愿流露内心的真情实感；与人交往时，态度适度，不卑不亢，不爱抛头露面和作空泛的清谈；

学习、工作有板有眼，踏实肯干，严格恪守既定的生活秩序和制度；但他们过于拘谨，容易因循守旧，不善于随机应变，缺乏创新精神，固定性有余而灵活性不足。

粘液质型的典型代表如从事财务工作的人员、从事安全检测工作的技术员等。

多愁善感的林黛玉是默认的抑郁质型

抑郁质型的人有如下特点：

孤僻自卑，动作迟缓，拘谨胆怯；情感体验深刻，善于觉察别人不易觉察到的细小事物；

多愁善感，感情细腻而脆弱，难以忍受或大或小的神经紧张，情绪常因小事而波动；

不善于与人交往，喜欢独处，自己心里有话宁愿自己品味，不愿向别人倾诉；与人交往时显得腼腆、忸怩，善于领会别人的意图，在团结友爱的集体中，很可能是一个容易相处的人；

遇事三思而行，富于想象，比较聪明，求稳不求快，对力所能及的工作能认真负责地完成；

在学习、工作一段时间后，常比别人更感疲倦；在困难面前常怯懦、自卑和优柔寡断。

抑郁质型的典型代表如林黛玉。

气质是先天的，绝大多数人是多种气质类型的混合体，主要看哪种气质占主导性地位。

气质本身没有好坏优劣之分，任何一种气质都有其积极和消极的方面，气质也不能决定一个人的社会价值和成就的高低。

正如清代顾嗣协在《杂兴》中所写：

骏马能历险，力田不如牛。坚车能载重，渡河不如舟。

舍长以就短，智者难为谋。生材贵适用，幸勿多苛求。

顾嗣协的这首哲理小诗，形象地告诉人们“尺有所短，寸有所长”的道理。芸芸众生中，无所不知、无所不能的全才是没有的。生而为人，只有具备了这种自知之明，能清醒地看到自己的强项和弱项、优势和劣势、长处和短处，才有可能找准人生坐标，从而赢得成功。如果舍长就短，即使是智者也会捉襟见肘、无能为力。

因此，个人应正确对待自己的气质类型，经常有意识地控制自己的消极品质，发扬积极品质，以利于形成良好的个性。

你是“e 人”还是“i 人”？

“i 人”和“e 人”分别对应 MBTI 人格测试中的两种类型：内向（introversion）和外向（extraversion）。

“i 人”：指性格内敛、内向的人。他们喜欢独处，享受自己的世界，通常被认为是“社恐”。他们更关注自己的内心世界，喜欢安静和独立，沉浸在自己的思想中。

“e 人”：指性格外向的人。他们喜欢社交，通过社交来获取能量，通常被认为是“社牛”。他们倾向于将注意力和精力投注在外部世界和他人身上，活泼开朗，善于应对各种情境。

“你我 MBTI 不合，不宜见面。”这不是什么神秘组织的接头暗号，而是近两年火遍全网的人格测试——MBTI。这款诞生于 70 多年前的人格测试工具，在商业时代的加码助推下，迅速火遍全球。

时下受年轻人推崇的 MBTI 到底是啥？

MBTI 全称为迈尔斯－布里格斯性格分类指标，是一种自我报告式的人格测评工具，由美国作家迈尔斯及其母亲布里格斯研究开发，其理论基础是瑞士人格心理学家荣格所创立的心理类型理论。

MBTI 的四个维度八个向度指的是外向（E）和内向（I），感觉（S）和直觉（N），思考（T）和情感（F），判断（J）和知觉（P）。

四个维度如同四把标尺，每个人的性格都会落在标尺的某个点上，这个点靠近哪个端点，就意味着个体就有哪方面的偏好。如在第一维度上，个体的性格靠近外倾这一端，就是偏外倾，而且越接近端点，偏好越强。

你是 INTP 还是 ESTJ？

通过对照四个维度的描述，你或许已经识别出自己在每个维度上的偏好。四个维度、八个端点可组合成 16 种性格类型。根据每一项倾向性的判定，最终可以得出 16 种组合。

MBTI 的论述指出，人格类型并不会随时间而改变，但这并不代表人们被人格类型“框住”。它仅代表一个人与生俱来的偏好，人们可基于这些先天的偏好发展出不同的经历和表现方式，选择自己更喜欢的性格类型的人进行交往。

你适合搞艺术还是做科研？

心理学家大卫·凯尔西在了解 MBTI 系统后开发了“凯尔西性情分类法”，这四种“性情”可追溯到古希腊的传统。

他将这些气质映射到迈尔斯与布里格斯创建的 SP、SJ、NF 和 NT 分组中，并为 MBTI 系统的 16 种人格类型逐个命名：

触觉＋知觉＝经验主义者（SP 型艺术创造者）

触觉＋判断＝传统主义者（SJ 型护卫者）

直觉 + 情感 = 理想主义者（NF 型理想主义者）

直觉 + 思维 = 概念主义者（NT 型理性主义者）

MBTI 性格类型系统的 16 种人格类型中的每一种都可以归入这一分类中。

【热点解读】

风靡网络的 MBTI 人格测试究竟是科学还是玄学？

这两年，“i 人”“e 人”的热梗火遍全网，测试中它们分别指代的是性格内向和外向的人。

中国社会心理学会人格心理学专业委员会主任、北京师范大学心理学教授许燕接受封面新闻的独家专访时说：“我们也在反思，为什么很多科学的心理测量工具没什么人去用，非心理学的母女俩研究完成的心理测验反而会有这么大的市场。”

MBTI 测试基于人格心理学家荣格理论衍生，这是一个没有验证过的理论。现在被用来制定人格类型理论的模型，它的火在于它的形式不完全是科学的指标。

MBTI 人格测试在西方早就火起来了，它在职场上应用非常热，但它并没有作为招聘录用人才的指标，更多的是在团建过程中作为“破冰环节”的热场。

“尽管 MBTI 测试以人格心理学家荣格理论为根基，但这个理论根基也是受到质疑的。因为荣格理论来源于一种思辨的思维，不像心理学需要靠实证和数据，这是一个没有验证过的理论。”

在许燕教授看来，MBTI 的“火”在于它的形式不完全是科学的指标。

有心理学家在实验中对一个月前曾使用过 MBTI 人格测试的人进行重新测试。两次测试结果不同的人，甚至超过了 50%。“重测信度”很低，所以说它是心情指标也不为过。

MBTI 测试的信效度并不高，不是绝对“科学”的心理测试，而是像星座一样流行的“科学”人格分类法，但不失为一种自我探索的切入点。

需要警惕的是：无论是自我还是他人，我们都是复杂多面的——没有任何一个测评结果能够绝对地确定我们是谁。

希望每个人都能够享受 MBTI 测试带来的欢乐与思考，以及不被定型的美好未来和人生。

积极特质：发现优势品格

对儒家经典《大学》开篇“大学之道，在明明德”，被广泛认同的一种解读是：“人从生下来就具备一定的优势和美德，而学习的过程就是要挖掘出这些被后天环境或条件埋藏起来的‘德’，使之‘明’朗于天下。”

积极心理学正是这样一门挖掘人性之“美”、性格之“德”，再着重培养优势力量，并促使人类走向成熟、走向自我实现的科学。

人类的美德和优势是积极心理学的理论核心之所在。积极心理学不仅仅是有关幸福的心理学，它更关注人的自我实现、找寻人生的意义，而人生的意义就藏在人类固有的优势与美德之中。

放之四海而皆准的优势与美德

1999 年年底，积极心理学之父马丁·塞利格曼在迈耶森基金的支持下请来以彼得森博士为首的一批杰出心理学家，编制了积极行为 VIA（The Value in Action）体系。

塞利格曼与彼得森等积极心理学家一起，博览群书，深研全球横跨 3000 年历史的不同地区的文化，主要文献包括世界上主要宗教和哲学派别的基本论著，终于将人类最终的美德和优势汇成了一份类似于《精神病学诊断研究》的手册，名称为《性格的优点与美德》。

这份手册详细列举了那些促进了人类历史发展、在社会各个层面为人类所推崇的各种优势和美德，归纳出六个放之四海而皆准的美德，即智慧、勇气、仁爱、正义、节制和超越。

这些优势和美德的基本特点

① 经常出现在一些伟人或普通人的身上；

② 它们本身就具有巨大的价值；

③ 它们本身就是目标，而不是实现其他目标的手段；

④ 它们不会妨碍别人，只会让别人敬仰；

⑤ 它们是社会普遍提倡的美德和优势；

⑥ 这些美德有先天成分在里面，但更多的只能靠后天的努力培养才能获得；

⑦ 它们具有普适性，适用于各种文化。

杨振宁发挥优势品格，获得诺贝尔奖

当你发现自己的优势品格，并运用这些优势时：你会更容易投入当前的活动中，更有参与感与被认同感；你会有兴奋、富有激情、幸福的感觉；你会迅速成长；你会想方设法地找到运用这些优势的新途径、新项目；你会感到越来越兴致盎然，而不是越来越累。

杨振宁的强项是理论物理

1945 年，杨振宁在美国芝加哥大学读研究生，他的导师是著名科学家、诺贝尔物理学奖获得者恩里克·费米，他专门从事物理原子能方面的研究，被誉为“原子能之父”。

杨振宁此时已经确定了博士论文的方向，他希望通过实验物理的课题，最终能获得博士学位。

于是，恩里克·费米将杨振宁推荐到了阿里森实验室，让他开始了自己的实验物理之路。

然而，杨振宁在阿里森实验室的研究并不顺利，因为实验物理需要动手，而他所擅长的理论物理，只需要动脑。

甚至他的博士生导师阿里森都会调侃他，阿里森曾说道：“Where there is a bang, there is Yang.”（“哪里有杨振宁，哪里就有爆炸。”）也就是说，实验室的“噼啪”声响，都是由杨振宁搞出来的。

杨振宁虽然加倍努力，但他发现自己在实验物理方面不仅没有长处，而且还处在一种事倍功半的状态。

比如，实验室中有一台旧的加速器经常出现问题，每次杨振宁都需要几个小时才能发现毛病，而其他的同学则只需要几分钟就可以轻易发现问题所在。这些差距，让杨振宁开始怀疑自己选择实验物理是否正确。

在将近两年的时间里，杨振宁虽然一直在实验室中辛勤地工作和研究，可是他并没有获得等额的回报，甚至可以说是收获甚微。

有一天，爱德华·泰勒来到了实验室，直言奉劝杨振宁改变方向，转回自己擅长的理论物理，只有这样，他才可以取得不错的成就。

杨振宁知道泰勒教授的建议是很客观的，也很有道理，可是他已经在实验室努力了 20 多个月，他如果放弃，那可就前功尽弃了。

但杨振宁是聪明的，也是睿智的，他经过了两天的深思熟虑后，最终决定放弃实验物理，转而去进行理论物理方面的研究。

杨振宁回归理论物理方面的研究后，果然成效甚大，甚至可以说是事半功倍。不久之后，他发表了《论核反应分布与测量问题》论文，成功地获得了芝加哥大学哲学博士学位。

杨振宁在获得博士学位后，进入了普林斯顿的高等研究所，在那里，他遇到了一位很默契的伙伴，那就是李政道，两人一见如故，并最终携手合作，在不到十年的时间里，凭借“宇称不守恒理论”获得诺贝尔物理学奖。

扬长避短，懂得取舍，这需要高深的智慧。杨振宁率先垂范，值得我们好好学习。

六大美德 24 种优势品格对号入座

心理学家编制的积极行为 VIA 体系，详细解读了六大美德和 24 种优势品格的内涵。

人的美德和优势成为积极心理学的支柱理论，而培养 24 种优势品格是拥有这六大美德的途径。

美德和优势并非遥不可及 *

智慧的美德

智慧这一美德可以帮助你获取和应用知识，其中包含了五种优势品格。

① 创造力 [独创性、原创力] : 能够思考出新颖并且有趣又有效的方法来解决问题或创造作品，不限于艺术领域。

② 好奇心 [兴趣、寻求新奇、对体验开放] : 喜欢带着兴趣去体验，找到引人入胜的主题，并且愿意去探索和发现其他人未曾踏足的领域。

③ 思维开放性 [判断力、批判性思考]: 能全面透彻地从各个方面思考问题、检查问题，不会轻易下结论。当出现新的证据或线索时，会及时调整思路，公平地衡量各种证据。

④ 好学: 想要系统地扩充自己的知识库，自发自主地学习一些新的技能与知识。

⑤ 洞察力 [智慧] : 能够以多种方式看世界、认识自己和他人，可以看清楚事情的本质，能够为别人提供明智的参考意见。

勇气的美德

勇气这一美德可以帮助你与外界的困难对抗，可以让你坚定目标。其中包含了四种优势品格。

⑥ 正直 [真实，诚实] : 坚持真理，对人很真诚，不虚伪，对自己的言行举止负责，当形势不利时不苛责他人。

⑦ 勇敢 [英勇] : 在威胁、挑战、困难或痛苦前不畏缩; 即使面对反对意见仍然会坚持自己的观点。

⑧ 坚韧 [毅力，勤奋] : 做事情喜欢有始有终。不论面临什么样的困难，都愿意想办法解决，执行力强，会很好地完成任务。

---

* 为便于读者更直观地了解有哪 24 种优势品格，本标题下的所有“①”级序号采用了接续用法。

⑨ 活力 [热情，富有激情，充满活力，有能量]：充满激情和力量地去追求生活目标；不半途而废或者三心二意；把生活当作历险，热爱生活，充满生机和活力。

仁爱的美德

仁爱这一美德意味着你可以友善待人，也愿意帮助他人，其中包含了三种优势品格。

⑩ 善良 [慷慨，培育，关照，同情，利他，友善]：为他人帮忙或者做善事，愿意帮助别人，照顾他人。

⑪ 爱 [亲密]：重视与他人的亲密关系，尤其是彼此之间能够分享和关照；能够亲近他人。

⑫ 社会智能 [情商，人际智能]：理解他人的感受与需求；在不同的社交场合举止得体；明白如何让他人认同。

正义的美德

正义这一美德意味着你具备良好的公民意识，其中包含了三种优势品格。

⑬ 公平 [公正]：以公平和公正的态度对待所有人；不让个人的情感影响到针对别人所做出的决定；给予每个人平等的机会。

⑭ 领导力：鼓励团体中的每一个人把工作做好，同时促进良好的集体关系；可以让团队成员很配合，带领团队成员共同完成目标。

⑮ 公民权 [社会责任，忠诚，团队合作]：作为团队或小组中的成员，会努力配合，忠于团队，按时按量完成自己的任务。

节制的美德

节制这一美德意味着你可以不过度对待自己的生活与精神世界，其中包含四种优势品格。

⑯ 宽恕和慈悲：可以接纳其他人的弱点，原谅那些曾经做错事的人，重新给他们一次机会；也原谅自己过去的错误。

⑰ 谦卑和谦逊：不会因为自己的成就沾沾自喜，不会过度骄傲；让成绩自己说话，不过分地表现自己；不认为自己比别人都强。

⑱ 谨慎[审慎]：慎重地做出选择；做事情不会太冲动，不鲁莽从事进而后悔。

⑲ 自我规范 [自我控制]：做事情很自律，会严格要求自己，规范自己的感情和行为；遵守纪律，控制自己的欲望和情绪。

超越的美德

超越这一美德意味着你可以找到生活的意义，跟宇宙产生联结，其中包含五种优势品格。

⑳ 欣赏美和卓越 [敬畏，惊喜，崇敬]：有一双发现美的眼睛，可以从身边的风景中获得内心的满足；发现和欣赏美丽、卓越及富有技巧的表现，在从自然界到科学、艺术等的领域，都可以培养出杰出技能。

㉑ 感激 [感恩]：敏锐地观察和感激生活中美好事物的发生；花时间去表达自己的感恩之情。

㉒ 希望 [乐观，前瞻，未来取向]：对未来很乐观，期待未来的美好并愿意为此努力；相信未来的美好是能够实现的。

㉓ 幽默 [游戏感、玩心]：畅快大笑，可以给别人带来欢乐；心中充满阳光，积极地看待事情。

㉔ 灵性 [虔敬，信仰，目标]：对高级的目标和宇宙的意义有内在的信念；拥有对人生价值的信念，注重精神生活，喜欢与自己的心灵产生联结。

以上就是积极心理学美德和优势的特点，你可以结合积极心理学的 24 种优势品格，找到属于你自己的闪光点。

优势品格用进废退的原理

人的品格优势就像人身上的肌肉一样，你经常用到哪块肌肉，哪块肌肉就会长大，我们把这样的原理叫作“用进废退”。

所以经常走路的人，他的腿部肌肉就会很发达；经常打篮球的人，他的上肢肌肉就会很发达，用到的肌肉就会长大。

人的品格优势也是这样的，你常用到的那种品格优势就会因为反复使用而变得更明显。

一是刻意练习：要主动创造机会，运用优势品格进行重复、大量的练习。

二是获得反馈：练习给自己的人格优势排排序，还可以让同学、朋友或者家人评论一下，获得及时、有效的反馈，并随时调整。

三是不断修正：不断迭代，升级优势。

优势品格也会成为双刃剑

对照前面讲到的24种优势品格，想一想自己以往在哪些事情上更容易获得成功，在做哪些事情的时候更能感受到发自内心的愉悦。

想一想自己做过哪些事情帮助了别人。在帮助别人时，你的心情又是怎样的呢？有没有体会到价值感？

你在发挥优势的时候，内心会感到满足。思考在做这些事情的时候，激发了你身上的哪些优势品格。

如果每个人都能在生活中充分发挥自己与生俱来的美德和优势，将自己的品格优势发挥到极致，使之成为自己的标志性优势，将会最大限度地提升自己的价值感和幸福感。

【热点解读】

忠诚有错吗？

都市热播剧《凡人歌》中，男主人公那伟的人生轨迹如同过山车一般，从风光无限的巅峰跌落谷底，让人唏嘘不已。

这位身处中产阶层曾经年薪近60万元的副总，在一系列突如其来的变故中事业上遭遇滑铁卢，在自掏腰包赔了80万元以后混得越来越差，被公司的新领导算计，不但失业并折损了千万元期权，还没有拿到50万元补偿金。

随后迫于房贷的压力和生活压力，更是经历了创业失败、背负沉重的网贷债务等一系列挫折。

那伟曾多次强调自己的最大优点是忠诚，对老板忠诚、对公司忠诚。

看到那伟混得越来越差，弹幕里有不少观众在留言感叹那伟命运多舛的同时，也在追问：那伟的问题出在哪里？究竟是什么原因导致了那伟的失败？对老板对公司“忠诚”有错吗？

有人或许会说，那伟的落魄源于他弟弟多次直言不讳的“缺乏核心竞争力”。这种说法虽然有一定的道理，但并未触及问题的核心。在感叹世事无常的同时，不得不说那伟从失业后混得越来越差的真正症结所在其实是他一直未能认清自己。

一是错把平台和团队优势当本事，原创力不足。换句话说，他不具备自己独特的创造力和难以被取代的知识技能，他的营销业绩和获得的业界认可，都是建立在公司这个平台之上的，是身处的位置而非他自身所具备的核心竞争力，赋予了他这些光环。令人遗憾的是，那伟并没有意识到这一点，以至于在公司遭遇困境时，他所在的营销部首当其冲被裁撤，那些昔日的人脉资源也瞬间消散无踪。

二是失业后盲目踏上了创业之路，判断力和批判性思考能力不足。失业以后，他没有听从前辈的告诫——“不要轻易去创业，盲目创业是十大败家之首”，自以为凭借自己过去的经验和能力就可以轻易地在商业领域闯出一片天地。那伟的创业计划显得过于仓促和草率，他甚至没有进行充分的市场调研和风险评估，没有全面透彻地从各个方面思考问题、检查问题，只是觉得开启创业的资金数目并不大，就盲目开启了创业之路。最终，那伟的创业项目以失败告终，不仅血本无归，还让他背负了沉重的网贷债务压力。

三是在人际交往中过于要面子，洞察力不足。那伟老实、重感情、容易轻信他人，甚至不惜为他人的错误买单。在剧中，那伟曾多次被熟人坑骗，无论是被挂名法人背负80万元债务，还是被熟人拿走策划方案却未支付费用，抑或是再次垫资23万元却打了水漂……这些都是那伟人际智能不足的代价。他过于看重“情义”二字，其实也就是太好面子了，不能以多种方式看世界、认识自己和他人，没有看清楚职场和商场残酷与复杂的本质。

四是对创业带头大哥盲从，审慎力和规范力不足。那伟对老大哥王睿智无比信任与忠诚，当大哥说用他的身份证注册公司时，他从未有过一丝犹疑，只是盲目服从而没有慎重地做出选择，直到自掏腰包赔了80万元，他依然觉得对大哥"忠诚"对公司"忠诚"是最可贵的品质。在自己创业后，他依然不讲规范不签合约，过于感情用事，当出现新状况时，也没有及时调整思路转换角色，最终拖累了家庭。

由此可见，忠诚可贵，但是也需要其他品格优势做支撑，忠诚绝不是盲从。成功并非一蹴而就的奇迹，更不是一成不变的永恒。

在职场中奋斗的我们，需要时刻保持清醒的头脑和敏锐的洞察力，认清自己、准确定位、把握机遇、精明决策。

【心理有术】

通过对自己个性特点和优势品格的了解，你是否对自己有了更清晰的认识呢？那么，有哪些个性特点和优势品格是你喜欢的，哪些是你不喜欢的？哪些是你接纳的，哪些是你排斥的呢？怎样提升个人的心理素质，增强个人优势呢？下面我们一起来学习一些有用的心理学策略。

积极认同：无条件接纳自己

你能接纳自己的体貌吗？（如自己的相貌、身高、体重等）

你能接纳自己的现状吗？（如自己的家庭、学习成绩等）

你能接纳自己的优点和缺点吗？（如开朗、乐观或内向、孤傲等性格）

你能接纳自己的情绪体验吗？［包括正面情绪（开心、惊喜等）和负面情绪（焦虑、悲伤等）］

我们可能对自身的积极方面，如高挑的身材、优异的学习成绩、开朗的性格、愉快的心情，都是乐于接受的；而对于自身的消极方面，如平凡的相貌、贫穷的家庭、害羞的性格、抑郁的情绪，则几乎没有人愿意接受。

那么，什么是自我接纳呢？怎样接纳真实的自己，又如何无条件接纳自己呢？

自我接纳是美国心理学家马斯洛的自我实现理论的重要部分，他认为自我接纳是自我认知结构的一部分，是形成人格的重要因素之一。

接纳自己使人更有动力成为自己

自我接纳指的是个体对自己整体状态的认可程度，个体能够积极地看待自己各方面的价值和存在，简而言之就是一种能欣然接受现实自我的态度。

心理学家马斯洛曾总结过：

首先，自我接纳的人能接受自己，不会为自己或他人的缺点所困扰、感到内窘与不安，他们能坦然地接受自己的现状，包括自己的需要、水平、愿望，同样也宽容地对待他人的弱点和问题，从容地生活。

其次，他们能真实地对待自己的感情，并坦诚地说出自己的感受，不掩饰自己，自然而单纯地表现自己。

也就是说，真正做到接纳自己，其实是一种整体的接受，是对于现实、缺点的接受。

真实自我与理想自我

美国著名心理学家卡尔·罗杰斯提出的自我人格理论认为每个人心中都有两个自我，即真实自我与理想自我。

真实自我是个人的实际情况、性格、行为、态度等方面的总和。它是在现实生活中获得的认知、感觉和经验的基础上获得的真实感觉，是个体在成长过程中逐渐形成的自我认知。

真实自我在某些方面会符合理想自我，但是在其他方面则可能不符合。同时，真实自我可以受到很多外部因素的影响，如社交环境、人际关系、工作压力、健康状况等。

理想自我是个人希望自己成为的理想形象，包括个人希望自己能够成为的样子，具有的性格、能力、态度等。

理想自我通常带有理性和理想化的成分，比如一个人希望自己变得更有责任心、更勇敢等。当个体的真实自我与理想自我之间存在差距时，可能会导致内心的冲突和不满。

理想自我与真实自我之间总是存在一定的距离，个体为了达成理想自我，就会不断地努力追求。

当个体能够真实地认识自己，并与自己的价值观和目标协调一致时，他们就会经历自我实现并获得满足感。

当个体的真实自我与理想自我之间存在较大的差距，或者个体的内心体验与外部环境的要求和期望产生冲突时，可能会引发心理问题。这种不一致和冲突可能导致焦虑、紧张和不安。

缩小理想自我与真实自我差距的方法：

一是学会接受现实；二是积极寻求理想自我和真实自我的交叉点，并据此制定目标追寻计划；三是注意寻找自身的绝对优势，制定有利于理想自我发展的行动策略，及时开启损失规避计划。

自我接纳与自尊心相互成就

自我接纳的内涵包括与自我相关的各个方面：自我形象、身体形象、自我情感、态度、信念、价值观、生活目标、身边的人、所处的生活环境等。

这些因素构成了个体的自尊心，适当的自尊心是个体自我接纳的重要因素。这意味着，一个人不会因为自己的形象好坏、态度、信念的差异而感到自卑。

心理学家埃利斯说，自我接纳意味着个体完全无条件地接纳自己，不管他是否有聪明、正确或有能力的表现，不管其他人是否认可、尊重或喜爱他。

他进一步总结道：只有表现良好（包括表现完美）的个体才有资格感受到自我尊重，但几乎所有人都可以感受到自我接纳。

接纳自我的人在各个方面都不会排斥自己，他们允许自己不够优秀，也愿意给自己成长的时间和耐心。

他们不会因为接纳自己而停止成长，反而会因为接纳自己而更有动力成为自己。

自我接纳的人社会适应能力强

心理学研究表明：如果一个人能够接纳自己，就说明他没有明显的自卑心理，能够比较客观地认识自己，心理上比较平衡，他们采取的自我防御越少，社会适应能力就越强。

一个人如果能够清楚地认知自己、准确地评价自己，就能够制定现实可行的目标，进而采取有效的行动，充分发挥自己的长处，最终取得成功。相反，一个人如果不能清楚地认识和评价自己，对自身的评价并不稳定，时而自卑，时而自负，就会影响自身的发展。

很多人的生活常态，都处于追求优越性这一“希望进步的状态”之中，他们树立某些理想或目标并努力为之奋斗。

对一部分人来说，自卑感能够使他们意识到自己做得不够好这个事实，从而成为做得更好的契机。但是，不接纳自己的人却会因此走向相反的方向。他们会远离那个“不够好的”自己，对自己充满责备和不满，不能接受“我是这样一个自己”，从而将自己的自卑感转化为一种“自卑情结”。

自我接纳，是让我们正视自己不够好的事实，让我们和现在“不够好的”自己形成统一战线去接近更好的自己，而不是远离他、放弃他甚至攻击他。

尊重生活本来的样子，接受一个完整统一的真实世界。这种接纳才是有意义的。

自我接纳就是搞定自己、战胜自己

接纳真实的自己并不是一件容易的事情，特别是当我们遇到挫折或失败时，总是忍不住自责。

人生就是一个不断搞定自己的过程，所以人最大的敌人不是别人而是自己。一个人是否得以成长，就看他是否做到了接纳自己、认清自己、改变自己。

敢于面对真实的自己

接受人生会有遗憾。人生是复杂而多样的，我们无法掌控一切，有时事情可能不会按我们的意愿发展。

没有人是完美的，我们要停止与他人比较，专注于自己的成长和进步，了解并拥抱自身的局限性。

安抚内心的“批评家”。我们常常是自己最大的批评者，有时内心的“批评家”或许会告诉你：“我身材不完美。”“我长得太丑了。”或“我什么事都做不好。”

当你发觉自己正产生消极的自我看法时，要学着质疑这些想法，用积极的想法或话语反驳它，并像朋友一样安慰和鼓励自己。

例如，如果你发现自己有消极想法，不妨这样问问自己：这种片面想法对吗？我会对至爱之人或朋友这样说吗？如果答案都是否定的，那么这时你就明白又是内心的“批判家”在作祟了。

不管我们做了多少傻事，从现在起，都要停止对自己的过度挑剔和责备，要学习反思和适当为自己辩护，维护生命的尊严和价值，减轻对自身的负面看法，给怜悯、宽恕和接纳留出空间。

发掘自己的优势。如果发觉自己在想“我太笨了”，不妨换种方式来表达：“尽管我对这一领域了解不多，但对其他方面我还是很在行的，所以不要紧。”

时刻提醒自己自身具有的优势：“人人擅长的领域都不尽相同，而我清楚自己在另一领域的天赋或专长，我很骄傲。”告诉内心的“批评家”那些负面想法并不属实。

“好的，我内心的批评家，我知道你总说我不聪明，但这并不对。现在的我已经明确自身优势，我在其他重要的领域肯定在行。”

如果一个人能够正视并且接纳自己的弱点，那就意味着他正确认识到了自身的局限性，从而停止对自己的不满和批判。这样可以使我们不把时间浪费在自责和沮丧上，而是集中精力去发掘自己的优势，或者增强自身的能力，所以只有接纳自己了，我们才能获得更强大的能量来面对人生。

看到负面情绪的价值

每个人都或多或少有一定的负面情绪，如：嫉妒、恐惧、愤怒、焦虑、紧张、痛苦……你是否认为负面情绪必须得到控制？其实，不必如此。

心理学家认为：没有真正的负面情绪，只有未被了解的内在需求。每个情绪背后都藏着一个未被满足的心理需求。高情商的人处理情绪背后的需求，把情绪变得有价值。

如果我们产生了负面情绪，不要去压抑、否认或掩饰它，更不要责备自己、苛求自己。

坦然地承认并且接纳自己的负面情绪，不论它是沮丧、愤怒、焦虑还是敌意。

一是因为负面情绪就是生命中合情合理的部分。例如，不小心割伤了手，我们会感到疼痛；与恋人分手，我们会感到痛苦；当受到威胁时，我们会感觉恐惧；亲人离世时，我们会感觉悲伤，这就是生活，是合情合理的痛苦。

二是负面情绪是我们的潜意识为了保护自己而向我们发出的求救信号。换句话说，负面情绪是在“你自己不爱自己”的时候，才会感受到的情绪。

人类的负面情绪，如恐惧、愤怒、悲痛等，自有它们存在的意义：它们保护我们，提醒我们对现状要有所警觉，恐惧驱使我们对潜在的危险格外小心谨慎，愤怒激起我们的勇气，悲痛促使我们反思生命的意义，它们是促使我们改变现状的先决条件。

自我接纳利于个人成长

自我接纳是构成健康人格的重要特质，但有些人可能会发出这样的疑问：自我接纳岂不变成故步自封了？自我接纳会不会导致自暴自弃？

美国心理学家阿特金森把个人的成就动机分为两类：力求成功的动机和避免失败的动机。

避免失败者立下的目标就是不能容许失败，因此会采取最保守的方案，通过各种活动防止自尊心受伤害和产生心理烦恼。不接纳自己的人，进取心更多地用在了避免失败上。

即便在别人看来他可以做到更好，但由于他对自己的能力充满了怀疑，所以很难鼓起勇气对自己提出较高的要求，最终导致无法取得建设性的进展，能够做到的仅仅是避免遭受失败。

追求成功的人在遇到问题时总是追求最大的成功可能，因此需要冒很大的风险，力求成功者的目的是获取成就，即通过各种活动努力提高自尊心、获得心理上的满足。

接纳自我的人正是因为看到了自身的长处与不足，对自己有一个客观的评价，才能够根据自身的实力，为自己制订有建设性的成长计划，从而使自己一步一个脚印地踏向成功之路。

成熟，就是不断认清自己的过程，认清自己的优势与不足，认清人与人之间的边界。只有清晰地界定问题，才能不断自省、改变自己、完善自己。

无条件接纳自己的路径

心理学家罗杰斯认为，个体在成长过程中需要得到他人无条件的积极关注和接纳。这种关注意味着他人对个体的理解、尊重和支持，并不以评判、批评或条件限制为前提。

无条件的积极关注可以帮助个体发展出积极的自我概念，并促进他们的自我成长和实现。在日常生活中，我们每个人都应该无条件地积极接纳自己。对此，埃利斯给出了两个解决方案：

不太优雅的解决方案

对于怎样才能无条件地接纳自己，埃利斯所说的“不太优雅的解决方案”，是出于实用主义的目的，你可以这样评价自己：“存在的就是合理的。因为我存在，所以我相信自己是好人，或者将自己评价为好人。”这个命题绝对而且可疑，显得简单粗暴，被埃利斯称为“不太优雅的解决方案”。

但它的好处是，你可以获得自我接纳或自信的感觉，它有许多优点，几乎没有缺点。

它几乎总是有效的，只要坚持这种观点，你就不会产生自我贬低的感觉或者认为自己一无是处。

优雅的解决方案

埃利斯对于无条件地接纳自己还给出了另一种“优雅的解决方案”，即只评价自己的特点、行为或表现，不评价“自我”。

你可以决定仅仅对你的行动和表现（你的思想、感情和行为）进行评价或衡量，当它们有助于你的目标和价值时，将它们视为“良好”；当它们妨碍你的个人或社会愿望和偏好时，将它们视为“糟糕”。

同时，你可以决定完全不去评价你的“自我”、“本质”或“整体”。这个方案被埃利斯称为“优雅的解决方案”。

做到了无条件接纳自己，你就会对自己这样说：

“我做了一件坏事。”而不是“我是一个坏人。”

“我有自私的表现。”而不是“我是一个自私的人。”

“我考试失败了。”而不是“我是一个失败者。”

你可以从无条件接纳自己进化到无条件接纳他人。同样，你可以只评价他人的行为和表现，而不评价他人的“自我”、“本质”或“整体”；可以认为他们拥有“好的”和“坏的”特点，但并不完全是“好人”或“坏人”。

你憎恨罪恶，但不憎恨罪人。

做到了无条件接纳他人，你就会这样评价他人：

“这件事他做得不地道。”而不是“他这个人不地道。”

“他表现得很自私。”而不是“他是一个自私的人。”

“他很多行为显得不负责任。”而不是“他是一个不负责任的人。”

我们可以再进一步，无条件接纳自己的人生，接受其中好的部分和不如意的部分，享受人生。

做到了无条件接纳人生，我们就会这样看待人生：

“生活常常很痛苦，但它并非永远如此。”

“目前，我的生活不太顺利，但这并不意味着我的整个人生是无可救药的。”

“逆境不是世界的终结——它们只是世界的一部分。”

人生本身不是受苦，但人生包含受苦。

知道了无条件接纳自己 / 他人 / 人生的路径后，如何才能做到无条件接纳呢？

对这个简单的问题，埃利斯给了一个不太简单的回答：

一是排除万难，坚决做到这一点；

二是拼命努力，创造出你想要得到的意志力。

正如阿尔弗雷德·阿德勒所说，你认识到了自己出众的能力——这很好，而将自己看作一个出众的人——这就不太好了。

保罗·霍克建议，放弃“自爱”和“自尊”的想法，完全不评价自己，只是接纳自己。这就是无条件接纳自己。

【热点解读】

自我接纳等于“躺平”吗？

要厘清一个概念，有时候明白它不是什么比明白它是什么更重要，因为我们的认知偏差往往源于此。

自我接纳不是不改变。因为接纳自我本身就是一种改变，而且是很难的改变。难在哪里呢？难在忍受。

人只要有焦虑，就会想要改变。可是，顺境逆境都是人生的常态，有时候我们需要去忍受不好的境遇，哪怕暂时看不到希望。

自我接纳绝对不是不去改变、不去行动的借口，因为自我接纳的初衷是自我和谐，但不去改变、不去行动带给我们的不是自我和谐，而是自暴自弃。

自我接纳不是追求，而是舍弃。自我接纳不是“躺平”。自我接纳是说不要纠结于你自己的问题、把问题当作你生存的常态，而要去专注于你真正想做的事情。这才是自我接纳的真谛。

自我接纳不是自我肯定。心理学家阿德勒曾提到过这两者的区别：自我肯定是明明做不到但还是暗示自己“我能行”或者“我很强”，也可以说是一种容易导致优越情结的想法，是对自己撒谎的生活方式。

而自我接纳是指假如做不到就诚实地接受这个“做不到的自己”，然后尽量朝着能够做到的方向去努力，不对自己撒谎。

比如，对得了60分的自己说“这次只是运气不好，真正的自己能得100分”，这就是自我肯定；与此相对，在诚实地接受60分的自己的基础上努力思考“如何才能接近100分”，这就是自我接纳。

埃利斯认为，如果你持续而强烈地努力无条件接纳自己（包括你的失败），无条件接纳他人（包括他们的“错误”），无条件接纳世界（包括世上的不幸），那么你很难形成（尤其是维持）你的敌意和愤怒。

你仍然会对你自己、他人以及这个世界的行为感到沮丧和失望。但是，你不会感到愤怒，也不会做出过激行为。

积极心态：内心强大的力量

在面对工作和生活中的问题、困难、挫折、挑战和责任时，从积极的一面去想，从可能成功的一面去想，并积极采取行动，努力去做，这就是可能性思维、积极思维、肯定性思维。

心态决定命运

积极心态与消极心态

积极心态是指积极的心理态度或状态，是个体对待自身、他人或事物的积极、正向、主动、稳定的心理倾向，它是一种良性的、建设性的心理准备状态。

积极心态与消极心态是相对而言的，面对生活的压力与历练，如果积极心态战胜了消极心态，就会促进人的进步，激发人性的优点使之为善；如果消极心态战胜了积极心态则会阻碍人的进步，激发人性的缺点使之为恶。

积极或消极的态度会真实地影响我们的生活品质与生命质量，这种影响不仅作用于当下，更会长期地作用于我们的人生。

心理学上的很多科学实验已经为此提供了大量证据：积极的人身体更健康，寿命更长，学业更出色，收入更高。

积极的家庭关系更融洽，孩子成才率更高。相对应的，长期处于消极状态中的人则很有可能诸事不顺。

而拥有了积极的心理，当遇到困难的时候，即便跌倒了很多次，我们也仍然有意愿、有勇气、有能力爬起来，砥砺前行。

这种不断战胜困难和挑战、痛苦和艰辛的能力，是我们需要具备的。

成就你的积极心态

积极心态有助于成功应对日常事务，能让你看到生活中好的方面，变得乐观和积极进取。

人生不同阶段会面临不同的困惑和挑战，但良好的心态可以帮助我们克服困难、迎接挑战。

这里分享9种积极心态，包括接受、认真、感恩、乐观、诚实、宽容、平静、谦逊和挑战，以帮助我们通过调整心态，用积极的态度面对生活，走向更好的人生。

①**接受心态。**生活不可能总是顺风顺水，但每一份困难和挫折都会带给我们生活经验。

接受这一点，将挫折看作是成长道路上的里程碑，能让我们更勇敢地面对困难，把挫败变为动力，发挥自身更大价值。

②**认真心态。**通常情况下，怀着认真的心态对待生活和工作的人，具有强烈的感情和浓厚的兴趣，都能得到他想要的。

因为认真对待每一件事，能让人感受到你的尊重和用心，以及全心全意完成工作或处理事务的态度，人们自然也就愿意与你合作。

③**感恩心态。**人的一生中，或许会得到很多人的帮助，也可能会受到很多我们可能并未察觉的恩惠。在经历了人世间的困苦与磨难之后，方能体会到那些帮助和给予是多么可贵。

感恩之心能让我们珍惜这些恩惠，同时也能让我们学会为别人的利益着想，更慷慨地去回报社会。

④**乐观心态。**与其抱着悲观的心态去担忧未来，不如以乐观的心态去面对现在、把握现在，始终对未来充满憧憬和希望，全力以赴地投入。

只有乐观的人才能真正看到生活中的美好，树立目标和强烈的成就动机并为之努力，他们的乐观也会感染周围的人。

⑤**诚实心态。**诚实不仅仅是对他人，还包括对待自我。只有诚实地面对自己，才能真正明白自己的需求和欲望，找到属于自己的快乐。

诚实的心态被认为是成大事的“信用卡”，真诚和正直通常能使一个人的事业更加发达。

相信他人和集体的素质、价值和可靠性，保持诚实的心态，以真诚待人，用热忱做事，是成功和幸福的关键。

⑥**宽容心态。**宽容的基础是理解和认识，唯有深刻地认识事物，才能对人和世界的复杂性更了解和体谅，才有赞美和不轻易责难的思维习惯。

宽容不是没有原则，而是明白每个人都有犯错的时候。用宽容的心去对待他人的错误，既能给他人改正的机会，也能让我们自己的心态更加平和。

⑦**平静心态。**人生的最高境界是拥有一种淡泊宁静的心态。感情会因为外界环境的影响而起起落落，而只有内心的平静才能帮助我们穿越风雨。

要让自己努力戒掉虚张声势和言不由衷，保持安之若素的生活节律和平静的心态，从容应对生活中的各种变化。

⑧**谦逊心态。**谦逊并不是卑微，更不是懦弱。当保持谦逊的心态时，我们会更加注重倾听他人的意见和建议，虚心学习他人的长处。

谦逊也意味着要保持谦虚、谨慎。谦虚能够让我们保持一颗平常心，不会因为一点成绩就自以为是。

⑨**挑战心态。**人生会有很多困难和挑战，要勇敢积极地迎接变化和新的任务。

敢于接受挑战，树立信心就会有意志和力量。只有拥有坚定的决心才能让我们勇往直前，不断努力，直到成功。

生活给予我们的并不只是困难和挑战，还有促进我们成长的机会。

面对生活，我们有两种选择：一种是消极地接受现实，一种是积极地改变我们的心态，以热爱和欣赏的眼光看待这个世界。

我们可以选择抱怨，也可以选择接受；我们可以选择悲观，也可以选择乐观；我们可以选择害怕，也可以选择勇敢。

这个世界上没有“该如何”的人生，只有你决定如何去书写人生。积极心态是一种深思熟虑的过程，倘若你愿意坚持调整自己的心态，就会发现：当你的心态变好了，世界就会变得更美好。

在调整心态的过程中，我们需要付出努力，需要时间，更需要坚持。当你真正转变心态之后，会发现人生无比精彩和美好。

乐观解释风格

同样的事情，如果我们的态度、观念等主观意识不同，心情就会不同。

你知道有些人变得“丧”的原因吗?

心理学家塞利格曼曾做过这样一个著名的心理学实验：他把狗关在笼子里，只要蜂鸣器一响，就给狗以难受的电击，狗被关在笼子里，无论怎样挣扎都逃脱不了电击。

经过多次实验后，在给狗以电击前先把笼门打开，蜂鸣器响了，此时大部分狗不但不逃离，反而不等电击出现就已经卧倒在地，并开始呻吟和颤抖起来。另外还有约三分之一的狗依然会尝试逃离。

从这个实验中，塞利格曼发现大部分狗本来是可以主动逃离的，但它们却绝望地等待痛苦的来临。这种现象被他称为“习得性无助”。

人类面对困境时的不同态度：

后来，一位日裔美籍研究生广仁把“习得性无助”应用到人类身上。广仁的实验过程与塞利格曼非常相似。

他将被试分为三组。先将一组被试带入一个房间，把音响开得非常大，教他们学习怎样把声音关掉，被试尝试了各种办法按控制板上的按钮，但无论如何尝试，都无法阻止噪声。

另一组被试则只要按对了按钮的顺序就可以把声音关掉。

控制组的被试则没有受噪声干扰。

然后，广仁把他们带到另一个房间，房间内有一个实验箱，被试只要把手放在这个实验箱的一边就会有很难听的声音出来，而把手移到另一边时，这个噪声就会消失。

结果发现，那些一开始就接受不可逃避的噪声的被试，大多都坐在那里忍受，而不会试着把手移到另一边去。

根据广仁的发现，有三分之一的人不会变得无助，即使经历过不可逃避的噪声也不会。

但是也总有人从一开始就是无助的，虽然从来没有受过挫折，但他还是会坐在实验箱旁边一动不动，宁可忍受刺耳的噪声。

在学习中，这样的情况也并不少见，学生可能会因为在某学科上或其他方面失败受挫太多次，自信被碾压；或者有同学因为不良的归因方式，错误地评估自己的实力，失去了自信；或因受到不恰当的评价，自信与自尊被打击，也容易失去继续努力的动力。

这些可能都是很多人变得“丧”的原因，但我们也能根据事实来寻找让自己乐观的依据，摆脱这样的困境。

乐观者的思维模式和表现风格

两个心理学研究都发现，即便是将动物和人置于绝望的环境中，人为地让他们无法逃脱失败或惩罚，仍然有三分之一的个体不会放弃，还是会做“徒劳”的挣扎与努力。

也就是说，群体中天生地存在乐观差异，少数个体是最为乐观的。他们在遇到厄运时，会认为失败是暂时的，每次失败都有它的原因，不是自己的错，可能是环境、坏运气或其他因素带来的后果。

这些乐观的少数个体有着以下特征：

时常面带笑容，很超脱

乐观主义者时常面带笑容，他们都拥有良好的心境，很超脱，即使在非常不利的条件下，也是如此。

“把苦难当作游戏，微笑面对一切，便是美丽人生。”

奥斯卡金像奖影片《美丽人生》男主角圭多是一个外表看似笨拙，但心地善良而且生性乐观的犹太青年。

他来到阿雷佐小镇，途中邂逅多拉，两人终成眷属。但是好景不长，圭多和儿子因自身的犹太血统被强行送往集中营。

圭多不愿让孩子幼小的心灵蒙上悲惨的阴影，在惨无人道的集中营里，他利用自己的想象力扯谎告诉儿子，他们正身处一个游戏当中，如果被踢一脚可以得1分，如果被饿一顿可以得2分，游戏结束的时候可以得到一辆坦克，儿子快乐、天真地生活在纳粹的阴霾之中。

他以游戏的方式让儿子的童心没有受到任何伤害，自己却在黎明到来之前惨死在纳粹的枪口下。

这出扣人心弦的悲喜剧，在沉重与嬉笑的交汇处体现着导演兼主演贝尼尼的乐观的诗意，以及其透视人性的思想力量，它始终坚信一个清晰明了的真理：无论瞬间还是永恒，人生终究是美丽的。

愿意从积极的角度思考问题

乐观是一种认知特征，是一种对结果的积极预期或一种积极的因果归因。乐观和一个人的解释风格相关。解释风格是对事情为什么这样发生的习惯性解释方式。

先看一下我们比较熟悉的故事：《塞翁失马》。

有位擅长推测吉凶的老翁居住在靠近边塞的地方。一次，他的马无缘无故跑到了胡人的住地。

为此人们都来宽慰他。那老翁却说：“这怎么就不是一种福气呢？”过了几个月，那匹失马带着胡人的许多匹良驹回来了。

人们都前来祝贺他。那老翁又说：“这怎么就不是一种灾祸呢？”老翁的家中有很多好马，他的儿子爱好骑马，结果从马上掉下来摔断了腿。

人们都前来慰问他。那老翁说：“这怎么就不是一件好事呢？”过了一年，胡人大举入侵边塞，健壮男子都被征兵去作战。边塞附近的人死亡众多。唯有老翁的儿子因为腿瘸的缘故免于征战，父子俩一同保全了性命。

这位老翁就是一个有习得性乐观的人——他理解糟糕的事情不会是永久的，事情永远有新的一面。这也是“永久性灾难”和“短暂性逆境”的区别。

心理学家马丁·塞利格曼教授认为乐观的基础不在于励志词句或是对胜利的想象，而在于我们对原因的看法。我们都有对原因的习惯性看法，他称此为个人特有的“解释风格”。

解释风格是对事情为什么这样发生的习惯性解释方式，解释风格从儿时开始发展，如果未经干预，就会保持一辈子。

塞利格曼的理论以韦纳的归因理论为蓝本，但有改进。他认为人对事件的解释纬度分为三类：永久性、人格化和普遍性。

从时间维度上，可以分为永久的和暂时的。

乐观的人认为遇到的挫折和失败都是暂时的，这些可能由环境、运气或其他原因导致，并非个人本身的错误。

乐观者会说：“男朋友和我分手了，是因为我们缘分不够。”

悲观者会说“男朋友和我分手了，因为我不可爱，没有人会喜欢我。”

从人格化维度上，可以分为内部归因和外部归因。

人格化即如何看待自己。当坏事发生时，人们可能会怪罪自己（内部归因），发现自己没有尽力；也可能怪罪其他人或是环境（外部归因），怨天尤人。

内部归因者会说：“今天上班迟到了，是因为我没有做好时间管理。”

外部归因者会说：“今天上班迟到了，是因为路上交通拥堵太严重了。”

从空间维度上，可以分为普遍的和特定的。

乐观者会为不幸的事情找到特定的而不是普遍性的原因，这种观点有助于他们更有针对性地解决问题；而悲观者会认为失败的原因是普遍的。

乐观者会说：“这本书一点用都没有。”

悲观者会说：“书本一点用都没有。”

悲观的人把好运归因于暂时因素，将不幸视为永久性和普遍性的，认为坏事是由自己的错误导致的，并且会持续很长时间。这种思维方式容易导致放弃和消极逃避。

有悲观解释风格的人容易抑郁，不易发挥自己的潜能和优势，健康状况、免疫力常较差，生活无趣。因为悲观会长期抑制免疫功能，从而使身体受损。

还有半瓶水和只有半瓶水

有两个人分别走在沙漠里，并且都迷路了，随身带的水也喝完了。两人随时可能会因为干渴而失去生命。

这时，第一个人在一个沙坑里发现了一个瓶子，里面还有半瓶水。他很兴奋，就把这半瓶水小心翼翼地揣到怀里，实在口渴时才拿出来舔舔瓶口。靠着这半瓶水，他走出了沙漠。

第二个人也在沙漠的一处废墟中发现了半瓶水。他却非常失望和沮丧："这么点儿水怎么能让我走出沙漠呢?"他气得咒骂那个喝了另外半瓶水的人为什么不能少喝几口，多留下一些水给自己。怨恨和绝望使他几乎丧失了走出沙漠的力气，结局可想而知。

同样是半瓶水，不同的人因看待问题的角度不同，导致的结果也不同，这充分体现了个体差异性。

一个人看待问题是积极的，另一个人看问题却是消极的，那么最后的结果可能有很大的差别。

总能在困境中看到希望

乐观主义者有一双慧眼，善于看到他人看不到的一面，能够从平凡中抓住机会，进而利用机会取得成功。

有人说过，悲观主义者在仔细盘算着自己对不同情况的驾驭能力，而乐观主义者则相信他们驾驭外界因素的能力绰绰有余。

悲观主义者看到的是形势中不利的一面，而实际上，这些不利因素在具体情况下都可以被乐观主义者有条件地加以利用。

有一个很经典的故事，就是有一个人不小心掉进了枯井里，正焦虑没有办法逃离可能就要死在里面的时候，他听到了蚊子的声音，也感觉到了蚊子在咬他的手臂。

这是困境没错，但他的身边还有蚊子陪伴，他就觉得还有一丝丝的希望，觉得自己能够继续活下去。

毕竟在这个枯井里，蚊子或许很久都没有找到食物，而他的突然出现就给蚊子带来了生的希望，所以他也要乐观些，不能够就这样颓废地放弃自己。

后来这个掉进枯井里的人确实被路过的人救了上来，虽然浑身都是蚊子咬的包，但他却一点都不怪罪蚊子，反而很感激在黑暗之中蚊子给他带来了希望。

困境有时会难倒我们，但并不代表我们没有办法摆脱困境。

以消极的心态去面对困境，相当于在还没有尝试的时候就已经自己给自己定下了不可能摆脱的结局。

以积极乐观的心态面对困境，善于从困境中寻找希望，就会有勇气努力尝试走出困境。

乐观是可以学习的

“还有半瓶水”和“只有半瓶水”，怎么想，这完全取决于我们的思维方式和态度。

我们可以通过学习和不断练习，让自己成为积极乐观的人。

就在塞利格曼定义“习得性无助”整整 30 年之后，他宣布：乐观的心态也是可以学来的！这就叫作“习得性乐观”。

如何获得习得性乐观？

首先需要战胜“永久性悲观”：一件坏事发生时，不要把它延伸为永久性的坏事，因为它以后不一定会一直发生。

其次需要战胜个人性悲观：不要把一件坏事的发生归因于自己，妄自菲薄，因为坏事不一定就是由于自己的品格或者所谓“命运”引起的。

最后是需要战胜普遍性悲观：一件坏事的发生并不一定会扩散到所有的事情上，在一个领域发生的坏事也不一定会扩散到所有领域。

习得性乐观实践方法

既然无助可以习得，那么乐观情绪也可以。习得性乐观不是指导人们用积极的心态看待问题，因为你应该早就发现，对自己说肯定的话实际效果其实微乎其微。

我们可以采用 ABCDE 模式来干预和重新习得乐观。

A 代表困境（Adversity），需要我们思考最近遇到的一个困难或问题。

B 代表观点（Belief），需要我们在思考时如实记录自己的想法和感受。

C 代表后果（Consequence），需要我们思考以上记录下来的想法所产生的后果和行为，并分析这样的想法能否给我们带来积极的行动。

D 代表质疑（Disputation），需要我们质疑并挑战自己的观点，思考记录下来的想法并在生活中寻找反例。

E 代表激励（Energization），需要我们结束对自己观点的挑战和质疑，体会当前的感受。也许我们会感到更有活力和动力了，也许会认为最初觉得无法解决的问题实际上是可以解决的，也许会更乐观地面对最初让自己望而却步的问题。

塞利格曼将认知心理学中的合理情绪疗法（即情绪 ABC 理论）改进为 ABCDE 模式：当我们遇到负面事件 A（Adversity）时，会形成想法 B（Belief），这些想法会引起后果 C（Consequence），这种后果就是不好的行为。

我们用反驳 D（Disputation）来阻止悲观的解释风格。

那么，如何反驳自己不合理的想法呢？

①反驳。学会认识在自己情绪最低落时自动冒出来的想法，反驳绝对化、糟糕至极、以偏概全。

②举证。学会与这个自动冒出来的想法抗争，证明默认的想法不正确，比如：自己的成绩不是最烂的。

③思考。学会用不同的解释——即重新归因，如身体原因导致考试没考好。

④暗示。学会让自己从抑郁的思绪中跳出来——即停止思维反刍、走出

精神内耗，摒弃灾难思维，告诉自己这并不是世界末日。

⑤用处。认识并质疑那些控制你并引起抑郁的假设，不追求完美。这样想有用吗？行动起来！

这种方法也许不会让我们突然变乐观，但能引导我们减少悲观情绪，帮助我们应对焦虑和压力，指引我们找到解决问题的方向。

日常生活中，我们经常会遇到各种各样的困境和挑战，保持积极的心态，同时又能理性地面对现实，就显得尤为重要。

【热点解读】

斯托克代尔悖论：直面残酷现实，保持坚定信念

1965 年，美国海军上将斯托克代尔在越战时被俘，被关押在河内希尔顿战俘营。斯托克代尔先后遭受了 20 多次严刑拷打，直到 8 年后获释回国。

而关在同一战俘营里的其他美国战俘，大都比斯托克代尔年轻得多，身体状态也要好得多，却很快就死了。

美国学者吉姆·柯林斯前去采访斯托克代尔时问道："你为什么能熬过这艰难的 8 年？"

斯托克代尔说："因为我有一个信念，相信自己一定能出来，一定能够再见到我的妻子和孩子，这个信念一直支撑着我，使我生存了下来。"

吉姆·柯林斯又问："那你的同伴中最快死去的又是哪些人呢？"

他回答说："是那些太乐观的人。"

吉姆·柯林斯说："这不是很矛盾吗？为什么那些乐观的人会死得很快呢？"

斯托克代尔想了想说："他们总盼望圣诞节就可以被特赦，可是圣诞节过后没能如愿；于是又想复活节可以，结果还是没被释放……这样失望接着失望，不久后便郁郁而终。"

斯托克代尔说："对长远，我有一个很强的信念，相信自己一定能够活着出去，一定能再见到我的妻子和小孩；但是我又正视现实的残酷。"

斯托克代尔悖论告诉我们一个非常简单的道理：

不管在人生中遭受什么样的打击，不管处在怎样的逆境，我们都要保持一种必胜的信念，对前途充满信心。

但是现实生活又是复杂、残酷的，我们要能够直面它。不要对还没发生的事情抱有过高的期待，期待越高失望就会越大。

一旦期待落空，巨大的落差感就会给我们造成极大的心理伤害。

这就是一个非常重要的斯托克代尔悖论：既要有极其乐观的信念，又要保持直面残酷现实的勇气。这是乐观和谨慎的高度结合，去掉哪个方面都不可以。

斯托克代尔悖论为我们提供了一种深刻的思考框架，它告诫我们，在困境中既要保持信念，又要有面对现实的勇气。这种平衡并非易事，但只要我们用心去体会和实践，就一定能够从中获得成长和进步。

积极行动：人生最重要的觉醒

一个人真正的成长，源于认知，始于行动。行动是改变的起点，正是通过实际行动，我们可以去尝试、去学习、去体验，逐步获得成长和进步。

行动涉及离开舒适区、冒险尝试新的事物和面对新的挑战。只有跳出舒适区，我们才能获得更多的经验和成长的机会。

发挥你的天赋优势

美国哈佛大学教育研究院的心理发展学家霍华德·加德纳反对简单粗暴地仅以智商衡量学生能力的做法，强调每一个人都有一套独特的智力组合体系，即每个人都是聪明的，只是聪明的点不一样。

他认为，应以“解决问题”的能力为指标去衡量一个人是否“聪明”。

重视“天赋智能”

加德纳将“天赋智能”定义为：“智能是在某种社会或文化环境的价值标准下，个体用以解决自己遇到的真正难题，或生产及创造出有效产品所需要的能力。”

简单来说，智能就是一个人解决问题的能力和创造的能力，解决问题或创造出在一个或多个文化中有价值的产品的能力。

只有了解了一个人的天赋智能，才能最大限度地发挥优长，事半功倍。

每个人在出生时都被赋予了或多或少的智能，也就是说，并不是某一种智能决定了我们的全部，一个人也可以在多个领域发挥专长。

首先，人的智能并不是单一的，每个人都可能同时具备多种智能优势，所以我们可以先挖掘自身那些“被埋没”的潜能。

其次，当我们发现了自己拥有的智能之后，最重要的就是将天赋与职业规划联系起来，发挥自己的专长。

如果我们让韩寒去弹钢琴，让莫扎特去写小说，他们又会取得同样优秀的成绩吗？恐怕不能。

如果我们没有清楚地“定位”自己的智能，不能够做出正确的职业选择，那我们的才华就很有可能被埋没。

我们只有了解了自己在哪些智能方面有优势，并用正确的方式运用这些智能，才能够变得更出色。

挖掘自己的潜能

加德纳的理论颠覆了“智商高＝成绩好”的传统认知，也解释了为什么有些人在学校表现差劲，一入社会就混得风生水起——因为天赋有很多种，数学不好的人可能是个人际高手，也可能具有发达的自然认知智能。

我们一起来看看加德纳所说的八种天赋智能都是什么：

语言智能

语言智能即能够有效地运用口头语言及文字的能力。具体表现在语言的听、说、读、写等方面。

这一智能借助于散文、辩论、公开的讲演、诗歌、正式和非正式的谈话、创造性的写作，以及风趣、幽默的脱口秀语言（谜语、双关语、笑话）等工具表现出来。

语言智能是应用最广泛的人类智能，作家、演说家、记者、编辑、节目主持人、播音员、律师等在语言智能方面有更加突出的表现。

该类智能比较突出的代表人物有我国20世纪著名的语言学家赵元任先生，他会说30多种方言、10多门外语，有“汉语言之父”的美称。

数理逻辑智能

这种智能体现在寻找和发现模式的过程，体现在问题解决的过程。该智能的发挥依赖于计算、思维技能、数字、科学推理、逻辑、抽象符号和模式识别等工具。

数理逻辑智能强的人擅于计算、量化、抽象、关联、思考假设及命题，能顺序推理，也能归纳演绎。他们通常是科学家、侦探、银行家和工程师。

该类智能比较突出的代表人物有牛顿。他是英国著名的物理学家、数学家，是百科全书式的“全才”。在力学上，他阐明了动量和角动量守恒的原理，提出了牛顿运动定律。在光学上，他发明了反射望远镜，并基于对三棱镜将白光发散成可见光谱的观察，发展出了颜色理论。在数学上，牛顿与戈特弗里德·威廉·莱布尼茨分享了发展出微积分学的荣誉。他也证明了广义二项式定理，提出了“牛顿法”，并为幂级数的研究做出了贡献。这些贡献正显示出他杰出的数理逻辑智能。

空间智能

这一智能体现在用外部视觉（肉体的眼睛）和内部视觉（心灵的眼睛）方式进行精确而抽象的图像思考的能力。

这种智能使我们有对色彩、形状空间位置的正确感受和表达能力，突出特征为对视觉世界有准确的感知，有三维空间思维能力，能感知、辨别空间物体之间的联系。

这种智能的展现是以画画、绘图、雕塑、拼图、蒙太奇、形象化、想象、装扮和创造内心意象等工具为基础的。

这种智能比较强的人能立体思考问题。他们想象力丰富，能进行空间推理及图像处理，喜欢设计和装饰。水手、飞行员、雕塑家、画家、建筑师、摄影师均具有较强的空间智能。

该类智能比较突出的代表人物是一位名叫艾丽塔·安卓的小女孩，她2岁时就举办了个人画展。她已先后在伦敦、中国香港、意大利和纽约等艺术圣地举办过15次个人画展，场场爆满。BBC、《纽约时报》、美国广播公司这样的全球知名媒体，也得乖乖排队预约她的档期，更是盛赞她为“世界十大神童”“抽象派大师”。《时代》周刊甚至还称呼她为“当代毕加索”。

身体运动智能

身体运动智能是善于运用整个身体来表达想法和感觉，以及运用双手灵巧地生产或改造事物的能力。

这一智能体现在身体运动和表演（从做中学）方面。它通过舞蹈、戏剧、身体游戏、哑剧、角色扮演、肢体语言、体育锻炼以及发明创造等手段表现出来。

身体运动智能发达的人或许更倾向于从事能动用他们的手眼协调能力和肢体运动能力的工作，例如成为运动员、舞蹈家、外科医生、手工匠人、机械师、体育老师、管弦乐手、水管工人、货车司机、电焊工、杂技演员、理疗师、演员、体育教练、裁缝等。

该类智能比较突出的代表人物有自由式滑雪运动员谷爱凌。谷爱凌对滑雪的兴趣来自做滑雪教练的妈妈，受其影响，谷爱凌3岁开始学习滑雪，年仅16岁就获得了首个国际冠军，而她站在冬奥会赛场上时，也不过19岁。

音乐智能

音乐智能是指生产及欣赏音乐的能力，比如能轻松记住歌曲。

这一智能体现在感知音调音色、旋律、节奏（包括声带所发出的所有潜在声音）等方面。它通过唱歌、乐器演奏、感知音调音色之间的协调以及生活中涉及的节奏等表现出来。

有音乐智能的人能很好地分辨音高、音色、音调、节奏，音乐家和高水平的听众都需要具备这种智能。

音乐智能型人才可以在一些职业中运用自己的能力和兴趣。比如成为音乐治疗师、音乐老师、作曲家、乐队指挥、音乐制作者、歌唱家等，或自己开一家乐器商店或音像店；也可以创作广告歌曲，从事广告业，制作迪斯科舞曲，或是以调钢琴为职业；还可以帮别人设计网站，从事与电影或电视相关的工作，成为一名音乐主编、音像工程师或是音效师。

该类智能比较突出的代表人物有莫扎特。莫扎特的人生极其短暂，在35年的生命历程中，他从事音乐创作就长达31年。他3岁时便能在钢琴上弹出和弦，4岁开始作曲，6岁享誉欧洲，7岁写出第一部交响曲，10岁正式为奥地利皇室演奏，11岁写出第一部协奏曲，12岁创作出第一部歌剧。

莫扎特在那个时代，代表着一种无法理解的奇迹，即使过了几百年，也没有出现过一位在音乐天赋上可以和他比肩的天才。

人际智能

人际智能是指正确探知并恰当反馈情绪、动机、需求的能力，包括四大要素：组织能力、协商能力、分析能力、人际联系。

这一智能体现在人与人之间的关系、交际、团队合作及协作等方面。它运用合作学习、移情、社会技能、团队竞争以及小组项目这些工具，培养人们之间积极的相互依赖性。

这种智能强的人善于理解别人，能进行有效的语言及非语言沟通，很敏感，能在不同场景应对自如，擅长交朋友，有影响他人的能力。

管理者以及其他在领导职位的人都会因自身人际智能方面的优势受益匪浅。这项优势使得他们能很好地与人交流，在工作中与同事和谐相处。他们清楚别人需要什么，通常也知道如何满足别人的需求。

适合人际智能型人的职业有：辅导者、政治家、律师、社会工作者、接待员、旅行代理、广告人、私人顾问、节目主持人、医生、护士、销售人员、警官、记者、发明家和服务员等。

自我认知智能

自我认知智能是指自我觉知，感受内心、价值观及思维过程的能力。

这一智能体现在内省、元认知（对思考本身进行思考）、自我反思以及“宇宙式的质问”（生活的意义是什么？）等方面。

这项智能借助情感的处理、日记、思想记录、高级思维、自我评价练习等表现出来。

自我认识智能强的人不但了解自己的想法和感受，能把握自己的情绪、意向、动机、欲望，还善于运用这些优势规划及指导生活，爱思考，是效率专家。

自我认知智能可用于自身，也能推及他人。戏剧演员、私人侦探、心理学家、诗人或作家、卓越的社会工作者或精神领袖，都属于有较强自我认知智能的人。

黑格尔是德国古典哲学的代表，他对德国的国家哲学做了最系统、最丰富和最完整的阐述。黑格尔在18世纪末19世纪初提出了辩证发展的理论。他的发展和变化学说对于辩证法的形成起了很大的作用，这也正体现出了他出色的自我认知智能。

自然认知智能

自然认知智能是指识别和分类自然界事物的能力。

这一智能体现在与大自然接触方面，包括欣赏和理解各种花草树木、辨别生物的种系关系、理解生物有机体等。

该项智能通过诸如实验、野外考察和感官刺激等手段认识自然，并尝试对自然进行探索，对自然模式进行分类和综合。除此之外，自然认知智能强的人也可能是旅游达人或极限运动爱好者。他们对动物、植物、云、石头……都非常敏感：在原始社会，他们是好猎手；在农业社会，他们是种植专家、产粮大户；在现代社会，他们是植物学家、明星大厨。

在日常生活中，那些超越常人的精明买家——对不同品牌、年份、型号的汽车、运动鞋、化妆品、酒都能分辨出细微差别的人，也具有“自然探索智能”。

每一门科学都同自然相互关联。拥有自然认知智能的人或许会对以下职业很感兴趣：树木保健医生、森林或公园的管理员、极限运动员、登山爱好者、探险爱好者、旅游达人、兽医、环境监督员、城市规划者、风景摄影师、宠物看护员等。

该类智能比较突出的代表人物有达尔文。达尔文是英国生物学家、进化论的奠基人，曾经乘坐“贝格尔号”进行了历时 5 年的环球航行，对动植物和地质结构等进行了大量的观察和研究。他提出了生物进化论学说，从而摧毁了各种唯心的神造论以及物种不变论。除了生物学外，他的理论对人类学、心理学、哲学的发展都有不容忽视的影响。

加德纳多元智能学说是一种非常具有激励能量的理论，它鼓励每个人都要相信自己是独一无二的，要积极发现自己的特长和优势，并将其发挥出来。

加德纳认为，有的人可能有好几种天赋智能，有的则可能某项突出、其他平平，但世界上没有两个人的智能组合是完全一样的。

准确发现个人的优势智能、优势沟通模式、优势行为特质等，就能扬长避短、量力而行，因材施教、量材而用。

如果我们能够坚持激发、锻炼、促进自己的潜能，那么我们每个人都有可能成为某方面的天才，也都有可能成功。

付诸实际行动

付诸实际行动，方能收获成功。空谈理想而无实际行动，终将一事无成。真正的进步来自坚持不懈的努力和付诸实践的决心。

积极适应

适应能力对我们每个人来说都很重要。所谓积极适应，就是对于外界环境的改变不抱怨，而是主动去顺应这个改变。

当出现某种新的事物或现象时，主动去参与、研究学习，随变化而变化，这就是积极适应。

不管你是来到一所新学校，进入一家新公司从事一个新的岗位，还是处理各种人际关系，良好的适应能力都可以帮助你更好地应对各种改变和困难。

我们每个人的一生都不可能一成不变——即便我们只想安于现状，很多时候也不得不随着时代的变迁而被迫适应外界的变化。

虽然对于这种变化我们的第一反应可能是抵制、抗拒，但如果我们懂得去适应环境的改变，那么我们心里的“痛苦感”就会减轻很多。只有那些不愿意改变而又不得不去改变的人，才会心生痛苦，并让自己陷入各种悲观、消极的情绪当中。

所以我们就知道，所谓“适应能力”指的就是为了跟随环境的变化而主动让自身做出变化的能力。真正厉害的人，适应能力都很强。

提升适应能力的关键因素

适应能力是我们人类的一项基本生存技能。这种技能可以带领我们超越当前的情形，对自己的身心做出相应的调整，只有这样人类才能持续繁衍，不断进步。

适应能力的一个关键要素，就是我们能不能对事物持开放的态度，而这个“事物”，往往是在我们舒适区以外的事物。

如果我们一开始就对这些“外界事物”说“不”，认为自己做不到或者觉得自己不可能做到，那么我们自身的适应能力就会大打折扣。

可以说，如果一个人具有适应能力，就意味着他有超越自我的实际能力，能充分挖掘自身的潜能，用超越自己想象的能力去面对外界的变化。

当我们对外界的变化持开放的态度，同时愿意扩大自己的舒适区时，我们的适应能力就会飙升，到了这个地步，我们就会做到：

面对困难时，能够保持足够的冷静；

接受凡事都无定数的事实；

不会轻易被当前的困难所击倒；

无论事物怎么变化，始终都能做到主次分明；

具备足够的应变能力；

能从挫折中恢复，并且始终保持积极的态度；

保持愿意接受新事物的心态；

善于应对突如其来的状况等。

在事上磨炼

《传习录》记载，弟子陆澄问老师：“静时亦觉意思好，才遇事便不同，如何？”

先生曰：“是徒知静养而不用克己工夫也。如此临事，便要倾倒。人须在事上磨，方立得住；方能静亦定，动亦定。”

转换成白话文的对话如下：

陆澄问：“静坐时觉得心性清明，但一遇到事情就乱了，该怎么办？”

王阳明回答：“这是因为只知道静养，却没有下克己的功夫。这样一遇到事情就会慌乱。人必须在具体的事情上磨炼，才能站稳脚跟，才能做到无论是静是动都能保持心定。”

这段话是王阳明“事上磨”思想的经典表述，强调修心不能脱离实践，必须在具体的事情中磨炼自己。

历事才能练心。在事上磨炼，内心才会拥有强大力量，个人才能真正成长。不要浪费宝贵的时间去羡慕别人的成就，多去想想自己哪里不行，积极行动起来。

成年人成长进步最快的方式是用心做事，在做事中修炼自己，在做事中磨炼成长，在做事中提升能力，在做事中担当作为。

王阳明龙场悟道

王阳明因得罪权贵，被贬到贵州龙场驿站。那里环境恶劣，瘴气弥漫，生活条件极差，随从们相继病倒，连基本的生活都成问题。面对这样的困境，王阳明没有消沉，反而静下心来，亲自种菜、照顾病人，并在艰苦的环境中坚持读书思考。

一天夜里，他坐在茅草屋中，突然悟出了“心即理”的道理。他意识到，真正的智慧不在外物，而在自己的内心。只要内心澄明，外在的困难就无法动摇自己。这一悟道成为他心学思想的起点。

后来，他常对学生说，“人须在事上磨，方立得住”。他强调，修心不能只靠静坐冥想，而要在具体的事情中磨炼自己。无论是顺境还是逆境，都是修心的机会。只有通过实践，才能做到“静亦定，动亦定”，即在任何情况下都能保持内心的平静与坚定。

王阳明的这段经历不仅成就了他的思想，也为我们提供了一个重要的启示：困境是成长的契机，真正的智慧来自内心的觉悟和实践的磨炼。只有在行动中不断锤炼自己，才能真正成长。

积极投入

任何事情都需要投入，要想成就大事更要锲而不舍地全身心投入，不仅仅把工作当成是一个谋生手段，更要当成一个自我成长的平台，并在这个平台上努力实现自我的价值。

彼得·德鲁克曾经说过：“个人需要组织的平台来实现自己的价值，组织也需要知识劳动者努力工作来完成自己的任务，两者不可分离，只有两者的紧密合作才能实现双赢。”

清代将军胡林翼说：“凡事皆须精神贯注，心有二用则不能成。”

任何事情我们只要一心一意地做，将精力都投入其中，离成功也就不远了。

歌德说：“一个人不能同时骑两匹马，骑上这匹，就会丢掉那匹。聪明人会把分散精力的事情抛在一边，专心致志地学一门知识，学一门就要把它学好。”

一个专注的人，必然不会因周围的事物分心；一个下定决心的人，必然会全力以赴。

梁实秋独自翻译《莎士比亚全集》

学者梁实秋用30余年的时间独自完成了《莎士比亚全集》的翻译工作，投入了几乎半生的精力。

开始时，5个人担任翻译，梁实秋和闻一多、徐志摩、陈西滢、叶公超计划用5～10年完成。后来，另外4人临阵退出，梁实秋便一个人把责任承担下来。

他在抗战爆发前完成8部莎翁剧作的翻译工作，“七七事变”后，为了躲避日寇的追捕，他不得不逃离北京，在极其艰苦的环境下，继续进行对莎翁剧作的翻译。

抗战胜利后，梁实秋回到北京，在北京师范大学任教，课余之暇，他依然坚持莎翁剧作的翻译工作。

1967年，由梁实秋独自翻译的37部莎士比亚作品的中文译本全部出齐，在国内学界引起了轰动。

梁实秋回忆说:“我翻译莎士比亚的作品，没有什么报酬可言，长年累月，其间也很少得到鼓励……”

梁实秋的成功，得益于他对这一工作的执着，得益于他一心一意地投入。任何事情都需要投入，要想成就大事更要锲而不舍地投入。

自律习惯与生活智慧

真正的自律不是被迫选择，而是主动改变。懂得掌控节奏，阶段性优化目标，踏踏实实做好眼前的事，才能向笃定的方向一点点靠近。

只有真正认识自己并付诸行动的人，才能不断完善自己，才能最终养成自律的好习惯。

保持精力充沛

精力充沛是指体力强盛、精神充足的状态。这种状态是高效学习和工作的前提，也关乎一个人呈现出的个人形象。保持精力充沛对于提高生活质量和工作效率至关重要。

要达到精力充沛的状态，可以采取以下几种方法：

养成锻炼的习惯

精力是有限的资源。当你筋疲力尽时，40 分钟就能完成的任务，你可能得需要两个小时。

运动可以使你保持精力充沛，从而更好地利用时间。一个简单的锻炼方法就是晨跑。只需在你的晨间活动中增加 20 分钟的慢跑，就可以保持一天的精力充沛。

先处理困难的任务

日程安排中把最困难的工作放在首位，通常可以帮助你保持精力充沛。当你一大早就完成了最困难的任务时，即使很累，你也会有信心去处理较简单的任务。

工作周期

循环是能源管理的关键。你的身体应该在休息和工作的循环中。把工作看成是一系列的冲刺，而不是马拉松，能让你保持精力充沛。

能量管理包括工作和休息之间的循环。不断经历这种循环周期有助于你保持精力充沛，而时间管理常常忽略了这一点。

保持动力

动力是最重要的能量。所以定期给自己充电是很重要的，因为只有这样才能获得能量来源。

保持动力的最好方法是回顾你的目标、看看你的进步、想一想你把这些目标放在首位的原因。重新确立最初的目标，足以让你克服任何暂时的困难。

如果回顾你的目标不能激励你，那么有可能是因为你选择了错误的目标。

饮食均衡

血糖水平对维持能量很重要，但在一个典型的 8 小时工作日，更适合吃全谷物和低升糖指数的食物。每天少食多餐，可以确保你的身体获得稳定的能量供应。而在两餐之间适量喝水，相比吃零食更能让你保持精力充沛。

领悟生命的智慧

“天人合一”是中华文化中深邃而智慧的哲学，它不仅是个人修养的指南，更是社会和谐、天人共生的思想精髓。

“春生、夏长、秋收、冬藏”的原典

《黄帝内经素问·四气调神大论》中有一段关于大自然时令与人如何适应季节变更的论述，也就是我们经常听到的“春生、夏长、秋收、冬藏”的原典。

“春三月，此谓发陈。天地俱生，万物以荣，夜卧早起，广步于庭，被发缓形，以使志生，生而勿杀，予而勿夺，赏而勿罚，此春气之应，养生之道也；逆之则伤肝，夏为寒变，奉长者少。”

“夏三月，此谓蕃秀。天地气交，万物华实，夜卧早起，无厌于日，使志无怒，使华英成秀，使气得泄，若所爱在外，此夏气之应，养长之道也；逆之则伤心，秋为痎疟，奉收者少，冬至重病。”

“秋三月，此谓容平。天气以急，地气以明，早卧早起，与鸡俱兴，使志安宁，以缓秋刑，收敛神气，使秋气平，无外其志，使肺气清，此秋气之应，

养收之道也；逆之则伤肺，冬为飧泄，奉藏者少。”

“冬三月，此谓闭藏。水冰地坼，无扰乎阳，早卧晚起，必待日光，使志若伏若匿，若有私意，若已有得，去寒就温，无泄皮肤，使气亟夺，此冬气之应，养藏之道也；逆之则伤肾，春为痿厥，奉生者少。”

在快节奏、高压力的现代社会中，人们往往容易迷失自我、忽视他人、破坏自然。

“自我接纳，与己合一；觉他利他，与人合一；内生愉悦，与天合一”成为现代人应该追寻的健康生活理念。

天人合一的思想体系提醒我们，要回归内心、关注他人、敬畏自然，以实现个人、社会和自然的和谐共生。它引导我们走向内心的和谐，实现与他人的共赢，最终达到与自然万物的和谐共生。

懂得健康的要义

全民健康要义在于提升生命质量。人们不再满足于生命的长度，更追求生命的质量；不再满足于“躯体没有疾病”，更将其扩展为“身体上、精神上和社会上的完全良好状态”。

【热点解读】

一边熬夜一边点外卖的年轻人

在现代信息社会，随着物流业的发展，年轻人点外卖、熬夜、喝冰冻饮料已成为司空见惯的现象。

《黄帝内经素问·上古天真论》中有一段黄帝问天师岐伯的话：“上古之人，能活的时间比较长，甚至活了100岁以上还动作不衰；可是现代之人，年过半百动作都衰退，为什么呢？是时代的不同，还是人们违背了养生之道？”

岐伯是怎么回答的呢？**岐伯说：“上古之人，其知道者，法于阴阳，和于术数，食饮有节，起居有常，不妄作劳，故能形与神俱，而尽终其天年，度百岁乃去。今时之人不然也，以酒为浆，以妄为常，醉以入房，以欲竭其精，以耗散其真，不知持满，不知御神，务快其心，逆于生乐，起居无节，故半**

百而衰也。”

我们把岐伯说的话译一下：“上古的人懂得天地的运行之道是阴阳谐和的，每个人的命运是有定数的，所以行事都不和天地的正常运行之道相违背，他们的起居作息都‘法于阴阳，和于术数，食饮有节，起居有常，不妄作劳’，这样就能使肉体与精神协调一致，而尽终其天年。但现在的人可不是如此，他们把酒当作饮料，过反常的生活，日夜颠倒也习以为常，酒醉后肆行房事，枯竭了精气，耗散了真气，他们不懂得保持精气神的充盈，不善于调养精气，最后因贪图一时的快乐违背了养生之道，由于‘起居无节’，所以差不多五十多岁就已经开始不健康了。”

健康的生活方式非常重要，古人早已语重心长地教导我们，遵守天地的正常运行之道，使肉体与精神协调一致，就能健康长寿。具体就是要做到以下四点。

其一，饮食有节。

每天适量摄入蛋白质等营养丰富的食物，尽量少油少盐少糖，避免过多的油腻、辛辣、生冷食物。此外，还要注意饮食的搭配，如五谷杂粮、蔬菜水果等都要吃，以确保营养均衡。

其二，起居有常。

古人将“睡好子午觉”称为养生的三大法宝之一，坚持睡子午觉能够有效地提高睡眠质量。

子觉建议控制在 23：00 前睡，午觉则以 20 ~ 30 分钟为宜。不要忽视睡眠的重要性，因为身体需要得到充分的休息。

其三，运动有度。

运动能有效降低患心脏病、高血压等的概率，增强人体的免疫功能，防止过度肥胖，还能放松人的身心，缓解学习和工作带来的压力。

运动时要选择适合自己的方式，因为每个人的身体状况和喜好都不同，最重要的是要选择一项自己热爱的运动并坚持下去。

国际卫生组织将行走定义为“世界上最好的运动”，它简单易行，适合大多数人。我们根据自己的身体情况坚持每日行走，便可强健体魄。

其四，情志有衡。

中医将人的情志分为喜、怒、忧、思、悲、恐、惊七种，常讲“过喜伤心、盛怒伤肝、悲痛伤肺、思虑伤脾、惊恐伤肾”。

这七种情志过度可能会导致机体失衡，从而引发各种疾病。健康离不开平和的心态，所以要避免情绪过度波动。

培养修身养性的志趣同样重要。生活中少不了忧愁、生气、压力大的时候，良好的志趣有助于调节情绪、使人身心愉悦。

明晰自己的个性特点，磨炼自己的优势品格，提升自己的心理素质，挖掘自己的内在潜能，就可能拥有这种持久的充满活力的积极力量和个人优势，从而在具有挑战性的任务中发挥出自己独特的价值，勇往直前。

【拓展阅读】

[1] [美] 马丁·塞利格曼. 持续的幸福 [M]. 赵昱鲲，译. 杭州：浙江人民出版社，2012.

[2] [美] 亚伯拉罕·马斯洛. 人性能达到的境界 [M]. 北京：民主与建设出版社，2023.

[3] [美] 卡尔·罗杰斯. 论人的成长 [M]. 石孟磊，等，译. 北京：世界图书出版公司，2015.

[4] [美] 阿尔伯特·埃利斯. 无条件接纳自己 [M]. 刘清山，译. 北京：机械工业出版社，2017.

[5] [美] 马丁·塞利格曼. 活出最乐观的自己 [M]. 洪兰，译. 沈阳：万卷出版公司，2010.

[6] [美] 伯纳德·韦纳. 归因动机论 [M]. 周玉婷，方文，校. 北京：中国人民大学出版社，2020.

[7] [美] 霍华德·加德纳. 多元智能新视野 [M]. 沈致隆，译. 北京：中国人民大学出版社，2008.

[8]（明）王守仁，传习录译注 [M]. 王晓昕，译注. 北京：中华书局，2018.

第二讲　积极自我

【关注话题】

在大学里，你因为什么自卑过？

在一次选修课上，我曾经问过学生们这样的问题：“在上大学期间，你有过自卑的感受吗？你因为什么而感到自卑？”学生们的回答五花八门：“学习成绩不够好。”“矮穷矬，没有女朋友。”“绩点不如别人，家境不如别人，智商不如别人，见识不如别人。”“长得丑还是单身狗。”“身高太矮，表白被拒。”“长得不漂亮，还胖。”“皮肤太黑，不够白，让我很自卑。”“家里经济条件不好。”“人际关系紧张，感觉自己跟周围的人格格不入。”“方言重，公共场合不敢讲话。”“做错事情被指责，感觉自卑。”……

家庭贫穷、自身条件差，是自卑最主要的原因。

家庭贫穷，没钱没资源，可以通过奋斗来改变；但是如果自身条件不好，个子矮、相貌丑、考研失败、恋爱失败、求职失败、感觉自己就是一个失败者，该怎么改变呢？

随着年龄的增长，与周围人稍一对比，自卑就像丛丛青草长得更“葱郁茂盛”。

别人不经意的一句话、一个眼神，都可能会激起自卑者内心长长久久的波澜，都有可能成为加重自卑心理的砝码。

感觉糟糕压抑、沉默寡言、性情孤僻、不想出门不愿见人、说话没有底气、走路都低着头时，怎样改变自己的自卑心态和自我状态？怎样提升自己的自尊和自信？

积极自我是我们内心的力量源泉，会让人走出自卑，走向自尊和自信，并能够令人满怀希望地迎接挑战；而消极自我会让人变得自卑或自负，在人生道路上不能做出合适的选择，容易出现抑郁和焦虑的情绪。下面，让我们一起进入第二讲“积极自我”。

【心理探索】

有一种说法：五个犹太人改变了人类思想。这似乎是个很大的话题，但它的确是真的。

这五个人分别是摩西、耶稣、马克思、弗洛伊德和爱因斯坦。摩西说一切都是律法；耶稣说一切都是苦难；马克思说一切都是资本；弗洛伊德说一切都是性；爱因斯坦说一切都是相对的。

说“一切都是性”的这位是大名鼎鼎的心理学家弗洛伊德。弗洛伊德是一位具有传奇色彩和广泛影响力的伟大心理学家，很多人追随着他的理论投到他的门下。

弗洛伊德《梦的解析》的出版标志着精神分析心理学的成形，弗洛伊德的影响不仅在心理学界，他对整个人文社科领域的影响也无人能及。

但是有一个一直追随他的学生阿德勒却公开反对“泛性论”，他说一切都源于自卑，并创立了个体心理学。

后来，另外一个被寄予厚望继承弗洛伊德衣钵的人——荣格也站出来反对说，一切发展的动力都源于人格，并创立了分析心理学。

阿德勒是一位奥地利精神病学家和心理学家，与弗洛伊德和荣格并称为“心理学三大巨头”。

我们来了解一下弗洛伊德、荣格、阿德勒师徒三人各自的理论，并重点关注阿德勒关于自卑的理论带给我们的思考和启示。

心理学启蒙大师弗洛伊德

奥地利精神病学家弗洛伊德创立了精神分析学派，他在心理学日趋客观化的时刻，发展了高度主观的自我分析方法。

他在无意识理论及人格理论（人格结构、人格动力和人格发展）、心理防御机制、心理治疗、心身关系等方面的成就对心理学、社会学及哲学的发展影响极大。

弗洛伊德的开创性研究

潜意识首次登场

在弗洛伊德之前，心理学家一直以为心理和意识是平行的，意识就是心理，心理即为意识。弗洛伊德把心理活动分为三个层次，提出了**意识、前意识和潜意识**的概念。

潜意识是弗洛伊德提出的心理学术语。潜意识是人类生命历程中已经发生但未被觉察的心理活动，是人们“已经发生但并未达到意识状态的心理活动过程”，它与意识共同构成人类所有的心理活动和认知活动。

弗洛伊德将潜意识分为两种：“一种是潜伏的但能转化为有意识的”潜意识，也称前意识；“另一种是被压抑的且不能用通常的方法使之变成有意识的”潜意识，也称无意识。

你了解自己的三个“我”吗？

在心理学领域，弗洛伊德的精神分析理论占据了举足轻重的地位。其中，他提出的“本我、自我、超我”概念，为我们理解人性的复杂性和多样性提供了独特的视角。下面，我们将通过具体的例子来阐述这三个概念。

本我（Id）是人格中最原始、最本能的部分，它遵循“快乐原则”，即追求即时的满足和避免痛苦。本我不考虑社会的约束和道德的限制，完全基于个体的生物需求和冲动行事。本我代表了人类最基础的欲望和冲动，如食欲、性欲、攻击性等，完全处于无意识状态。

自我（Ego）是人格结构中更为理性、现实的部分，它负责调节本我的冲动与现实世界之间的关系，遵循着“现实原则”。自我不仅试图满足本我的需求，还要考虑现实的可能性和社会的接受度，确保这些行为不会违反社会规范或造成不良后果。

超我（Superego）代表了我们的道德和价值观，它是对我们行为的内在约束和判断。超我遵循的是“道德原则”，它要求我们按照社会公认的道德标准来行事。超我可能来自我们的父母、老师、社会等外部因素的内化，也可能来自我们内心的道德感。

本我、自我与超我的关系

本我、自我与超我共同构成人格的三个层次，彼此既有冲突也有协调。本我追求即时的满足和快乐，自我则试图在现实中找到平衡点，而超我则对自我进行道德监督和约束。健康的人格需要这三者之间的平衡和协调。

想象一个年轻人在晚上回家的路上饿了，当看到一个关门的杂货店橱窗里有食物时，他的本我可能想让他砸破橱窗拿食物，但他的自我会考虑安全和道德因素，而他的超我则会强烈反对偷窃行为。最终，他的自我可能会找到一个既满足本我欲望又符合超我道德标准的解决方案，比如去附近的快餐店买食物。

弗洛伊德的心理动力学说

弗洛伊德精神分析的心理动力是指存在于无意识中的性本能，特别是“力比多”（Libido），是推动人类一切精神活动的内在驱动力。弗洛伊德认为，性本能是人类心理的基本动力，它不仅包括两性关系，还包括儿童由吮吸、排泄等得到的快感。

都是“力比多”惹的祸

在弗洛伊德的理论体系中，本能是推动行为的自然力量，他把本能看成是行为的动机和基础，而性本能是所有本能中起主要作用的力量。

弗洛伊德给了性本能的力量一个代名词，力比多。力比多指人类生而具有的驱使个体寻求快感的心理能量，主要是性本能的能量。

弗洛伊德的力比多理论是精神分析理论的重要组成部分。**弗洛伊德主张：人的一切行为都由性本能驱动，或者说性本能（力比多）是人格发展的原动力。弗洛伊德将力比多看作心理活动的唯一动力。**

弗洛伊德早期将力比多看作狭隘的性欲，后来扩展为性爱与快乐的一切表现，晚年又进一步扩展到生的本能和死的本能。他认为个体的一切行为均直接或间接由力比多发动和维持。

在弗洛伊德的人格结构理论中，力比多又称"本我"，与"超我"对立，自我从中调节双方关系，使力比多以现实生活中可以接受的形式得以发泄。

弗洛伊德人格发展阶段论认为，个体通过自己或者父母在正常看护自己的过程中刺激个体的性感带可以得到满足；在不同的发展阶段，性感带有所不同。

按照性感带的阶段性不同，个体的成长可以划分为五个阶段：口唇期、肛门期、性器期、潜伏期和生殖期。

弗洛伊德的力比多理论对后世产生了深远影响，但也因其夸大性本能对人的活动的作用而受到批评。

弗洛伊德被批评为"泛性论"者冤不冤?

弗洛伊德的《梦的解析》与达尔文的《物种起源》、哥白尼的《天体运行论》并称为引发人类三大思想革命的经典之作。

《梦的解析》是心理学领域浓墨重彩的一笔，弗洛伊德老先生用自己的案例及自己的语言描述了那个穿过记忆的迷雾、回溯真实的自我、理解当下的痛苦、启示未来的生活的梦。该书后来被许多人推崇为弗洛伊德最伟大的著作，但也遭到了大量批评。

解读案例 很多形状和男性生殖器相似的东西（例如手杖、伞、竹竿、树干、蛇和蘑菇等），或者具有穿刺性和伤害性的东西（例如各种尖利的武器，小刀、匕首、矛、军刀、大炮、手枪等），也能作为“雄性器官”的象征。

这就不难理解为什么当女孩子因受到性侵犯而感到焦虑不安时，往往会梦到被手持尖刀或者手拿火器的男子追逐了。

一般把性和生殖看成是同一过程，但在弗洛伊德看来，“性”是广义的。生殖活动虽然是性的重要表现，但除此之外，性还有其他多种表现形式，如皮肤的触摸、把自己打扮漂亮等。总之，一切能导致快感的活动在弗洛伊德看来都带有性的含义。

弗洛伊德认为，精神病和神经病的病因归根结底是幼年时性本能冲动受到压抑。

为此，他的学生荣格和阿德勒都反对他，心理学家和医学家也攻击他，他的相关理论也被称为“泛性论”。

【热点解读】

今天，弗洛伊德过时了吗？

弗洛伊德是精神分析理论的创始人，他对人类心理学做出了巨大的贡献，但他的思想却一直饱受争议，他的理论也不断被后人所批判和发展。

弗洛伊德探索最幽微的人性，开辟了人类自我意识领域研究的先河。他提出的“本我—自我—超我”人格结构理论和“无意识—前意识—意识”心理结构理论，已经成为一种基本常识，并且渗透到现代社会的各个学科和各个方面。

我们常常会思考自己的自我是什么，自己未来会成为什么样的自我，在日常也会与别人讨论无意识的问题，弗洛伊德的理论对于探究自我、理解自我具有划时代的意义，在心理学历史上永远是最浓墨重彩的一笔。

同时，精神分析构成了现代人的基本话语，不懂精神分析话语就无法实现深度沟通。当我们说“自我”“本我”“有意识”“无意识”的时候，我们真的理解这些词的含义了吗？当我们想要深入探索自我的时候，真的有一个好的方式吗？这些其实都需要通过专业的学习才可以真正理解，才可以真正地发生对话。如果仅仅是一知半解地说着这些词，探索自以为是的“自我”，往往会误入歧途。这正是我们了解这些词汇的发明者和定义者弗洛伊德基本理论的意义所在。

就像不能说阿基米德、毕达哥拉斯的数学理论过时了一样——他们的理论仍然熠熠生辉，后人踩在他们肩膀上又有更新的符合当下时代发展需要的理论，而这些新的理论是包含有旧理论的，都是“你中有我，我中有你”的关系。各种心理学新兴流派无论如何创新，都难以忽视精神分析理论的奠基作用。

美国心理史学家T·H·**黧黑说**:“**如果一个人的伟大程度可以用他对后世的影响来衡量，那么弗洛伊德无疑是最伟大的心理学家。**几乎没有一项探讨人性的问题没有被他触及过。他的学说影响了文学、哲学、神学、伦理学、美学、政治学、社会学和流行心理学……

弗洛伊德、达尔文和马克思可以算是20世纪西方思潮的三位先知。弗洛伊德公开宣称和哥白尼、达尔文站在同一线上，向人们幼稚的自我中心挑战，希望唤醒人类，使之迈向成熟的自知之明。他对人类的本性和必然的灾难充满了悲观的结论，但在这种悲观的宿命论中却存在着一丝的希望，希望人们能以理智面对自己的潜意识和黑暗的本性，唯有如此才能扭转人类的命运。”

美国心理史学家E·G·**波林说**:“**在西格蒙德·弗洛伊德身上我们看到了一个具有伟大品质的人。**

他是一个思想领域的开拓者，思考着用一种新的方法了解人性；他忠于自己的基本信念而辛勤劳作了五十年，同时他对于自己的观念体系不惮修改，以使其趋于成熟，为人类的知识做出贡献。

他是一个领袖，在自己的周围集结起一群有力的支持者，其中有一些人毕生效忠于他；另一些人则不再以他为‘父’，批评他的学说，并各自建立敌对的派别。

他的观念日益扩展，直至他的有关人类动机的全部思想普及于心理学家们和普通人之间，他已使潜意识心灵这个概念变成了常识。

如果谁想在今后三百年里写一部心理学史而不提弗洛伊德的名字，那就不可能自诩是一部心理学通史了。”

心理学界的璀璨巨星卡尔·荣格

著名的瑞士心理学家和精神分析学家荣格，创立了分析心理学。他在心理学界得到了很高的评价，是现代心理学的鼻祖之一。

荣格早年曾和弗洛伊德合作，后来由于观点不同，两人的关系宣告破裂。在他的作品和理论中，常常混合着古代神话和东方的宗教观点。

揭开荣格理论的神秘面纱

荣格与弗洛伊德关于人格动力的分歧

荣格是精神分析学家弗洛伊德的得意门生。弗洛伊德对他赏识备至，称他为自己最长的继子和事业的接班人。后来，两人终因学术上的分歧和世界观等方面的差异而失和，于 1911 年分道扬镳。两人的分歧主要表现在以下三方面：

一是对力比多概念的解释。弗洛伊德认为力比多是性能量，早年力比多冲动受到伤害会引起影响终身的后果。荣格认为力比多是一种广泛的生命能量，在生命的不同阶段有不同的表现形式。

二是荣格反对弗洛伊德关于人格为童年早期经验所决定的看法。荣格认为，人格在后半生能由未来的希望引导而被塑造和改变。

三是两人对人性本身看法的原则性分歧。荣格更强调精神的先定倾向，反对弗洛伊德的自然主义立场，认为人的精神有崇高的抱负，不限于弗洛伊德在人的本性中所发现的那些黑暗势力。

荣格的心理能量动力说

在荣格的人格动力学说中，人格结构本身就是一个动力系统，具有相对闭合的性质，其动力源泉则是心理能量。

心灵是一个相对封闭的系统或自给自足的能量系统。心灵通过吸收外部世界的能量来维持和改变自身状态。心灵一旦获得能量，便将它据为己有，并决定如何使用这些能量。

心理能量是人格的动力。心理能量是一种普遍的生命力，不是单纯的性本能。心理能量既可以是意识的，也可以是无意识的，推动人的各种心理活动和行为，心理能量可以发生相互转换。

心理值是测量心理能量的标准。心理值的相对量可以方便地通过三种方式测量：一是通过观察一个人对各种不同活动对象的选择来测量他的心理值；二是通过观察一个人为达到目标而克服障碍所花费的时间来测量他的心理值；三是通过记录和分析各种梦幻来测量他的心理值。

认识自我，整合自我

认识自我就像找拼图——好的坏的都得捡起来；整合自我就是把这些碎片拼成整图，只有这样人生才完整。

我们总在发现不同的自己，有的勇敢，有的怯懦；别急着赶走谁，整合自我就是给这帮“小人物”开个会，商量出你最舒服的活法儿。

解读群体行为的心理密码

荣格的人格结构理论认为人格由意识、个体无意识（也称个体潜意识）和集体无意识（也称集体潜意识）三部分组成。

意识是人格中唯一能够被个体直接感知的部分，它包含各种感知觉、记忆、思维和情感，并通过个性化过程发展出自我，保证人格的同一性和连续性。

人类对自己的了解宛如暗夜行路，要了解自己，就需要他人的力量。每件促使我们注意到他人的事，都能使我们更好地理解自己。

荣格说：“你想去找别人来抱怨，而且是那个曾对你做过不公之事的人，那个不理解你、误解你、伤害过你的感情、忽视你、不认可你而且污蔑过你的人吗？对了，他还对你做过些什么坏事呢？在这中间，你没有看到你自己的虚荣吗？你那无止境的荒谬的虚荣？”

荣格想说的是：如果找错倾诉对象，如果没有意识到自己与他人的错误连接，其实是非常危险的事情。

个体无意识是潜意识的表层，包含被遗忘的记忆、知觉以及被压抑的经验，以情结的形式表现出来，这些情结可以影响个体的思想和行为。

荣格说："往外看的人在做梦，向内审视的人才清醒，你没有觉察到的事情就会改变你的命运，人的任务就是意识到从潜意识中努力向上涌出的内容。"

"对于普通人来说，一生最重要的功课就是学会接受自己，你的潜意识指引着你的人生，而你称之为命运。"荣格提醒我们，自我接纳是人生的必修课。我们的潜意识中蕴含着巨大的力量，认识并接受它，可以帮助我们更好地理解自己的行为和决策，进而掌握自己的命运。

集体无意识是人格或心灵结构最底层的潜意识部分，包括世世代代的活动方式和经验库存在人脑结构中的遗传痕迹。不同于个体潜意识，集体无意识不是个体后天习得，而是先天遗传的；不是被意识遗忘的部分，而是个体始终意识不到的东西。有时我们会对接手的新工作产生似曾相识的感觉，就是因为原始意象起着部分作用。

集体无意识真的存在吗？

在心理学中，没有比集体无意识更有争议的话题了。荣格认为，在我们的人格结构中有一个深藏不露的层面——集体无意识。这是一个隐藏着人类存在痕迹的仓库，类似于我们祖先记忆的回声。

荣格曾用岛打了个比方，露出水面的那些小岛是人能感知到的意识；由于潮起潮落而显露出来的水面下的部分，就是个人无意识；而岛的最底层是作为基地的海床，就是我们的集体无意识。

这种神秘的力量能控制我们的行为吗？

集体无意识是一封"原始人的来信"，是人类从祖先身上继承下来的一种行为模式。集体无意识包含着人类进化过程中整个精神性的遗传，是有史以来沉淀于人类心灵底层的、普遍共同的人类本能和经验遗传，也包含了文化历史上的文明的沉淀。作为人类心理中具有倾向性、制约性的心灵规律，它们对人类的行为、理解和创造产生着重大影响。

例如，吃苦耐劳的品质就是根植于中国人血脉深处的“集体无意识”。我们或许意识不到，却沉淀融化于我们生命中，对我们的思想行为和创造力起着制约、引导的作用，它可能会呈现在我们的梦中，体现在我们的意识形态中，以及文学和艺术作品中……

比如，我们从小读的神话故事里都是女娲补天、精卫填海、愚公移山，我们上学时从课本里学习的凿壁借光、悬梁刺股、“天将降大任于斯人也，必先苦其心志……”等，这些故事和名言每一个中华儿女都耳濡目染并深以为然。

再比如漂泊在外的游子们每到春节更是感慨年关难过，七大姑八大姨的催婚，功成名就衣锦还乡的欲望……这些都是中国人“男大当婚，女大当嫁”“不孝有三，无后为大”“青出于蓝而胜于蓝”的集体无意识带来的压力。

了解社会文化的深层根源之后，遵循自己内心的想法做决定。从质疑父母到理解父母，再到成为父母，代代传承下来的动力就隐藏在“集体无意识”中。

梦与心灵的奥秘

在弗洛伊德看来，梦是通往无意识的忠实道路。由于潜意识是被压抑的，所以梦就需要将那些不被承认的欲望（主要是指性欲）进行伪装，才能将其呈现出来。

但荣格却不这么认为。在荣格看来，梦没有伪装，也没有说谎，甚至也没有歪曲与掩饰，梦是一种自然而然的心理现象，梦所表达的正是无意识想要说的某种特别的内容。

梦是通往圆满的途径

梦的基本目的不是经过伪装满足欲望，而是恢复心理平衡。当一个人在睡觉时，另一种思考类型却正在发生，与清醒时所思考的不同。梦可以提供给我们重要的讯息，以了解自己内心正在发生的事情和未来可能的发展。

梦的补偿性功能常会以想象性愿望形态出现。它们试图补偿那些心灵中被忽略的、尚未分化的部分，建立起通往心理圆满的途径，从而试图达到心灵的补偿。

梦能预示未来

荣格认为梦不是愿望的满足，而是启示，是对未来的预测或预示。梦可以告诉我们，在意识表面以下发生了什么。无意识是另外一个领域，有着自己的生命，而且它前进的方向往往与意识世界发生的事完全相反。

个人的梦的预示内容，甚至能预见到历史性的集体事件的轨迹，这都源于原型的集体性质。因为集体无意识是全人类具有的共同经验的沉淀物，在梦中，象征不仅试图表现人类种族积淀的智慧和个人的智慧，而且代表着预先安排好的个人未来的命运，以及未来心灵进化的轨迹。

【热点解读】

脱下孔乙己的长衫?

“学历不但是敲门砖，还是我下不来的高台，更是孔乙己脱不下的长衫。”一位大学生在找工作时无奈的自嘲竟然引起了“地震”，慢慢变成了一场越来越激烈的读书有没有用的争论。

就连央视网都亲自出来发表评论，说“要正视‘孔乙己文学’背后的焦虑”“人的价值只有在创造性的实践活动中，充分发掘自身潜力的情况下才能得以体现。孔乙己之所以陷入生活的困境，不是因为读过书，而是放不下读书人的架子，不愿意靠劳动改变自身的处境。长衫是衣服，更是心头枷锁。一时的困难不等于一生的失败。未来属于青年，希望寄予青年。孔乙己的时代一去不复返了，当代有志青年绝不会被困在长衫中。”

但是，让人压根没想到的是，这条评论招来了人们的疯狂吐槽。年轻人自嘲当代孔乙己，并非放不下架子，是借自嘲来表达念了大学却找不到心仪工作的困顿和苦闷。

“学而优则仕”“读书改变命运”“吃得苦中苦，方为人上人”“书中自有颜如玉，书中自有黄金屋”“万般皆下品，唯有读书高”“劳心者治人，劳力者治于人”……

中国几千年以来根深蒂固的传统看法是，脑力劳动的价值理所当然比体力劳动的价值高，这已经成为中国普通大众的集体无意识。

在“孔乙己文化”的背后，是来自社会、学校、家庭的规训，工作似乎是分等级的，拥有什么样的学历，就必须对应什么样的工作。

一个“孔乙己”脱不下长衫是“孔乙己”的事情，但一群“孔乙己”脱不下长衫，就是值得整个社会深思的事情了。

哲学泰斗伏尔泰曾说：“人生布满了荆棘，我们想到的唯一办法是从那些荆棘上迅速跨过。”

社会的发展会慢慢转变对于劳动分工的价值看法，国家对于人才的需求也正悄悄发生变化。一个人只有顺应社会发展趋势，投身到不可阻挡的时代大潮当中，才会有更好的机遇和发展。

学历对于人才选拔来说，最多就是个敲门的砖头，是选人才时的重要参照，但绝对不是唯一的标准。英雄不论出处，现实的社会实践一直在变，这就需要既有理论又有实践的人，需要那种能不断学习、一辈子都在挖掘自己学习潜力的人。

这样的人才，既可能出自民间，也可能来自高等院校。

心理学巨擘阿尔弗莱德·阿德勒

阿尔弗莱德·阿德勒毕业于维也纳大学的医学院，后从事精神病学研究，因写过赞同弗洛伊德观点的论文而被邀加入精神分析学会，成为弗洛伊德最早的同事之一。

但他对人格心理的看法与弗洛伊德大相径庭，不久便与弗洛伊德分离，成为精神分析学派内部第一个反对弗洛伊德的人，于1911年自己创立了“个体心理学”。

阿德勒的自卑与超越

自卑少年阿德勒的逆袭之路

阿德勒出生在奥地利维也纳近郊一个犹太谷商家庭。阿德勒命途多舛，从小体弱多病，个子很小，驼背，还是个学渣。长辈们经常拿他与长得又高又帅的哥哥做比较，令他感到非常自卑。

而且小阿德勒运气还很差，两次被车撞，5 岁的时候还得了肺炎，差点就告别人世。就是这样一个身体不好、运气不好、学习也不好的小朋友后来成功逆袭，成了班上的尖子生。

因为小时候经常生病，他就立志当医生，考上了维也纳大学的医学博士，后来得到了全世界最著名的心理学家弗洛伊德的赏识。

阿德勒是学派内部第一个反对弗洛伊德心理学体系的人，他觉得弗洛伊德把什么都和性冲动联系在一起实在是太荒谬了，于是连发三篇论文批判昔日的老师，然后带着一些追随者自立门户，创立了“个体心理学”，终成一代大师。

阿德勒自己的人生经历本身就是一部激动人心的逆袭教材，这段经历也自然催生出了自己的心理学理论。

从平凡走向卓越的原动力

自卑感是指在和别人比较时，由于低估自己而产生的情绪体验。严重自卑感是心理上的一种缺陷。

阿德勒主张自卑感是人的行为的原始决定力量或向上意志的基本动力，自卑是人格发展的原动力。

阿德勒说，一切人在开始生活的时候，都具有自卑感，因为儿童的生存要完全依赖成年人。儿童由于无力、无能和无知，与那些所依赖的强壮的成年人相比感到极其无能。这种虚弱、自卑的情感激起儿童追求力量的强烈愿望，从而克服自卑感。

阿德勒认为，人格是在战胜自卑和追求卓越过程中形成发展的。人天生自卑，因为其生下来是弱小、无力的，完全依赖成人，由此产生自卑。

但是，正是自卑促使人们去努力克服自卑，追求成功，成为人格发展的动力。如果被自卑所压倒，则产生自卑情绪，导致神经症人格，抑郁、悲观、消沉。

阿德勒在《自卑与超越》一书中一针见血地指出："每个人都有不同程度的自卑，每个人心中都有潜在的自卑感，只是轻重不同而已，我们常常发现自己的生活环境中存在不尽如人意的地方，由此就会产生自卑感。"

在阿德勒看来，自卑不是可有可无，而是每个人都有自卑感。不是因为你不好，才有自卑感，而是无论看起来多么优秀的人，多少都会感到自卑。只要还有目标，就会有自卑感。

既然每个人都有自卑感，阿德勒就进一步指出了：**有自卑感并不是一件坏事，问题的关键不是有没有，而是我们如何正确地看待自卑，从而走出自卑，实现超越。**

一方面，在他看来，人生本来就不是完整无缺的，有缺陷（包括身体缺陷）就会产生自卑，而自卑能摧毁一个人，使人自暴自弃或患有精神疾病。他还认为，攻击不是因为自尊，而是由于感到自卑才引起的，是一种过度补偿的表现。

另一方面，自卑也能够使人发愤图强，振作精神，迎头赶上，以此来解决原始缺陷和追求卓越之间的矛盾。

这正像《自卑与超越》这本书的名字那样，叫"自卑与超越"。也就是说，阿德勒认为，自卑感是个人从平凡走向卓越的原动力。

自卑感不等于自卑情结

自卑感　自卑感人人都有，无论是家财万贯的企业家，还是受人追捧的超级明星，或是得奖无数的天才科学家，大家多多少少都会有自卑感。

人究竟为什么会有自卑感呢？

首先，面对大自然和世界，人是一种无力的存在，并且，人都希望摆脱这种无力感，继而就有了普遍欲求。阿德勒称其为"追求优越性"，也就是追求进步。

人都处于追求优越性这一“希望进步的状态”中，树立某些理想或目标并努力为之奋斗。同时，对于无法达成理想的自己就会产生一种自卑感。

阿德勒说，“无论是追求优越性还是自卑感，都不是病态，而是一种能够促进健康、正常的努力和成长的刺激”。只要处理得当，自卑感也可以成为努力和成长的催化剂。

也就是说，自卑感对于我们是有好处的。它可以让我们知道自己的缺点和不足，进而努力追求进步，成为理想的自己。

自卑情结　但是，如果说自卑对我们有好处的话，那么为什么还有那么多人深陷其中，无法自拔，什么都做不了，变得消极，认为自己一无是处呢？因为这不是自卑感，而是自卑情结。

自卑情结是阿德勒的个体心理学中的重要概念，是指当个人面对一个他无法适当解决的问题时，他表示绝对无法解决这个问题，这时出现的就是自卑情结。

自卑情结是把自己的自卑感当作某种借口使用的状态。比如说“我学历太低了所以无法成功”“我太胖了所以找不着对象”“我太丑了所以没有人喜欢我”等之类的想法。

像这样在日常生活中大肆宣扬“因为有A所以才做不到B”的理论，已经超出了自卑感的范畴，它是一种自卑情结。

自卑情结是由自卑感或缺陷感引起的应激状态、心理逃避和对虚构的优越感的代偿性驱动力。人格原型中的缺陷在紧张和困难的情况下表现得尤为明显。

举个例子，如果某人工作不顺心，就有可能会在家里面大发脾气。这样的做法其实是用在家人这边获得的“掌控力”的优越感，来弥补工作上“无能”的代偿性行为。

这里就要提到优越目标。优越目标是人一生的推动力、一种动态的取向，并不是图表上或地理上确定的一个点。设定错误的优越目标，会让人陷入自卑的怪圈。

出人头地的优越感

每个人都有不同程度的自卑感，而优越感即是自卑感的补偿。一个健康、正常的人，当他在某方面的努力受到阻挠时，就会再另辟蹊径，争取优越感。

但是，有些人却制定了错误的目标，使用错误的方法来追求优越感，将他们的努力转向生活中无用的一面，而真正的问题却被遮掩起来或摒除不谈。

例如缺乏勇气的人，因为不觉得自己强壮，所以总是逃避困难，通过逃避战斗，他们得到一种比本身更强壮与聪明的感觉，这种优越感是他们用来逃避自卑感的方法。

人类追求优越感的脚步是永远不会停止的，因为我们永远不会满足于自己的成就而止步不前，这正是人类进步的动力。

追求优越 人类有追求优越与完美的倾向，每个人都有相同的追求优越的最终目标：要求高人一等的优越感，即出人头地。

阿德勒特别强调意志的实现对人的意义，认为人的一切行为都受“向上意志”支配，一个人生来就有一种内驱力，力图做一个没有缺陷的、完善的人。因此，羡慕别人、胜过别人、征服别人等都是这种追求优越的人格体现。

这种为优越而进行的奋斗是内在的，不仅是在个体的水平上，而且是在一切文化的历史中，它引导着人类永远不断地进步。

设定正确的优越目标

如何判断自己的优越目标是否正确？

假如你陷入很糟糕的情绪和生活状态中，你的行为和目标都不是让自身去改变现有的环境，而是随波逐流、放任自己，期望环境和他人能够为你而改变，那么这就是错误的优越目标。

比如，我一定要变得再好看一点儿，我一定要获得别人的认同，我一定要获得标准的成功等，这些目标都可以是不一定的。

我现在的样子就很美，别人的意见与我无关，世俗的成败不能定义我的人生成就。换一种目标，换一种活法，可能就会做到真正地超越自己了！

【热点解读】

曹操是如何超越自卑情结的?

曹操一生都活在矛盾中，既豁达又自卑。曹操待人宽容而严苛，乐观而刻薄，率真而猜忌，具有自信与自卑的双重人格特质。

自信时，他为人开朗幽默，豁达洒脱，率真坦诚，喜欢与人交往，这为他赢得了不少仰慕者。当时的名士许劭就评价曹操为“治世之能臣，乱世之奸雄”。

自卑时，他为人沉郁险恶，睚眦必报，猜忌多疑。由于他对自己有着许许多多的自卑和不安全感，所以信奉“宁我负人，毋人负我”。这使得他变得极为猜疑和残忍，行为复杂多变，令人难以捉摸，背负了千古骂名。

曹操的自卑情结是怎么形成的?

曹操原本姓夏侯，其父曹嵩攀附宦官曹腾，认其为义父。给太监当养子，尽管曹家加官晋爵，却为社会所不齿。因此，当袁绍讨伐曹操时，陈琳在檄文里骂曹操是“赘阉遗丑”。

曹操长得个头小，不英俊，和袁绍、袁术这些几代传下来的贵族子弟不能比。尽管曹操从小生活在衣食无忧的家庭中，但因其祖父的原因，其家族实际上是卑微的，不为周围人所待见。父亲曹嵩给曹操起的名字叫阿瞒，这个名字意味深长，给别人的感觉就是想掩盖其宦官后代的身份。

长期生活在这种环境中，**家族的自卑无疑也会以各种各样的形式渗透到他的潜意识中，因而形成了一种原始的自卑情结。**

这种童年的自卑情结导致成年后的曹操没有安全感，对人缺乏信任感，因而多疑成为他的核心人格，其外在表现就是自负、刚愎自用。

阉人、太监、乞丐、遗丑，这类词曹操最不爱听，一听就脸红筋胀，一副要打架的样子。

曹操是怎么超越自卑的?

在曹操的双重性格中，一面扮演着正义之士，一面又展现出他的癫狂和残暴。理想和道德想要他成为一个忠君爱国、流芳百世的周文王式的人物，因此，他不愿改朝换代。

但在现实中，他权倾朝野，手握重兵，往前一步就是皇位，他是那么渴望成为人上之人。长此以往，处于这样的矛盾之中，人的性格也会受到影响，出现多疑也就不足为奇了。

曹操的生命冲动源远而流长，生命不息，冲动不止。所以，他后来才会写下永久流传的名句："老骥伏枥，志在千里。烈士暮年，壮心不已。"

曹操这样的人，由于活得格外较劲，所以他对人生会发出许多深沉的、异于常人的感慨。感慨发而为诗篇，其作品数量虽有限，却能打动不同时代的读者。

曹操在军事斗争和政治的长期道路上取得的一次次胜利，都是对他自卑感的抚慰。

在这个过程中，他不断地认识自己，了解自己，纵使处在时代洪流中驰骋，也可是"非常之人，超世之杰"。

生活风格决定行为方式

阿德勒观点的变化

阿德勒早期理论：首先产生自卑感，导致补偿机制的出现，从而引发对优越感的追求。

阿德勒后期理论：奋斗导致自卑感的出现（尤其是失败所导致的），而自卑感会导致补偿或者更进一步的努力。

这一转变看上去平平无奇，但却是阿德勒理论至关重要的内容。前者所提出的自卑感概念其实是用来代替弗洛伊德的性驱力，而后者则是强调了个人的成长过程。

在这些理论基础上，阿德勒对生活方式进行了总结：生活风格就是一套规则、认知地图，它指导我们的人生。舒尔曼认为，生活风格是"规则的规则"，它不仅将注意力放在了我们所接收到的反馈机制上，而且也关注我们所发出的前馈机制。

生活风格是人格的核心

生活风格是阿德勒个体心理学中的一个重要内容。阿德勒认为人追求优越的目标总要通过各种行为方式来实现。所谓生活风格，就是一个人在早期社会生活道路上已定型化的行为模式。他强调，人的生活风格在四五岁时的以往的家庭环境中形成，以后几乎一生不变。

著名个体心理学家德雷克斯·弗格森在其《阿德勒理论导读》中对生活风格做了更清晰的定义：生活风格是人格的核心，提供并代表一个人心理机能的统一性、独特性、连贯性和稳定性。

个体如何追求优越，取决于自己独特的环境、不同的生活方式，由此会发展出不同的行为特征和习惯，即所谓的生活风格。

生活风格的发展和自卑感有密切关系。如果一个儿童有某种生理缺陷或主观上的自卑感，那他的生活风格将倾向于补偿或过度补偿那种缺陷或自卑感。

例如，身体瘦弱的儿童可能会有强烈的愿望去增强体质，因而锻炼身体、跑步、举重，这些愿望和行为便成为他生活风格的一部分。生活风格决定了我们对生活的态度，形成了我们的行为模式。

【心理有术】

自卑可治。自卑并不可怕，自卑并不是一无是处，自卑是人的目标、欲望无法实现的痛苦。如果能正确认识自卑，合理驾驭自己的目标、欲望，那么，我们是可以超越自我，走出自卑阴影的。运用得好，自卑还可能促成我们人生的超越。

超越自卑的正确方式

我们每个人都有不同程度的自卑感，因为我们都希望改善自己的处境。没有人能长久不变地忍受自卑感，他一定会采取某种行动来解除紧张状态。

心理学家阿德勒说：自卑，不是问题。只有摆脱自卑的错误方式，才是问题。

辨析四种生活风格类型

有些人将自己的价值感与更多成员的社会幸福紧密联系在一起，从服务于人、为别人做贡献的角度来思考人生价值的问题。对别人有着真诚的关心，这种关心被阿德勒称为社会兴趣。

对于了解自己生活风格的方式，阿德勒提出可以通过关注我们对以下三个问题的态度来确定，即对职业的选择、对社会中他人的关心程度以及在人际关系中的表现，如友情、爱情。

对于这些问题，阿德勒用两个维度，即社会兴趣和活动度来评价，进一步分出了四种生活风格，分别是统治支配型、依赖索取型、回避型和社会利益型。

统治支配型、依赖索取型、回避型和社会利益型这四种生活风格，哪一种是超越自卑的正确打开方式呢？

第一条心理路径是统治支配型

这一类的人社会兴趣很少，但活动度很高，喜欢支配和统治别人，却又对自己以外的人缺乏兴趣。他们的行为通常是利己的，很少顾及别人的利益；他们对优越感的追求是那么强烈，以至于不惜剥削和伤害他人。通俗来说，就是精致的利己主义者，他们需要通过控制别人来感受自己的强大和有意义。

在社会活动中，有这种行为方式会让人感觉太强势，人际关系中容易发生冲突，周围的人会开始远离他，或者说是更多的人不愿意与他产生关联。

统治类型的人渴望成为征服者，他们对配偶为所欲为，希望配偶能满足自己的一切需求，并且时刻关注自己。作为父母，他们要求孩子服从自己——“因为这是我说的”。统治类型的人可能试图利用金钱来控制他人，他们相信任何人都是可以出价收买的。阿德勒认为违法少年、自杀者、吸毒者都属于统治类型的典型代表。

第二条心理路径是依赖索取型

这种类型的人社会兴趣和活动度都很少，不怎么喜欢努力解决自己的问题，而是依赖别人的照顾，尽可能从可依靠的对象那里获取自己想要的一切，使自己在自己依赖对象的荫庇下享受强者的幻想。

有些父母常给予孩子所需要的一切，在这样的环境中长大的孩子不需要为自己做任何事情，同时对自己的谋生能力以及供养他人的能力缺乏意识。由于对自己缺乏自信，他们试图让能满足自己需求的人围绕在身边。比如，我们常说的狐假虎威、攀龙附凤、拉大旗扯虎皮。有这种行为方式的人因其依附性，内心会非常敏感，或扭曲。

第三条心理路径是回避型

这种类型的人社会兴趣和活动度更低，严重缺乏解决问题的信心，总是通过回避问题或回避人群的方式来避免自己内心的失败感和自卑感。他们常常住在自己幻想的世界里，在那个不现实的世界里感受自己的优越。

有些人遇到任何困难都先躲起来，遇到一些必须处理的事情也会等着别人来处理；如果有些人比自己受欢迎，就避免出席有他们在场的场合。这种人因为其回避的心态心胸越来越狭隘，因而缺少了发展能力的机会。

上述三种风格被阿德勒统称为不健康的生活风格，从而不是超越自卑的正确方式。

第四条心理路径是社会利益型

这是一种健康的生活风格，这种类型的人社会兴趣和活动度都较高，他们会关心家庭、朋友和社会，有足够的能力面对生活，可以与别人合作，希望为社会服务。

在追求卓越的人生道路上，他们善于合作，乐于助人，且不求回报，致力于为别人提供有价值的服务，追求双赢的而不是输赢的人际关系。

俞敏洪老师在演讲中提到，上大学时他的自卑深入骨髓。因为深深的自卑，他的学生时代基本就是一个人的大学生活，除了跟宿舍的几个人认识以外，跟北大的其他人都不太认识。他在大学期间每天打扫宿舍卫生，给大学舍友打了 4 年的开水。采用这种生活方式的人既能感受到自己存在的价值与乐趣，也容易获得别人的认可与支持。

自卑是一个人前进的动力。摆脱自卑有上述四种行为方式，但前三种方式都是错误的，会给我们带来更多的麻烦。

阿德勒说，超越自卑唯一的正确方法是采取第四条心理路径——社会利益型，就是为他人做贡献，把个人价值和整个社会的价值融为一体，这样才能获得健康的人格，让自卑成为前进的动力。

生活风格是否可以改变？

因为每一种生活风格，都会决定我们自己在人际关系中的体验，而不健康的生活风格，会成为我们对于目标追求的阻碍，也有可能会影响我们的社会功能。

阿德勒的高明之处在于，他告诉我们要主动了解自己的生活风格是哪一种，它有可能会给我们现在的生活造成哪些困扰和阻碍。

同时，他又告诉我们，生活风格是可以改变的。而生活风格一旦改变，就意味着自己的未来也会发生一些变化。过去的已经过去，我们能把握的只有现在。

生活风格是否改变取决于我们选择一个什么样的目标。如果一种生活风格让我们在这个世界上、在人际关系中相处得不是很舒服，我们就会产生改变的愿望了。

习惯是可以改变的，态度是可以改变的，那么我们的行为模式也会自然而然地发生变化。

不管我们当下是哪一种生活风格，我们都要清楚与什么样的人建立关系更适合自己。在生活或者职场中，要找到一个适合自己的发展方式，选定一个目标，然后去达成这个目标。

生命的意义与社会兴趣

生命的意义

从职业生活、社会生活和家庭生活这三大领域出发，生命的意义到底是什么？

阿德勒做了详细的阐述："人类生活在'意义'的范畴里，包括我们所经历的一切，都是从人的角度出发来认识的。生命的意义在于对同伴发生兴趣，作为团体的一分子，要对人类的幸福贡献出自己的力量，一个人生命的意义，必然是能够为别人所分享且被别人认定为有效的东西。"

简单地说：阿德勒认为，生命的意义在于奉献、对别人发生兴趣以及互助合作，把个人价值融入社会价值。

当一个人明确了自身的社会责任感与使命感后，如果想要在行动中理解人生真谛，就必然离不开合作，合作的本质便是增加大家对社会的理解与关爱。

比如孩子与父母的合作使家庭更加和谐，父母之间的合作可以让孩子得到良好的教育，人和人之间的合作正在不断为人类福祉做贡献。

社会兴趣

有人问苏格拉底："世上何事最难？"答曰："认识你自己。"

如何才能认识自己，从而超越自卑追求卓越呢？在阿德勒看来，一个心理健康的人不仅会为个人卓越而奋斗，还会重视对建立美好社会的贡献，人们会从社会服务中获得价值感和满足感。

阿德勒给了我们答案：为他人贡献，保持对社会的兴趣与奉献。

人终究是社会人，人的一切都离不开社会，奉献社会才是一个人真正的价值与生活意义所在；而一旦偏离这个主题，就会变成利己主义者，便走上一条错误的人生道路，人生也就走入了死胡同。

当一个人将社会责任放到自身人生目标的高度时，他将会在以后的道路上有着一种使命感，并且不断朝着这个方向努力前行，因为这是他体现人生价值唯一的目标。

当然，社会兴趣的充分发展在于前述关于生活风格的三个问题的解决。阿德勒认为，只有我们有了喜欢的工作、不俗的成就、良好的人际关系和幸福美满的婚姻，才能说明我们的社会兴趣丰富，而且寻获了生命的意义。

在这个过程中，我们会不断地修正自我，纠正偏差，不断地改变自己，从而超越自卑，在为社会的奉献中体悟人生意义。

相反，如果仅仅是将人生定格在自我角度，那么终将成为人见人厌、嚣张跋扈的人，而且终究无法在与社会的互动中认识自己。

【热点解读】

《辛德勒的名单》——企业家的责任与良知

《辛德勒的名单》是一部闪烁着人性光辉的传记电影。我曾经将其推荐给企业家朋友观看，影片带给他们巨大的震撼与感动。

1993 年，好莱坞导演斯皮尔伯格动用了 3 万余名临时演员，在故事的发生地点，记录了发生在奥斯维辛集中营的故事，以尽可能还原历史真相。

奥斯卡·辛德勒作为一个富有、奢侈的德国商人，在第二次世界大战期间，在德国纳粹大肆迫害屠杀犹太人的环境下，原本打算利用战争发财，但后来目睹了犹太人在纳粹统治下的苦难，因为心中的怜悯与不忍，不惜倾尽家财，开始雇佣犹太人并在工厂中保护他们。

利用为他发家致富的搪瓷工厂，暗度陈仓，将 1100 名犹太工人送上了他一手打造的“诺亚方舟”，从而使得他们在纳粹种族清洗的屠刀之下得以幸存。

《辛德勒的名单》是一部筹备十年的匠心巨制、震撼人心的史诗电影。它用黑白胶片和大量的手持摄影，以记录式的风格，将辛德勒的善行弘扬至整个世界！

影片中的黑白影像和穿红大衣的小女孩成为了象征，分别代表了历史的沉重和无辜生命的希望，展现了战争中人性的复杂性和救赎的可能性。

《辛德勒的名单》不仅是一部电影史上的杰作，也是对人性、正义与救赎的深刻反思。通过辛德勒的故事，向观众传达了在极端环境下，个人行为对他人命运的重要影响。

威胁自尊的五大因素

克服自卑心理，建立自尊自信，是自我发展的重要课题。自尊是意识的免疫系统。如今，越来越多的人意识到自尊的重要性，但往往又对自尊缺乏足够的理解。

能力感 + 价值感 = 自尊

纳撒尼尔·布兰登是美国乃至全世界自尊运动的先驱，他对自尊做出了如下定义："自尊是一种觉得自己能够应付生活中的基本挑战，值得享受快乐的感觉"。

更具体地说，自尊包含两方面：一方面是自我效能感，即相信自己有能力应对生活中的挑战；另一方面是自我尊重，即相信自己是有价值的，自己有权利享受幸福。

能力感、价值感，两者都很重要，缺少任何一个，自尊都会很低。

自尊的三层模型

泰勒提出了自尊的三层模型：

第一层：依赖型自尊，即由他人表扬和认同而产生的自尊。

第二层：独立型自尊，即内在产生的自尊，这种自尊不取决于别人的评价，是自我生成的。

第三层：无条件型自尊，也可以称作一种自然状态，我们自然的存在感。自我价值并不取决于是否达到某种客观的优秀标准或自我设定的优秀标准。

理解这个模型的关键在于，这三个层面是一个渐成模型。所谓渐成，指的是必须通过第一层才能到达第二层，必须通过第二层才能到达第三层，不能越过某一层。

所以，每个人都有依赖型自尊，但是，如果我们有健康的依赖型自尊，这很自然。我们小时候都要经历依赖阶段，一段时间后就会变成独立型自尊，如果能培养健康的独立型自尊，就能达到无条件型自尊，也就是最高层次。

信念的力量

相信自己的智慧，确信自己值得拥有幸福，这是自尊的本质。

这种信念的力量在于它不仅是一种判断或一种感觉，而且是一种动力，从而激发人们产生相应的行为。

反过来，这种信念的力量又直接受到行为方式的影响，二者互为因果。在这个世界上，我们的各种行为与自尊之间都存在着一个持续不断的反馈循环。

自尊水平影响我们的行为方式，行为方式又影响我们的自尊水平。

让我们重复一遍：相信自己的智慧，确信自己值得拥有幸福，这是自尊的本质。

威胁自尊的五大因素及应对

根据盖笑松教授的总结，有五个方面的消极心理特点容易引发我们的低自尊，下面来逐个了解它们并努力克服这些不良因素。

自尊的第一个威胁：过于在乎他人反馈

社会心理学家马克·利瑞提出的自尊的社会计量器理论认为，自尊就好像是记录他人态度的计量器。

自尊是个体对自我的一种评价，而来自他人的社会评价又是个体自我评价的重要来源。当他人对我们表现出接纳和喜欢的态度时，我们的自尊水平上升，并引发愉悦、满足等积极情绪；而当他人对我们表现出拒绝和排斥的态度时，我们的自尊水平就下降，并引发焦虑、沮丧等消极情绪。

拥有高自尊的个体具有良好的自我观，他们寻求的是自我验证，所以即便是他人的负面反馈信息也并不会威胁其自身；而低自尊个体却相反，他们总是倾向于寻求一种自我保护，即便是他人正面的反馈也可能给他们造成“威胁”。

例如，如果一个孩子从小被频繁批评和指责，即使其资质不比其他人差，也会形成“我不够好”的自我形象，这种负面自我形象会成为核心信念，难以改变。

许多对自尊的社会性度量研究都表明，人在调节对自己的看法、道德要求、行为标准、人品期待等等的时候，在很大程度上取决于同伴关系、群体价值和制度环境。

人们在日常生活的社会关系中越是被尊重、被善待、被关心，就越是有自尊，他们的社会行为也就越会自重、自爱；反之亦然。

怎样才能避免对他人的态度过分在意呢？

首先，要认识到自己的价值和独特之处，重视自己内心的感受，在自己的内心中建立一个积极的自我形象，并给予自己足够的爱和关注。

其次，学会以积极的方式看待反馈和批评，建立自己的价值观，这样就不会那么容易被别人的意见和评价左右，而是可以更加自信地面对生活中的各种挑战。

珍视自己的价值，不必在意他人的评价

老子说："宠辱若惊，贵大患若身。何谓宠辱若惊？宠为下，得之若惊，失之若惊，是谓宠辱若惊。何谓贵大患若身？吾所以有大患者，为吾有身，及吾无身，吾有何患？"

得宠和受辱都感到惊慌失措，重视身体好像重视大患一样。

什么叫做得宠和受辱都感到惊慌失措？得宠仍是下等的，得到恩惠感到心惊不安，失去恩惠也觉惊恐慌乱，这就叫作得宠和受辱都感到惊慌失措。

什么叫做重视身体像重视大患一样？我所以有大患，乃是因为我有这个身体，如果没有这个身体，我会有什么大患呢？

庄子在《人间世》中提到了一棵神树，它长得非常粗大，被大家奉为神明，可木匠却根本瞧不上，还说："是不材之木也，无所可用，故能若是之寿。"这说明了一个道理，那就是在不同人眼中，价值是不同的。

庄子在谈到宋荣子时说："且举世誉之而不加劝，举世非之而不加沮，定乎内外之分，辨乎荣辱之境，斯已矣。"

意思是说：全社会的人都称赞宋荣子，他却并不因此而更加勤勉；全社会的人都责难他，他也并不因此而更为沮丧。他能认清自我与外物的分际，辨明荣辱的界限，不过如此而已啊。

我们需要培养自己的钝感力，在社会上处事，不必对自己过于苛求，也不必太在意他人的评价。

自尊的第二个威胁：进行社会比较

我们生活在这个社会上，经常会遇到一种情况——社会比较，社会比较极为敏感。利昂·费斯汀格提出的社会比较理论认为，人们会通过与他人的比较来实现对自我的评价。

两种社会比较

社会比较分为两种：第一种是向上比较，比较的对象是比自己好的人；第二种是向下比较，比较的对象是那些比自己差的人。向上比较就好比“人往高处走，水往低处流”，而向下比较则是“比上不足，比下有余”。

社会比较对自尊有什么影响?

根据与他人关系的亲疏远近可以将比较对象分为三类：第一类是陌生人；第二类是群体中的成员，比如同事、关系一般的朋友或同学；第三类是和我们有亲密关系的人，比如伴侣、孩子、父母或亲友。和这三类人进行社会比较的结果对自尊的影响是不同的。

人心复杂，当与别人做比较时，可能提高自尊，也可能降低自尊，比较对象和人们的情感距离对结果会产生很大的影响。

如何做到不把自己和别人比较?

我们需要思考，如何避免社会比较对自尊心的消极威胁，同时又如何发挥它的积极激励作用。

一是明确你自己想要的是什么

人一旦拥有了自我梦想，发现了能够作为自己存在的理由后，就不会和他人对比。认真思考你最在意的东西是什么，当你有了答案，比较便显得不那么重要了。

二是把对方作为榜样努力追赶

如果避免不了比较之心，那么只去跟那些我们可能赶上，并且愿意追赶的人比，然后制订自己的行动计划，而不是自怨自艾。

三是如果一定要比，只比品德

“见贤思齐焉，见不贤而内自省也。”如果一定要比，就比品质和德行，如心态、韧性、中正、慈悲、智慧等。除品德以外的比较，都是舍本逐末。

自尊的第三个威胁：完美主义

完美主义是指要求自我或环境达到尽善尽美的过高期望。完美主义者认为，达不到高标准就意味着自己不够好或没有价值，进而形成低自尊。

完美主义者通常有三种类型：自我高标者、苛求他人者和寻求赞美者。

自我高标者，要求自己将所有的事情都做得尽善尽美，对自己有很高的期望；苛求他人者，期望他人完美无缺，难以接纳别人的弱点和错误；寻求赞美者，努力去满足别人的期望，很怕别人对自己有一点负面印象。

完美主义者不好吗？

对别人而言，那是更高的工作品质；对自己而言，通常容易因为不完美而导致更多的拖延、意外的逃跑，以及协作的困难。

最近的研究表明，完美主义可能是抑郁症的一个重要根源。

完美主义不是天生的，而是后天习得的，通常受到家庭或学校的影响。完美主义是一种心理特质，表现为对自己或他人设定极高的标准，追求毫无瑕疵的状态，并且对任何未能达到这些标准的行为感到强烈的不满和自责。这种特质在某些情况下可能会推动人们取得卓越的成就，但长期来看，它也可能带来严重的心理负担。

一方面，完美主义者对人对己要求苛刻，注重结果而忽视过程，在面对挫折时更容易感到沮丧，容易陷入恶性循环。他们往往难以接受自己的不完美，总是觉得自己做得不够好，这种持续的压力和自我批评最终可能导致抑郁症的发生。

另一方面源于完美主义者的思维方式，即他们倾向于以黑白分明的方式看待事物，要么完全成功，要么彻底失败。这种非黑即白的思维模式使得他们很难接受生活中的灰色地带，从而增加了患抑郁症的风险。

如何才能有效地应对完美主义带来的负面影响呢？

第一，认知重构。我们需要学会调整自己的期望值，意识到完美并不存在，接受自己和他人都有缺点。改变对错误的看法，将其视为学习和成长的机会。

第二，设定合理目标。设定具体而可行的目标，避免过高的期望。将目标分解为小步骤，逐步实现，可以减轻心理压力。

第三，建立自我价值感。不要将自身价值完全依赖于成就，发展更全面的自我认知，包括自己的品质、人际关系等方面。

第四，学会宽容。对自己和他人保持宽容态度，理解每个人都会犯错，错误并不等同于失败。学会从失败中汲取教训，而不是过度自责。

第五，专注于过程。不要过于关注结果，而是专注于行动的过程，尽力而为，不要过于焦虑未来的不确定性。

在这个充满竞争的时代，每个人都希望能够做到最好。然而，我们也要明白，**真正的幸福并不来自于外在的成功，而是源于内心的平和与满足。**通过改变自己对待完美主义的态度，我们可以更好地保护自己的心理健康，用一颗宽容的心去接纳自己和这个世界上的不完美。

【热点解读】

诸葛亮——完美主义人格的悲哀

诸葛亮是很多中国男人的超级偶像之一，他集智慧、忠恕、正直、廉洁于一身，辅佐刘备借荆州，占益州，入巴蜀，联东吴，可谓朝中之事，无分巨细，事必躬亲。

然而，恰恰是这份鞠躬尽瘁，导致蜀汉军政管理上的诸多失误。而这一切，都源自于诸葛亮的完美主义人格。

诸葛亮的完美主义人格表现在三个方面：

一是对自身期许过高，对于属下要求严苛，不容犯错。

二是不肯放权属下，认为只有自己方能胜任兴汉大业。

三是不顾当年“隆中对”中的军政方略，连年兴兵，屡败屡战。这种不顾现实情况的做法也体现了他的完美主义人格。

诸葛亮的人格悲剧在于过分追求完美，一方面让他自己承担了过多的责任和压力，导致他夙夜忧叹、身心疲惫，过早地退出了历史舞台；另一方面也让蜀国后期缺明主，乏能将，国力衰微，真是可悲可叹。

锦囊妙计是诸葛亮的专利，三次锦囊妙计凸显了诸葛亮的深谋远虑，未卜先知，让其形象高大不少，也为其增加了一些神秘色彩。

不过深究之下，就会发现一些问题，那就是蜀国的全体将士共同使用诸葛亮的一个大脑在工作，大家都不用思考，全体自动化，一切听诸葛亮的就是。

五丈原，诸葛亮病逝之后，问题一下就暴露出来了。在其之后，蜀国没有一个能独当一面的统帅，蜀国没挣扎几下就早早灭亡了。

现在的成都武侯祠挂着一副对联：能攻心则反侧自消，从古知兵非好战；不审势即宽严皆误，后来治蜀要深思。

自尊的第四个威胁：极度自恋

高度自恋不等于高水平自尊，自恋更像是错误迷恋上了自我在水中的幻象，高自恋者的自尊非常脆弱、不稳定，更容易受伤害。

自恋一词源于古希腊神话，英俊的少年那喀索斯深深迷恋自己水中的倒影，最终化成一朵水仙花。因此，心理学家以“narcissus”这个词来形容那些注意力过分集中于自身的人。

自恋者有七个特征

一是权威感，认为自己具有领袖气质与才能，并希望他人服从自己的领导。

二是自我满足，认为自己完全不需要别人的帮助。

三是优越感，认为自己是非凡的、特殊的，应该得到他人的褒奖与钦佩。

四是自我表现欲，喜欢卖弄自己的才能，并渴望获得他人的关注。

五是剥削性，认为自己善于利用、操纵他人，并喜欢利用、操纵他人。

六是虚荣心，迷恋并且喜欢展示自己的外貌。

七是特权感，认为自己配得上特权，渴望获得比其他人更多的权利。核心特质是相信自我目标愿望比别人的目标更重要。

自恋的危害

自恋者的自尊心更差

实验证明，自恋会让自尊变得不稳定，变得更脆弱；低自恋者有更强的内在动机，也就是说，为了掌握知识而不是为了争强好胜，这样更有利于自尊的维护。

自恋破坏人际交往质量

自恋者有更强的攻击性。受到挫折、威胁时，他们的反应更加激烈，更可能采用贬低、惩罚与敌对等手段作为回应。

自恋者共情性关心和观点采择的能力低，较少关心别人，难以和其他人建立平等的关系，很少对别人的努力予以积极的反馈。

自恋增加风险行为

自恋者偏好高度满足与强烈快感的刺激，容易出现过度消费行为、病态赌博行为、酒精成瘾行为、高风险逐利行为、攻击行为等。

自恋者的过分自信和较差的自我控制能力，使得他们过于相信自己会做出正确的决策。

极度的自恋有三个特点：严重自恋、心理变态、冷酷老练和自私

美国心理学家德尔罗伊·鲍休斯提出了“黑暗三角”理论，它说的是：自恋、心理变态、马基雅维利主义，这三种人格特质构成了人性中的“黑暗三角人格”。

马基雅维利主义这个概念是心理学家理查德·克里斯蒂等人提出的，它的主要特点是：认为成功的关键在于操纵和利用他人，为达目的不讲道德不讲原则；同时认为人都是自私自利的，不相信人性的真诚和美好。

【热点解读】

又自卑又自恋的希特勒

第二次世界大战期间，有近600万犹太人死于希特勒及其纳粹党之手。希特勒为何要疯狂屠杀犹太人？或许你想不到，其根源是自卑。

希特勒为什么要疯狂屠杀犹太人？这与他受到欧洲反犹主义传统思想的

影响有关，也是希特勒转移德国人民斗争视线、巩固纳粹独裁统治的政治上的需要，以及盘剥犹太人、掠夺犹太人财产、讨好垄断资产阶级、服务扩张政策的经济上的需要。

当然，除了上面大家公认的三个原因之外，还有一个原因，或许你想不到。从心理根源上来分析，希特勒反犹主义也源于他的性格压抑，自卑又自恋。

1943 年，CIA 的前身——美国战略情报局委托美国心理学家、哈佛教授亨利 · 穆雷研究希特勒的性格，以预测他的行为。

穆雷认为，史上最为残忍的暴君之一希特勒为了发泄童年时代压抑的怒火，患上了精神分裂症。

在穆雷的《希特勒性格分析报告》(简称《报告》) 中，穆雷将希特勒描述为一名偏执的“破坏狂”“无法维系正常的人际关系”。

穆雷写道：“从他那儿永远也不可能指望得到同情或者人性的对待。”

经历了充满挫败感的童年后，希特勒认为自己应该对所有事情占主导权

童年时期，希特勒就受到自卑感的折磨，这很大一部分归因于他身材矮小、面相孱弱。

他拒绝去学校上学，因为他觉得自己是个穷学生并对此感到羞愧。他的母亲为了安抚他的情绪允许他退了学。

他对自己的混血血统感到耻辱

穆雷称，希特勒珍视“纯正、未经混合、未被污染的德国血统”，他将这种血统与贵族和美丽联系在一起。

希特勒不愿意承认的是：他的父亲是私生子，有至少两次失败的婚姻；他的祖父和教父都是犹太人；他的一个姐妹给一名有钱的犹太人当情妇。

另一个影响他的因素是他的自恋，以及他对自己的观念所感到的绝对确定性——这是许多自恋者都有的现象。

心理学家埃里希 · 弗洛姆在其著作《人类的破坏性剖析》里写道：

“希特勒只关心他自己、他的欲望、他的思想、他的愿望；他没完没了地谈论他的观念、他的过去、他的计划；世界只在作为他的计划与欲望的目标时，才是真实的。

别人只在有益于他、有利于他时，才有重要性；他对任何事情永远比任何人都更知道。对自己的观念与计划的这种确信，是强烈的自恋的典型特征。

和他的自恋相关的，是他对任何人或任何事都缺乏兴趣，除了他自己，他只关心对他有利用价值的东西，对其他任何人和物都冷漠疏远。

极端自恋者的眼睛里常闪烁着一种特别的光亮，使他们的眼睛看来有强烈的热情，有种来自理想世界的感觉和奉献的气质。

事实上，高度自恋甚至半疯狂的人的眼神，往往与极度虔诚的、几乎是圣者的眼神相仿，有时并不容易分辨。两者唯一的区别是，眼中有没有温暖。

据所有的报告称，希特勒的眼睛是冷的，他整个面部表情都是冷的，没有任何温暖之情或慈悲同情。”

自尊的第五个威胁：物质主义

真正说起来，我们每个人都是物质的、虚荣的。因为人的生存需要衣食住行，我们离不开物质。只不过有些人能够把原则、底线和修养放在第一位，而有些人则在金钱、名利和地位中丧失了做人的根本品质。

当人对物质的追求破坏了自己的心灵愉悦、精神成长和对别人的友善关爱时，才被称为物质主义者。

物质主义者有以下几个特点：

一是更喜欢与人攀比；

二是对财物积累与消费的追求，超过了精神成长的追求；

三是因为财物太重要了，所以在重要时刻难免会不择手段；

四是过于自私，容易为了自己的物质利益而伤害旁人的心灵感受。

我们并非不要物质，只是不要因为物质损害了健康。基于这个论调讨论如何不成为物质主义者，关键就是：不忽视对他人的关爱，注重自身精神成长，以及满足心灵愉悦。

你若太在意物质，骨子里就会很自卑。

物质主义的价值观对个人的身心健康发展会造成诸多危害。物质主义者，通常有更低的自尊和幸福感，更高的消极情绪和焦虑指数。

高自尊者和低自尊者对物质财富的理解是不同的。

高自尊者能积极地看待和评价自己，不需要通过物质财富证明自己；相反，低自尊者总是对自己的价值、形象和地位表示怀疑，因而渴望通过外界对自己的赞许和尊重来肯定自己，通过努力积累更多的物质财富来弥补自尊的缺陷。

所以，只有减弱物质主义倾向，才可能提高人的自尊。

【热点解读】

"前途"和"钱途"，哪个更重要?

有位作家曾经说过：老年人把钱放在第一位还行，因为前途已经不远；年轻人把钱放在前面就错了，因为看得远比什么都重要。有前途就有钱途，只看眼前的棋势，很难赢得整盘棋。

虽有认同，但随着时代变化确实也不尽然。谁不想看得远呢？可是迫于现实的压力，首先得活着。如果条件允许，谁不想出类拔萃，心怀远大理想，把自己上交给国家，为共产主义事业奋斗终身呢！

生存压力与安全感

在这个瞬息万变的世界里，一句"年纪尚浅，以钱途为重"，如同一面镜子，映射出当代年轻人面对生活时的现实抉择与内心挣扎。在就业难、收入低、物价高、房价高、竞争激烈内卷严重的现代社会，"钱途"无疑承载了年轻人对物质安全感的强烈渴望。

马斯洛需求层次理论告诉我们，基本的生理和安全需求是人类行为的底层驱动力。对于许多初入社会的年轻人而言，稳定的收入、充足的储蓄意味着能够在城市立足，为未来的生活提供保障。这种对经济独立的追求，本质上是对生存压力的应对，也是对不确定未来的自我保护。

社会比较与身份认同

社交媒体上充斥着各种"成功"的标签：豪车、豪宅、名牌……这些符号化的财富象征无形中塑造了一种社会标准，使年轻人陷入无休止的社会比较。“钱途”在此时成了衡量个人价值与社会地位的重要标尺。追求“钱途”，某种程度上是他们在寻求群体认同、提升自我价值感的过程。然而，过度关注金钱成就可能导致个体忽视内在成长与精神满足，陷入“成功焦虑”的漩涡。

理想与现实的碰撞

“钱途”并非年轻人唯一的追求，他们同样向往诗与远方，渴望实现个人理想。然而，现实的压力往往迫使他们暂时搁置理想，优先考虑经济收益。这种理想与现实的冲突，反映出年轻一代在理想主义与现实主义之间的摇摆。他们需要找到一个平衡点，既能满足生存所需，又能坚守内心的热情与梦想。他们需要明确自己的价值观，将“钱途”与个人兴趣、专业技能、社会责任相结合，让赚钱的过程成为自我实现的过程。

物质主义的游戏，永远无法真正地根除不安全感。

很多人相信，如果有很多钱，你就会很幸福。

但事实并不总是这样，很多有钱人没有时间欣赏银杏叶迷人的色彩……

大家也应该知道，穷人有穷人的苦恼，富人也有富人的烦忧，正所谓“众生皆苦”。

庄子说，不要羡慕有钱的富人，他们也有六种“祸患”。

迷乱、苦闷、顽疾、耻辱、忧虑、恐惧这六种痛苦几乎是人间最惨的遭遇了，但庄子却用来形容有钱人。如果想要拥有财富，就必须忍受这六种烦恼。

平常就是福，有余反而添害，凡物无不是这样，财物更是如此。

我们能看到的是有钱人挥金如土、一掷千金的洒脱，但却没能体会有钱人除了有钱，也会有其他苦恼和窘迫。所以很多人有钱之后反而羡慕普通的大众，羡慕他们的自由自在，没有后顾之忧。

人活在世上，追求富贵绝不是唯一的目标。在追求“前途”和“钱途”的道路上，愿每一位年轻人不仅能收获财富，更能找到属于自己的人生价值，活出丰盈而有意义的人生。

最后，用一位年轻人跟我聊天时引用过的话与大家共勉："君子藏器于身，待时而动；以钝世人，以锋策己。"

坚实自尊的六个支柱

自尊来源于哪里？有人说自尊主要来源于他人对自己的评价，所以重要的是身处充满正面评价、夸奖的环境；有人说自尊主要是认知层面的，只要改变一些有问题的思维方式，人便都能获得自尊。

布兰登博士论述了为什么这两种观念都是错误的，并指出真正的自尊不是来自外部，而来自自身；不止来自认知，更来自行为。培养自尊，我们必须身体力行。唯有不断付诸行动去认识自我、实现自我，才能获得真正的自尊。

自尊的第一个支柱：有意识地生活

自尊感是我们有意识地努力的产物。

有意识地生活要求我们努力探明与我们行动、目的、价值和目标相关的事情。首先，我们应该尽最大能力去做，不论自己的能力有多大；其次，我们的行动应与自己所见、所知保持一致。

有意识地生活不仅是认识到自己，还应该去实践自己的意识，去改变自己，不回避自我，不回避自己的动机，不回避一直存在自己心中的真实的情感需求。

有意识地生活，就是自尊感的第一大支柱，我们可以参考以下做法：

我越清楚与我利益、价值、需要和目标相关的事物，我的生活就越成功。

经常使用大脑其乐无穷。

改正错误比掩盖错误于我更有益。

注意区分事实、解释和情感。

我应时刻警惕，抗拒自己规避现实的念头。

如果我的眼界更宽，我的生活和行动将更具效力。

自尊的第二个支柱：自我接纳

缺少自我接纳，自尊感是不可想象的。自尊感是我们体验到的东西，而自我接纳是我们亲自做的事情。从另一个角度来看，自我接纳就是拒绝与自己对立。

自我接纳包含三层含义：

第一层含义是要做到自我接纳，就得站在自己这一边——自我接纳是指自我价值和自我责任的定位，是一种自我肯定的行为。

第二层含义是自我接纳包含了乐意体验的寓意。也就是说，不回避，不抗拒，切实地去体验、去想我们所想的事，感觉我们所感觉的事。

它表示我们乐意体验而不是排斥在特定时刻成为自我的东西——去思考、拥有自己的情感，正视行为的实现。

“接纳”远比“承认”复杂，它需要体验、面对并将之融入我们的意识之中。

第三层含义是自我接纳包含着同情的思想和自我交朋友的思想。

假设我做了件令自己后悔的事情，或做了件令自己羞愧的事情，为此我进行自责。

自我接纳不否认现实。不强辩错误的事实其实是对的，但它要求我们注意事情发生的情境，要求我们明白事情的缘由，要求我们弄明白为什么一件错事或不当的事情在当时偏偏会让人向往，认为恰当、值得一做。

自尊感形成的第一步就是感知和感受，即意识和整合，它们是个人发展的源泉：

我是为自己而活。

我接纳自我，并接纳自己思想存在的现实。

我不一定要喜欢、赞同或受自己情感的控制，但我能接纳它们的存在。

即使我后悔、自责，但做过的事我会承认。

我承认我所思、所感、所为均是自我表现，至少当它们发生时如此。

我承认自己有很多问题，但我不受它们的束缚。我的问题不是我的本质，我的恐惧、痛苦、困惑或错误不是我的核心。

自尊的第三个支柱：自我负责

如果我感到有能力去生活、有资格去享受幸福，那么我需要体验控制自己存在的感觉。这就要求我乐意为自己的行动和实现目标而负责。它意味着我要为自己的生活和存在负责。自我负责对自尊感至关重要，同时，它也是自尊感的反映和体验。

引发自尊感的行动同时也是自尊感自然的体现和结果：

我为自己的存在负责。

我为实现自己的欲望、幸福负责。

我为自己的选择、价值观和行动负责。

我为自己以何种意识层面进行工作和参加各种活动、与他人交往负责。

我为自己如何安排时间负责。

我为提高自己的自尊感而负责，别人无法给我自尊感。

从终极意义上说，我接受自己的孤独状态；在一些具体问题上，人们可以给我一些帮助，但没有人能担负起我生存的最基本的责任。

自我负责的需要是很自然的，我不认为它是一场悲剧。

自尊的第四个支柱：自我维护

自我维护指尊重自我的需求、价值并在现实生活中探寻适当的表达方式。

它的对立面是胆怯性的投降，即将自我永久地深藏于一种表层之下，掩藏或者扼杀自我，其目的是避免面对与自己价值观不同的人，或是去取悦、抚慰、操控别人，或是简单地“归属”别人。

自我维护并不需要摆出与人交战的姿态，展现出好战的一面。它并不是说我们必须冲到队列的前端，或是击倒他人；并不是说未来维护我们自身权益时，就可无视或漠视他人的利益。它只是说在所有与人交往的过程中，我们要乐于维护自我，坦然地维护自我、尊重自我。

我们要为自己的生存而负责，要努力掌握主动支配权：

我可以尽情地表达自己的思想、信念和情感，除非在某种场合中我觉得不说为好。

我有权维护自己的信念、价值与情感。

让别人认识、了解我，于我有利。

自尊的第五个支柱：个人诚实

我应言行一致，信守诺言，公平、正直、善良、热情地对待他人，努力保持道德行为前后一致。追寻自己的快乐，你喜欢什么就拿什么吧，但你要为它付出代价。

成长道路的中心目标是逐步实现自立，个人诚实支持自尊感对现实的信念：

是就是是，事实就是事实。

自我蒙蔽双眼不能使真变假，也不能使假变真。

尊重现实（尽自己最大努力去把握它们）比漠视现实更能带来硕果。

生存依赖于正确地运用意识，忽视意识的责任不能提高自己的适应力。

从原则上说，意识是可靠的，知识是可得的，现实是可知的。

自尊的第六个支柱：自我信任

对于如何树立自信，做到“相对爱自己”，岳晓东教授提出了四点建议：

一是养就公正心，真实看自己、积极看自己、长远看自己，充分肯定自己的优点，努力改正自己的缺点。公正心的真谛在于：实事求是地评估自己，既不否认自己的任何优点，也不遮掩自己的任何缺点。

二是养就平常心，平常看自己，平常看他人，平常看世界，培养自己能够平和、冷静地面对生活的起伏升落。平常心的真谛在于：平常面对人生曲折，非常相信自我潜力。

三是养就“耳顺功”，树立自我信念，练就宽阔胸怀，培养乐观品质，主动接受磨炼，正面、积极地看待他人对自己的批评。“耳顺功”的真谛在于：勇于接受别人的批评，并做好自我批评。

四是养就果敢力，大胆决策、勇于决策，大胆尝试、勇于尝试，大胆自卫、勇于为自己说话，提高个人当机立断、果敢决策的能力。果敢力的真谛在于：做人做事“该出手时就出手，出了手就莫后悔”。

日本著名指挥家小泽征尔的故事

在一次优秀指挥家大赛的决赛中，著名指挥家小泽征尔按评委会给的乐谱指挥演奏，出现了不和谐的声音。

起初，他以为是乐队演奏出了错误，就停下来重新演奏，但还是不对。他觉得是乐谱有问题。在场的作家和评委会都坚持说乐谱没有问题。

面对一大批权威人士，他思考再三后斩钉截铁地说：“不！一定是乐谱错了！”话音刚落，评委席上的评委们立即站起来，以热烈的掌声祝贺他夺魁。

原来，这是评委们精心设计的“圈套”，以此来检验指挥家在发现乐谱错误并遭到权威人士“否定”的情况下，能否坚持自己的正确主张。

前两位参加决赛的指挥家虽然也发现了错误，但终因附和权威们的意见而被淘汰。

小泽征尔却因为充满自信而摘取了大赛的桂冠，最终因此而扬名四海。

《自信的力量》里有一段话：“自信并非与生俱来，而是需要构建，这是一场需要耐心的艰难征途。如果我们在濒临放弃时能够控制自己，重回巅峰时刻，便会感受到自信带给我们的深层快乐。”

这一切的力量源泉来自我们对自己生命的热情。爱是推动自尊六大支柱发展的源泉，它是自尊的第七大支柱。

【热点解读】

何为恰如其分的自尊？

在我们的认知中，自尊向来都是一个褒义词。自尊指的是对自我价值、能力的认可，既不向别人卑躬屈膝，也不允许别人歧视侮辱。

自尊是我们内心的力量，它不是别人给的。大体上来讲，人的自尊状态分两种：一种为高自尊，一种为低自尊。

高自尊的表现：行动很高效，做事情能够坚持，从而产生一个良性的循环；敢于做出有争议的选择，失败后复原的速度很快。

美国独立运动的领导者、《独立宣言》的起草者本杰明·富兰克林的自尊就比较高，他在自己的《回忆录》中写道："爱上自己的人天下无敌。"

高自尊也有弊端，比如说，高自尊的人有可能会因自信而变得自负，更容易固执，更容易冒险，更容易骄傲自满，等等。高自尊和低自尊其实都是有利也有弊的。我们不需要特别执着于高自尊的状态。

低自尊的表现：非常谨慎难决策，并且容易放弃，周围的人特别容易影响他；会迫于压力去坚持，同时，怕失败。

日本小说家太宰治在小说《人间失格》里写道：

"别人寥寥数语的责备，对我如同晴天霹雳。"

这种对外界评价如此在意的人，大部分都是自尊较低的人。

难道低自尊的人就一无是处吗？当然不是，事实证明**低自尊的人也有优点**。

首先，因为低自尊的人愿意做出让步和放弃很多东西，所以更加容易被他人接受。

其次，低自尊的人非常重视别人给他们的意见，虚心接受他人的反馈，使他们能够更好地理解事情的状态，从而改进自己的不足。

最后，低自尊的人大多数都非常谦虚，不容易与人产生冲突。

高自尊和低自尊分别有其优点，很难绝对地评判哪个更好。实际上，最重要的是拥有与身边的人价值观相符的自尊水平。

如果自尊过高，死要面子玻璃心，就会过犹不及，过于追求社会认同，缺少独立判断能力，听不得别人的批评，甚至连不同的意见也会耿耿于怀好几天。

而自尊心太低，则表明比较锚点过于单一，既看不出自己的差异化能力，也不善于运用组合法，会诱发抑郁症、酗酒等不良习惯，严重的甚至会走上犯罪的道路。因为自尊太低，感受不到爱，自然也不会再去爱别人。

过高的自尊可能导致虚荣心，而过低的自尊则可能导致自卑和自我否定。

这意味着，自尊过高或过低，都会给一个人产生极大的负面影响。自尊需要把握灰度，要恰如其分。

法国心理学家里斯托夫·安德烈把高自尊和低自尊，稳定和不稳定组合，分为以下四种类型：

[**坚定型**] **稳定的高自尊。**这种类型的人对于外界的批评忍受程度比较高，对于自己的失败、外界的刺激，泰然处之。

孔子无论是生活优渥还是颠沛流离，都始终保持着稳定的高自尊，当有人说他像丧家犬的时候，他也能欣然接受。

阿德勒说的“课题分离”，将自己的课题与他人的课题切割开，管好自己的课题，不干涉别人的课题。这其实就是“稳定的高自尊”的秘诀之一。

[**自傲型**] **不稳定的高自尊。**这种类型的人容易受到打击，当外界的事件对他具有一定的刺激时，很容易暴跳如雷，或者是过度反应。

[**取悦型**] **稳定的低自尊。**这种类型的人怎样都觉得自己不行，不仅在意识上，而且在潜意识里也觉得自己不行。他经常表现出来的就是逆来顺受，任凭外界怎样蹂躏都不会有什么反抗。

[**自卑坚定型**] **不稳定的低自尊。**这种类型的人自尊比较低，取得成功后自尊阶段性提升，而且会谨慎、小心、努力地塑造更好的形象。但是，一旦受到外界打击，就又回到自己原来的状态。

学会经营自己的自尊，才能遇见更好的自己；有了恰如其分的自尊，方有越来越好的自律。拥有恰如其分的自尊，成为更懂自己、更尊重自己、更爱自己的人，也必将成为值得人爱的人。

让我们相信自己的能力和智慧，看到自己的价值，确信自己值得拥有幸福，这样我们就可以逐步感到自我效能和自我关爱的进步。

【拓展阅读】

[1] [奥地利] 西格蒙德·弗洛伊德．梦的解析 [M]. 朱更生，译．杭州：浙江工商大学出版社，2019.

[2] [奥地利] 西格蒙德·弗洛伊德. 精神分析新论 [M]. 郭本禹，译. 南京：译林出版社，2018.

[3] [瑞士] 卡尔·荣格. 个体成长心理学 [M]. 中央编译翻译服务组，译. 北京：中央编译出版社，2023.

[4] [奥地利] 阿尔弗雷德·阿德勒. 自卑与超越 [M]. 吴杰，郭本禹，译. 北京：中国人民大学出版社，2013.

[5] [奥地利] 阿尔弗雷德·阿德勒. 理解人性 [M]. 方红，译. 北京：北京师范大学出版社，2021.

[6] [美] 纳撒尼尔·布兰登. 自尊的六大支柱 [M]. 王静，译. 北京：机械工业出版社，2021.

[7] 盖笑松. 积极心理学 [M]. 长春：东北师范大学出版社，2021.

[8] [美] 埃里希·弗洛姆. 人类的破坏性剖析 [M]. 李穆，译. 北京：中央民族大学出版社，2014.

[9] 岳晓东. 怎样做最好的自己 [M]. 合肥：安徽人民出版社，2011.

[10] [法] 夏尔·佩潘. 自信的力量 [M]. 陈阳，译. 南昌：江西人民出版社，2019.

[11] [法] 克里斯托弗·安德烈. 恰如其分的自尊 [M]. 周行，译. 上海：生活·读书·新知三联书店，2015.

[12] 盖笑松. 当代心理科学理论精华：第 2 版 [M]. 长春：东北师范大学出版社，2023.

第三讲　情绪管理

【关注话题】

这是个普遍焦虑的时代吗？

据统计，2025 届高校毕业生预计 1222 万人。1222 万人是个什么概念？

要知道，2000 年我国的高校毕业生人数还不到 95 万，10 年前也就 700 万左右，到了 2022 年就已经突破 1000 万了，而且年年创新高。

这一代年轻人注定了要在人潮人海中挣扎、碰壁、辗转、探寻、摔打，进而顽强。

从小学开始就是课后班、特长班、辅导班，生怕落在起跑线上。生怕进不去重点中学、考不上好大学，进而找不到好工作。如果说打工人是“996”，那么这一代就是“007”。

每一个家庭倾尽全力悉心关爱培养出来的孩子，经历千军万马杀出重围进入大学，对美好未来充满期待，一出校门却遭到了社会的冷遇和生活的吊打。

这一代年轻人生活在物质相对丰富的时代，几乎没有受过温饱问题的困扰，却没有轻松快乐的童年，没有呼朋引伴的自由，没有真实的生活体验。

随着经济和社会环境不确定性的增加、社会竞争的加剧，越来越多人感到被困在竞争的漩涡中，明明对自己做的事并不认同，却不得不逼迫自己加倍努力，从而疲惫不堪。

就业机会少，经济压力大，生活成本高，大城市留不下小城市回不去，年轻人面临着理想与现实的挑战，难以预测的价值选择、患得患失的情绪波动、不稳定的价值内核以及对未来发展道路的不确定，极易诱发青年人的集体焦虑。

当初心理弹压有多强烈，现在追求治愈解压就有多火爆！正如心理学家弗洛伊德所说，凡被压抑的情绪，都会以更丑陋的方式卷土重来。

焦虑是一种正常反应，面对一场激烈的竞争，谁能不焦虑？

焦虑是一种情绪体验，面对未来的不确定性，谁能不焦虑？

焦虑是一种个性特质，面对无法解脱的困局，谁能不焦虑？

我们大多数人在大多数时候体验到的都是正常焦虑。年轻人正处于学业、爱情、工作等各方面发展的不确定时期，更容易成为焦虑的主要群体。

情绪来源于生活，不论是生活中的小困扰还是生活中的重要事件，不论是突发灾难还是很多长期性的社会问题，都会成为我们情绪的来源。

荣格说过："心理治疗的主要目的并不是使病人进入一种不可能的幸福状态，而是帮助他们树立一种面对苦难，哲学式的耐心和坚定。"

如何正确看待部分青年的焦虑情绪？如何管理我们的不良情绪？如何缓解我们的焦虑情绪？一起来关注。

【心理探索】

情绪是怎样产生的？

你有过这样的情绪体验吗？

回顾一下怯场的经历：台下座无虚席，鸦雀无声，观众正等待着你的表演。

此刻台上的你紧张得心跳加快、头晕恶心、手脚冰凉、双手颤抖、口干舌燥，这种感觉甚至比死亡还可怕。

这种情绪发生的一般模式是：内心察觉到某种事物（情绪刺激）→该事

物引起某种精神上的感受（主观体验）→接着出现相应的身体表现（行为）。

情绪的大脑表征

情绪在我们的生活中占据了非常重要的一部分，这也是为什么无数的心理学家前赴后继地去研究情绪背后的机制的原因。

从古到今，在不同的阶段，发展出了对情绪的不同理解。詹姆斯和兰格认为情绪主要来源于外周，跟大脑没太大关系。

随后产生了坎农－巴德情绪理论，认为情绪的体验和生理变化几乎是同时发生的，它们都是通过丘脑来控制的。所以，这个理论又被称作丘脑理论。

再往后，詹姆斯·帕佩兹发展出另一套体系，叫作帕佩兹环路。它包括了下丘脑、扣带回、海马以及丘脑的前侧等，是调控情绪的最主要的环路。

之后，保罗·麦克莱恩在帕佩兹环路的基础上，又进行了延伸，认为该环路还包括杏仁核、前额叶、眶额叶和伏隔核等。他把整个环路叫作边缘系统，认为边缘系统对情绪的表征来说非常重要。他提出的本能脑、情绪脑、理智脑三重脑理论，至今也经常被关注和引用。

帕佩兹环路和边缘系统的提出是情绪的大脑机制研究的里程碑。

神经科学家约瑟夫·勒杜利用动物实验研究了恐惧行为，提出并证实了杏仁核与大脑皮层连接，产生情绪加工反应。

近些年对情绪的研究证实，情绪并不是某个特别的脑区来单独调控的。

不像我们的视觉皮层主要控制视觉、运动皮层主要控制运动，大脑可能是作为一种网络来产生情绪反应的，各个脑区是作为这种网络里的节点来调控情绪的。

借助核磁共振等技术手段发现，当人产生情绪的时候，多个大脑网络系统都发生改变，产生反应。

内感受是情绪的源头

情绪的产生和演化是大脑最变幻莫测的一个功能，现代多学科研究人员一直在探索揭示更多大脑的情绪机能和情绪本质。

内感受是情绪的核心材料

美国知名神经科学家、心理学家莉莎·巴瑞特颠覆性地提出内感受是构建情绪的源头。

内感受是大脑对所有感觉的表征，这些感觉源自内部器官和组织、血液里的激素及免疫系统。

内感受是情绪的核心材料，如同面粉和水是面包的制作材料，类似身体里的第六感，源自内感受的情绪体验更简单更直接。

内感受实际上是整个大脑都参与的过程，一些脑区在大脑中形成的内感受网络，和人们的视觉、听觉以及其他感觉网络类似，这种内感受可以对人的身体进行预测。

内感受有什么样的成分？

内感受可以分为两部分：

第一部分为“身体预测分配区域”，由一组脑区构成，可以发送预测给身体，控制内部环境：如加快心跳，放缓呼吸，释放更多皮质醇，代谢更多的葡萄糖等。

第二部分为“初级内感受皮质”，代表了人的体内感觉。内感受是人们绝大多数基本情绪的源泉，这些基本情绪包括愉悦、不愉悦、冷静、紧张等。

例如：

愉悦：感受到身心愉悦时的情境——快乐。

观看蓬勃的日出，在满头大汗时喝一杯冰水，或者在繁忙的一天之后享受片刻安宁。

不愉悦：感受一些令人不愉悦的情境——悲伤。

感冒时浑身无力地瘫在沙发上，与好友争吵后的郁郁寡欢。

内感受活动产生了基本的情感范围，从快乐到不快乐，从冷静到紧张不安，甚至包括完全没有感觉。

内感受是如何产生的呢？

大脑并不是一个简单的对外部刺激被动反应的机器。大脑由数以亿计的预测回路构成，这些回路创造了大脑的内部活动。

视觉预测、听觉预测、味觉预测、运动预测存在于整个大脑中，彼此互相影响，互相制约。这些预测受到来自外界的感觉输入的限制，对于感觉输入，有的会优先考虑，有的则会无视其存在。

各种各样的心理现象，可以理解为预测和感觉输入的组合。

内感受网络会对身体进行预测，根据身体的感觉输入测试模拟结果，更新大脑对周围世界的模型。

每一个被认为是人类情绪发源地的脑区都是存在于内感受网络内的身体预算分配区域，它们对景象、声音、想法、记忆、想象以及情绪进行预测。

大脑中存在情绪区域的想法是一种错觉，这种错觉是由大脑被动反应观点导致的。

大脑对身体预算状态的最佳预测就是情绪。当大脑从眼前的词汇中获取意义时，在身体预算内，它就在变化。你构建的思想、记忆、感知或者情绪都和内感受有关。

情绪的本质属性

情绪是灵魂的语言

情绪是我们的内心感受反映到生理上的一种表现，它来自于一个人内心世界的最真实的感受。

它没有好坏之分，只有建设性和破坏性之分，或者只有舒适与不舒适之分。当我们有不舒适情绪的时候，要勇于表达出来。

情绪既是主观感受，又是客观的生理反应。目前，对情绪的定义有很多种。从历史上的到现在的很多哲学家、心理学家、生理学家等都对情绪非常感兴趣。

在心理学领域，大家的普遍共识是，情绪是把特定的内外刺激进行主观加工以后，产生的生理行为反应及其持续的状态。

这里包括几项特征：

首先，情绪是一个个体受到某种刺激而引发的一种状态。喜、怒、哀、惧等主观感受，不同的人对同样的事物或者同一个人在不同时间、地点、条件下对同一事物的感受可能是很不同的。

其次，这种状态包括主观的感受和客观的生理反应，这些生理反应包括心率、血压、呼吸、血管容积、流速等的变化。

举例来说，我们高兴的时候，毛细血管会舒张，然后脸会变红；害怕的时候，毛细血管会收缩，然后脸会变白，同时血压升高、心跳加快，这都是一些客观的生理反应。

所以，我们认为它既包括主观的感受，又有一些客观的指标。

除了这些客观的指标以外，情绪还和很多认知状态相关，比如我们的注意力和反应力等。

情绪是受到某些刺激引发的状态，所以我们需要注意到外界发生的事件，然后通过大脑中的感知和认知体系的处理来触发我们的情绪反应。

比如我们看到和闻到食物，感知系统就会通过色香味来判断，这是对我们有益的事件，然后我们就会产生好的情绪。

同时，我们还可能会结合记忆力，比如亲人去世时，我们会联想到曾经和他相处的美好时光，然后发现再也没有办法跟他这样相处，所以会产生一些负面情绪。

所以，情绪是一个非常复杂的生理和心理状态。

情绪是心理状态的晴雨表

情绪具有独特的外部表现形式，即表情，一般有面部表情、语调表情和姿势表情。

人既有喜悦、悲伤、愤怒等简单直接的情绪表达，也会产生如嫉妒、怨恨、幸灾乐祸等复杂情绪。

人的许多情绪体验都有明显的外部表现，但有些情绪可能只有内心的感受而无明显的行为表现。特别是人通过学习对情绪的表现具有自我控制能力后，许多情绪往往不表现在明显的外部行为上。

情绪是流动的能量

情绪可以从低能级的能量向高能级的能量流动。不同方向的身体语言，向我们透露了不同的情绪状态：

情绪越强，行为在身体动作上的表现就越明显，比如人在兴奋的时候，身体姿态是挺胸抬头挺拔向上的；而在悲观沮丧的时候，会表现得垂头丧气，姿态是向下的。

人在生气的时候，身体会怒不可遏地向前倾；而在恐惧状态下，人的身体姿势是退缩向后的。

当人心情平静情绪平和的时候，身体姿态是比较端正处于中心的。

情绪可以跨时间、跨空间和跨事件地累积。

如果不适的情绪得不到及时、合理的疏导，堆积到一定的程度就会爆发。一旦爆发出来，就像火山爆发一样，具有很强的杀伤力。

【热点解读】

如何正确打开“情绪价值”？

情绪从来没有像今天这样被重视过。现在网络上有个很热的词，叫“情绪价值”。

从恋爱到职场再到商场，人们似乎越来越离不开它，情绪价值是什么意思呢？简而言之，就是给人带来一切美好感受的能力。

淄博烧烤能火，是因为它输出了情绪价值。对于大学生们来说，他们去淄博吃的是回忆，是疫情期间因为漂泊而被接纳、被善待的青春；对于后续的游客来说，他们去淄博吃的是温暖，是对一座有温度的城市的向往。

哈尔滨冰雪旅游爆火，因为它依靠厚积薄发、久久为功和“讨好式”的真诚，让游客感受到了情绪价值和消费尊严。高性价比、高体验感、高服务让年轻消费者连连称赞，那别具一格的城市风貌与能及时捕捉到年轻人情绪痛点的强大能力，如同一个巨大的磁场，吸引着无数年轻人前来感受她的独特魅力。

日常中，普通人开始关照自己的情绪，展开了轰轰烈烈的情绪自救。在亲密关系中，“情绪价值”被频频提到，没有情绪收益，宁可不谈恋爱。

当一个人能给其他人带来舒服、愉悦和稳定的情绪时，这个人的情绪价值就很高；当一个人总让其他人产生别扭、生气和难堪的情绪时，这个人的情绪价值就很低。

情绪价值的底层逻辑又是什么呢？

心理研究表明，自我决定的内在动机和自由意志是推动个体发展的内驱力。基本心理需求满足的程度与内在动机正相关，基本心理需求满足的程度越高，人们的行为越趋向于积极主动，参与社会工作的内驱力就越强。

人的基本心理需求包括自主性（参与感、体验感、驾驭感）、能力感（胜任感、支配感、价值感）和归属感（关联感、接纳感、认同感）。

这一代孩子大多数的家庭状况是：“总是缺席的爸爸、容易焦虑的妈妈和不听话的孩子。”这样就形成了一个恶性循环，总不在场的爸爸越来越被边缘化，焦虑的妈妈越来越强势，夹缝里的孩子越来越辛苦。写不完的作业，上不完的课外班，哪里能感受到自主性、价值感、认同感？

近几年走出校园的年轻人承受着前所未有的压力，与上一辈年轻人相比，他们面临着前所未有的巨大挑战和困境。学历贬值，就业困难，失业容易，年轻人缺少建功立业的机会，缺少自主择业体现能力感的土壤，多年寒窗苦读后找不到归属感、接纳感和认同感，导致价值感和成就感严重缺失。

年轻人对情绪价值的渴求恰恰是基本心理需求没有得到满足、社会价值感缺失的心理表现。

社会环境不能完全满足青年的基本心理需求，许多年轻人在内卷和内耗的泥潭里挣扎了许久之后，自我意识觉醒想要重建个人价值，“重新养自己”就是需求的变化。“重新养一遍自己”的重点从来都不是具体的方式方法，而是培养成长型的心态。

对于许多年轻人来说，那个纠结、窘迫、拧巴的自己，终将在“重新养自己”的过程中一一配平，使得自由、松弛、不纠结成为新的成长方向、具体的生命体验。

发自内心地理解和共情他人，不仅能创设安全的氛围，鼓励他人充分地表达情绪、自由地分享观点，也有助于加深双方的联系，建立更稳固、深厚的关系。

很多关系的增进，都与提供和接收情绪价值密不可分。成为一个情绪稳定的人，过好自己的生活，就是给予身边的人最大的情绪价值。

《积极情绪的力量》一书中有这样一段话："我们并不是因为生活圆满、身体健康才感受到积极情绪的，而是由衷的积极情绪创造了圆满与健康的生活。积极情绪是一种选择。"

情绪是如何表达的？

你听说过"踢猫效应"吗？

一位父亲在公司受到了老板的批评，回到家就把沙发上跳来跳去的孩子臭骂了一顿。

孩子心里窝火，狠狠地去踹身边打滚的猫。猫逃到街上，正好一辆卡车开过来，司机赶紧避让，却把路边的孩子撞伤了。

这就是心理学上著名的"踢猫效应"，描绘的是一种典型的坏情绪的传染所导致的恶性循环。

"踢猫效应"是如何产生的？一般而言，人的情绪会受到环境以及一些偶然因素的影响，当一个人的情绪变坏时，潜意识会驱使他选择下属或无法还击的弱者发泄。受到上司或者强者情绪攻击的人又会去寻找自己的出气筒。

这样就会形成一条清晰的愤怒传递链条，最终的承受者，即"猫"，是最弱小的群体，也是受气最多的群体，因为会有多个渠道的怒气传递到他这里来。

在现实的生活里，我们很容易发现，许多人在受到批评之后，不是冷静下来想想自己为什么会受批评，而是心里面很不舒服，总想找人发泄心中的怨气。

心情不好，可以理解，但批评之后产生的“踢猫效应”，不仅于事无补，反而更容易激发更大的矛盾。

复杂情绪背后的秘密

情绪的身体地图

中国人自古就有七情六欲的说法。中医说的七情是指喜、怒、忧、思、悲、恐、惊。

中医认为，七情过度易伤脏腑。正常的情绪变化是人人都有的，但如果情绪过度，不论悲或喜，对身心都不好。

《黄帝内经》就明确地说：“怒则气上，喜则气缓，悲则气消，恐则气下，惊则气乱，思则气结。”

《黄帝内经》记载七情过度伤害的对应脏腑是“怒伤肝”“喜伤心”“悲伤肺”“忧思伤脾”“惊恐伤肾”。

《大学》有言：“所谓修身在正其心者：身有所忿懥，则不得其正。有所恐惧，则不得其正。有所好乐，则不得其正。有所忧患，则不得其正。”

美国科学院院刊（PNAS）曾报告过一项研究成果，证实我们的喜、怒、哀、乐情绪会对应着身体内部不同器官的感受。

研究人员招募了701名志愿者，让他们想象自己正在经历某种情绪时的感受，然后在一张身体的空白轮廓图上标出哪些部位的感受被增强了，哪些部位的感受被减弱了。

基本情绪：

愤怒、恐惧、厌恶、幸福、悲伤、惊讶和中性。

复杂的情绪：

焦虑、爱、抑郁、轻蔑、骄傲、羞耻和嫉妒。

研究人员对每一个人的标注都做了进一步综合分析，找到了一些共同的规律，最后绘制出了“各种情绪的身体定位图”。

随后，为了让情绪感受更加接近真实情景，还增添了一系列和情绪相关的词语、故事、视频和面部表情，同时又扩大了样本范围，共有1026人参与实验。

结果发现：无论是欧洲人还是亚洲人，在情绪的身体感受上都有着惊人的一致性。比如愤怒感主要在头和手，焦虑主要在胸部，悲伤聚集在胸部和头部。人体每个脏器都与对应的情绪息息相关。

很多人都一定有这样的经验，当人愤怒、暴怒、情绪失控或长期气愤时，会使心跳加速、心肌收缩力增强、血管收缩，导致血压升高，加重心脏负担。也就是说，身体给心理问题提供了一个“宣泄”的窗口。

根据世界心理卫生组织的统计：我们70%以上的情绪，都会以“攻击”身体器官的方式来消化自身的情绪困扰。

心理学说喜、怒、哀、惧是四种基本情绪

美国心理学家保罗·艾克曼研究发现，人类的四种基本情绪（喜、怒、哀、惧）所对应的特定面部表情，为世界各地不同的文化所公认，包括没有文字、尚未受到电影电视污染的人群，说明这四种基本情绪具有普遍性。

注意：心理学家说的是喜、怒、哀、惧，并不是日常我们所讲的喜、怒、哀、乐。下面我们来聊一下喜、怒、哀、惧四种情绪的表达方式或表达形式。

喜的情绪，有哪些词语表达呢？

欣喜、喜悦、开心、快乐、幸福、高兴、激动、兴奋、愉快、愉悦、轻松、平和、平静、温馨、满足、爽、满意、眉开眼笑、欢欣鼓舞、春风满面、兴高采烈、扬眉吐气、手舞足蹈、捧腹大笑、心旷神怡……

愤怒的情绪，有哪些词语表达呢？

愤怒、气愤、生气、恼羞成怒、怒不可遏、暴跳如雷、七窍生烟、怒发冲冠、怒目而视、愤愤不平、拍案而起、咬牙切齿……

哀的情绪，有哪些词语表达呢？

悲哀、哀伤、心痛、凄凉、忧郁、伤感、难过、失望、哀痛、悲伤、伤心欲绝、悲痛欲绝……

惧的情绪，有哪些词语表达呢？

害怕、仓皇、紧张、担心、手足无措、草木皆兵、不寒而栗、惴惴不安、面无人色、提心吊胆、目瞪口呆、大惊失色……

基本的情绪已包含这么多的表达方式，其实情绪就是这四种基本情绪的延伸。

我们不是单一的机械体，有着很丰富的情绪所在，所以会从基本的情绪延伸到复杂的情绪。

复杂情绪的万花筒

人的情绪是复杂多样的，除了常见的喜、怒、哀、惧等基本情绪，还有焦虑、爱、抑郁、轻蔑、骄傲、羞耻和嫉妒等复杂情绪。我们的情绪受多方面因素的影响，随着环境的变化，我们的情绪也会经常变化。

通过理解情绪的复杂性和变化性，可以提升自己的情感智力，并建立更健康、更有意义的人际关系。

情绪的复杂性在于它们可以同时存在于我们内心的不同层面。我们可能会感到矛盾的情绪，哭笑不得、心乱如麻、七上八下、情不自禁、万分感慨等。这些复杂的情绪让我们更深入地了解自己的内心世界，并丰富了我们对情绪情感的理解。

情绪也是变化无常的。它们可以随着时间、环境和个人经历的改变而发生变化。我们可能会从一个情绪过渡到另一个情绪，有时甚至会经历情绪的波动和起伏。这种变化使我们的情感世界更加丰富多样。

理解情绪的复杂性和变化对我们的心理健康至关重要。通过认识和接纳自己内心的情绪，可以更好地处理情绪困扰和压力；同时，也可以更好地理解他人的情绪，并与他们建立更深入的连接和共鸣。

情绪是先天的还是后天的？

情绪既有先天的，也有后天习得的。心理学专业上把这两种情绪分别叫作本能情绪和习得情绪。

本能情绪是指生物个体对于具有利害关系的刺激产生的与生俱来的直接的情绪反应，比如刚生下的小婴儿，高兴的时候就笑，难过的时候就哭，感受到威胁时会产生恐惧，受到奖赏时会产生快感，等等。

关于本能情绪，有一个非常著名的例子，那就是英国著名生物学家达尔文通过三四十年的研究所提出的人很可能天生就有情绪表达。

他认为这些基本情绪是大家共同拥有的一种基础的情感表达系统，这个系统可能是通过基因遗传下来的。

在他之后也有大量的研究，发现这些基本情绪在婴儿 7 个月之前就出现了，而且不受文化背景的影响，不同地区和国家也没有太大的差别，有很高的相似性。

习得情绪的专业定义是比较复杂的，它说的是，有一些不带情绪、情感的中性线索，比如声音、周围环境、气味等，可以和生物体的本能情绪产生关联，然后我们会对这些中性刺激表现出相应的情绪反应。

比如创伤后应激障碍（PTSD），它就是我们见证或者经历了一些糟糕的事件而引发的一些心理健康问题。

那些经历过战争的士兵，或遭受过创伤的人，一旦回忆起那个场合，或者再见到那个场合，都会引起一些严重的负面情绪或生理反应，这是后天习得情绪的一个最直观的表现。

情绪的钟摆效应

情绪没有好坏，心理学上通常把情绪分为正面情绪和负面情绪。正面情绪例如开心、快感、乐观、自信、满意、放松等；负面情绪例如焦虑、紧张、愤怒、沮丧、悲伤、痛苦等。

“情绪的钟摆效应”描述了正面情绪和负面情绪之间的波动现象。

如果一个人对正面情绪反应强烈，那么对负面情绪也会有比较强烈的反应；同样，如果一个人对负面情绪反应不强烈，那么对正面情绪的感受程度也会降低。

如下图所示，当一个人在负面情绪上到达B点时，正面情绪强度会达到同样高度的A点；当负面情绪强度降低到D点时，正面情绪强度也会降低到同样高度的C点，就像“钟摆”一样，左右两边的摆动幅度总是一样的。

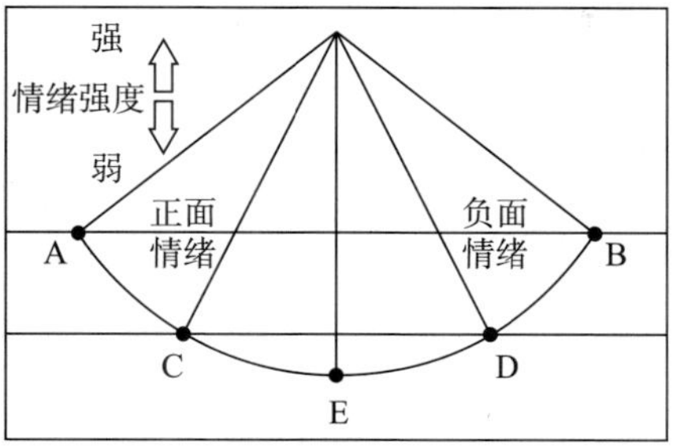

钟摆的运动轨迹是往复的，它总是围绕一个中心在一定范围内有规律地摆动。

情绪的钟摆效应的寓意是：情绪实际上也是我们能力的体现。

每一种情绪都在提示我们，生活中可能出现了一些问题需要我们去解决，不管是喜悦还是哀伤，都是人与生俱来的情绪情感。

不断压抑负面情绪，通常有两个后果：一是突然爆发，二是逐渐消失。

【热点解读】

警惕情绪的钟摆效应

俗话说“大喜过后必有大悲”，讲的就是情绪的钟摆效应。

人们的情绪经常处于起伏不定的状态，有时情绪高涨、心情极佳，工作、学习颇有效率，与人交往也非常顺利；可有时情绪又会十分低落，无论做什么事情都觉得提不起劲儿来。

我们要对情绪进行适当控制，不要动不动就莫名狂喜、大怒失常或是悲痛欲绝，要让“情绪钟摆”尽量在“情绪愉悦—恢复平和—情绪惆怅”之间适度摇摆，这样才不会对身心造成损害。

避免情绪大起大落，目的是减少“心理斜坡”，坡度越小情绪反弹力度就越小。范仲淹说“不以物喜，不以己悲”，指的就是避免情绪大起大落。

《中庸》在第一章就写道："喜怒哀乐之未发，谓之中；发而皆中节，谓之和。中也者，天下之大本也；和也者，天下之达道也。致中和，天地位焉，万物育焉。"

这是说，喜、怒、哀、乐等各种情感没有表现出来，或者虽然这些情感表现出来但依然克制而适度，都是被《中庸》所肯定的。

所见所闻不会引起内心太大的波动，那么自然而然地就会表现出这种淡定的状态，这是一种需要我们努力修身养性才能达到的境界。

普通人虽然无法超凡脱俗，遇事会有自己的情绪，但如果能让情绪处于一个比较平和的状态，冷静地面对各种变故，并作出相应的努力，相信事情一定会有转机。

朴素辩证法里也有很多相关表述：

"否、泰，反其类也"——《易经》

"福祸相倚"——《列子》

"祸兮福之所倚，福兮祸之所伏"——《道德经》

"天欲祸人，必先以微福骄之，所以福来不必喜，要看他会受；天欲福人，必先以微祸儆之，所以祸来不必忧，要看他会救。"——《菜根谭》

【心理有术】

每一种情绪都有其深刻的含义，情绪是祖先留给我们最伟大的智慧，是他们在经年累月的历史中所形成的自我保护模式。

西方有句谚语说："上帝如果想要彻底毁灭一个人，一定会先使这个人丧失理智变得疯狂。"从这句话不难看出学会控制情绪的重要性。

情绪能服从管理吗？

情绪不但可以管理，而且它比其他事情的自主性更高，因为它和别人没有太多关系，完全是由自己决定的。管理一定有具体的方法，一定要有好的效果，否则就不叫管理。

管理情绪难不难?

难，否则也不会有那么多人因为情绪而产生各种各样的问题了。比如你经常情绪崩溃，和爱人吵架；和同事争吵；和朋友一言不合就动手；等等。

个体心理学创始人阿德勒曾说：“谁都不能代替你过你的人生，谁都不能真正帮你解决问题，但是拥有了改变的勇气，我们就有了克服困难的活力。”

心理学研究发现，情绪是无法彻底消除的，但是可以通过沟通和疏导，对它进行有效的控制。控制情绪很重要的一点是，你首先要看到它。

理解情绪背后的语言

情绪有积极的和消极的，有我们喜欢的和不喜欢的。

我们很容易因为对情绪的感受而进行评判：对于那些不愉快的、不喜欢的情绪，称为负面情绪。

但实际上，并没有什么所谓真正的“负面情绪”。每一个情绪都是一种语言，都是带着信息来与我们沟通的。

情绪是送信人

每种情绪都有它独特的价值和功能，都有它存在的理由，并且都是我们可以利用的力量。

当我们带着觉知，而不是无意识或批判地去看这些情绪时，就会发现：情绪是送信人，每一封信都来自我们的内心，如果你愿意收下这条信息，并且理解和接纳，送信人就会离去。

越强烈的情绪，包含着越大、越重要的信息，如果你不接受、不解读，它就会反复出现，提醒我们看见。因为这封信里，包含着我们内心的重要需求。

你是否认为愤怒、焦虑、不安、忍耐等负面情绪必须得到控制?

其实，不必如此。负面情绪是在提醒你不够爱自己!

负面情绪有时候是提醒我们：内心还有伤口，请求释放伤痛，重获自由。

负面情绪是在“你自己不爱自己”的时候，才会感受到的情绪。

换句话说，负面情绪是我们的潜意识为了保护自己，或者说是为了爱自己，向我们发出的求救信号。

心理学家认为：没有真正的负面情绪，只有未被了解的内在需求。每个情绪背后都藏着一个未被满足的心理需求。

高情商的人处理情绪背后的需求，把情绪变得有价值。正因为如此，我们才应该把负面情绪视为对我们有用的、有价值的情绪，和它交朋友，而不是控制它、压抑它。

只有这样，你才能更好地爱自己，让自己不断成长。

积极情绪的力量

北卡罗来纳教堂山分校心理学教授芭芭拉·弗雷德里克认为，积极情绪有“拓展—建构”的力量。

积极情绪有利于扩展思维，提高行动效率，提升幸福感，并总结了排在前面的9种积极情绪，包括喜悦、感激、宁静、兴趣、希望、逗趣、激励、敬佩和爱。

积极情绪能令你的眼神灵动、面庞柔和，微笑洋溢。

积极情绪和消极情绪都有着重要的功能。马歇尔·洛萨达提出，当它们的最佳配比高于3：1时，积极情绪会达到较高水平。

情绪的美妙之处在于，它们是高度个人化的，更多地取决于你的内在理解，而不是外部环境。

消极情绪的价值

大多数人都以为，只有开心、快乐等积极情绪，才能显示出人生的圆满。但为什么人们始终无法摆脱愤怒、沮丧、焦虑、愧疚等消极情绪呢？

为什么我们越追求幸福快乐，却只会越不幸福、不快乐？一个圆满的人差不多80%的时间是积极的，20%的时间是消极的。

想要获得人生的成功与圆满，重要的并不是一味积极，而是有方法地消极。

在这个“对于快乐的热切追求和对于痛苦的极端排斥”的时代里，说到“消极情绪”，似乎“消极”就是原罪；似乎只要“消极”，就意味着没有好结果。

但事实，并非如此。

乔治梅森大学心理学教授托德·卡什丹认为，积极情绪和消极情绪都各有其重要意义。

当我们用接纳的方式去对待自己的情绪时，会发现：所有的情绪都有意义，解决情绪问题的方法不是抗拒，不是逃避，而是如实看待，接纳它们。

【热点解读】

负面情绪的价值和好意

如果你处于巨大的情绪中，感觉自己很情绪化，先不要自我批判和自我谴责，这绝对不是什么坏事。

当我们带着觉知，而不是无意识去看这些情绪的时候，就会发现情绪并没有好、坏之分，也不存在真正的“负面情绪”。

压抑，让你获得安全。

生活中，我们难免会遇到让自己觉得难捱的情况，时常会忍一忍。

虽然我们当时觉得有些压抑，但至少获得了安全感：在你没有能力或者准备去应对那个冲突时，压抑保护了你。

每一个压抑都避免了一次我们暂时不愿意去面对的冲突。

愤怒包含着自尊自重的力量。

说到愤怒，很多人会觉得可怕和令人抗拒。实际上，愤怒只是一个情绪而已，它和其他所有的情绪一样。

会让我们害怕的，是表达愤怒的这个人所附带的其他破坏性的行为和能量。

比如，表达：我很生气，这是愤怒；摔东西、打人，也是愤怒。承载愤怒的个体是否学会了合理地表达愤怒，因而造成表达方式的不同。

但愤怒本身只是种情绪，它并不是一定要暴力或者极端表达。

当你不断地退缩和被侵犯界限时，你很难不愤怒。

愤怒中蕴含的是力量，你怎么用这个力量是你的选择。实际上，悲剧和灾祸不是因为愤怒而生，而是因为你愤怒中的力量的偏差使用而生。

能够合理表达愤怒的人都不会过于内在受伤，不会患忧郁症。

嫉妒告诉你真正想要的是什么。

嫉妒告诉你自己想要的是什么，以及多么想要。

嫉妒来源于我们想要却暂时还没有的东西，或者自己觉得不屑但又没能获得的东西。

简而言之，嫉妒就是我们没能看见、回避和逃避的内在需要。

而让我们难受的嫉妒，正是提醒我们看见需要的信号灯。

悲伤包含着疗愈与安慰。

通常，我们在经历着悲伤时会做什么呢?

疗伤，独处，与自己待在一起，求助或者自怜，整个人没有力量，也没空思考其他的。

很多人都不喜欢悲伤。但细细回忆一下，每一次悲伤之后，我们的内在都会进行一次蜕变和升级。

我们会经由悲伤，变得越来越强韧，越来越接纳，越来越成熟。

不要去劝说一个正在悲伤中的人尽快走出悲伤，陪着他，倾听他，对他说：如果你难过就尽情地哭出来。

每个人都需要时间和时机来整理、面对自己的内在。悲伤的尽头是接纳与转化。

一个人若能明白悲伤背后隐藏着的巨大礼物，那悲伤的使命就完成了，他也会越来越不容易产生悲伤情绪了。

无聊孕育着生命的价值和意义。

无聊甚至是珍贵的，如果你不急着把它赶走的话。

如果我们能够在无聊出现的时候不回避、不逃避，不急于摆脱这种感觉，与自己内在的感觉见个面，那么你就会在里面探寻到生命真正的意义以及自己的真正需要。

无聊或者感觉没劲，那都证明自己现在的生活或者自己的现状并不是自己想要的，或者不是适合自己的。

那么什么才是呢？你可以在“无聊”中寻找。

如果你能够在无聊中安静下来，那你一定会找到！

焦虑调整你头脑里的刻度。

现在很多人都很焦虑，焦虑让我们备受煎熬，甚至觉得很恐慌。但它本身却包含着极有价值的东西。

我们认为焦虑让我们觉得难受，是因为我们从来都没有在焦虑中认真地去看看焦虑到底想要带给我们什么讯息。

如果我们能在焦虑中安静下来，看看焦虑本身，焦虑会告诉你哪里做错了，哪里的界限是有问题的，哪里该停下来，整理一下，不要一个劲地向前冲。

最常见的产生焦虑的原因是欲望和内在的空虚。

你不顾现实而过高地期望自己，有完美主义倾向或者强迫性观念，就会焦虑。比如，你不顾事情的节奏而希望更快、更早、更好。

倘若你能深入地察觉你的焦虑，就会看到自己头脑里刻度的偏差。

把那个刻度调整过来，你就会安然而有效地做事情。这非常重要，可以避免你此后很多的挫败、无望、自责、慌乱和失眠。

身体和内在是会通过各种各样的方式与我们沟通的。比如情绪，比如疾病——身体说话的方式是生病，绝大多数的疾病都是因为情绪。

因此，请停下来，聆听内在真正的声音。

没有不好的情绪，只有不被尊重的情绪；没有可怕的情绪，只有缺乏了解的情绪。

觉察自己的情绪

情绪本身蕴藏着巨大的能量，同时也充满了不确定性，能够把这种不确定性转换成确定性的过程，就是掌控情绪的过程。

情绪管理不是要去除或压制情绪，而是在觉察情绪后，调整情绪的表达方式。情绪管理的核心能力是察觉情绪、调控情绪。

情绪并没有好坏之分，情绪分为两种，即积极情绪和消极情绪，坏的是被情绪所引起的行为，行为的后果具有好坏之分。

情绪管理并不是压抑自己的情绪，而是疏导情绪，合理地宣泄情绪，让不可控的情绪变为可控，让理智引导行为，而不是情绪引导行为。

要想管理自己的情绪，首要的就是能够察觉、识别自我的情绪，即当自己处于一种情绪中时，要能够察觉到情绪。

当你能够察觉并调控情绪时，就具备了自我激励的能力。这也是学习情绪管理的最终目的。

情绪管理从低到高的水平，应该是从“无意识的压抑或发泄”到“有意识的宣泄与表达”，再到“有意识的觉察与成长”的三个反应层次。

第一层次：无意识地压抑或发泄

成长过程中，因为父母、老师的各种教导或者他们的干预方式，让我们觉得有些情绪是不适合的，是不能有、不能表达的；或者他们的教育方式，让我们养成一种忽视、压抑自己情绪的习惯，我们会自动地把它压抑下去，或者觉得它无所谓。

但是，事实上，这些情绪一直存在着，变成“内伤”，不断积累，有一天突然爆发出来，连我们自己都不知道自己怎么突然变成这个样子。相信很多人体验过，或者见过这样的现象。

如果说“无意识的压抑”伤自己比较多，那“无意识的发泄”明显伤别人多一些。

“无意识的发泄”有以下两种常见的表现方式：

一种是以情绪化的方式表现出来，让别人觉得你的表现有点过分或者有点奇怪；

另一种是转移到其他地方，让那些“其他人”觉得你莫名其妙。

以上两种方式都是自己没有意识到自己的情绪，然后冲其他人发火，而别人不知道发生了什么，莫名其妙地“被”伤害。

在第一层次，情绪的表现形式是随意发泄，毫无顾忌。

这一层次的表现形式在大部分成年人的世界里已经很少出现，经历过一些事，遭受到一些挫折后，大家早已过了随意发泄情绪的年龄。

但在成年人的世界里，有句话说得特别好:“如果你没有控制事情的能力，就不要随意地发泄你的情绪。”

第二层次：有意识地宣泄与表达

情绪发生时，自己有没有意识，是有质的区别的。

自己没有意识，我们就会把情绪压抑下去，或者下意识地以“消极的方式”表现出来或者转移到其他地方。

这种情况下，情绪会附带在我们的言行中，变相去表达，让我们的行为不受控，让我们以为自己在表达内容，实际上是在潜意识地表达情绪。

别人不知道我们为什么会变得不讲道理，有时候，我们自己也觉得为什么自己控制不了自己。其实这些都是情绪惹的祸，而我们自己并不知道。

对情绪的敏感觉察（即有情绪时，能很好地意识到自己的情绪）最大的益处在于，我们知道自己有情绪，也知道自己这样说、这样做有发泄情绪的因素在里面，当效果不好时，我们就可以及时调节，情绪也就变得可控。

最常见的“有意识的情绪管理方法”就是“有意识地宣泄”，即我们意识到自己有情绪，并选择一种方式去宣泄（倾诉、体育运动、睡觉、唱歌、看电影等）。

在第二层次，能够控制情绪，学会克制。

《武林外传》里面有个经典桥段，郭芙蓉在剧中是个典型的暴脾气，秀才为了改变这一点，便让她在生气前先念上一遍:“世界如此美妙，我却如此暴躁，这样不好，不好。”

第三层次：有意识地觉察与成长

情绪管理，再怎么管理，还是有情绪，如果消极情绪更少，积极情绪更多，岂不更好?

情绪管理的另一个水平，就是觉察与成长，目的就是放下、接纳、爱。每一次情绪的发生，其实都是我们觉察与成长的机会。

觉察情绪过程中的心理感受、身体反应，可以让我们对自己更了解、对身体更敏感，对自己的了解和对身体的敏感，可以提高自己的直觉能力，提升自己的灵性水平，让我们更容易与自己、他人、自然联结。

觉察同时也是机会，让我们可以深入分析自己的行为模式，分析自己在成长过程中那些未满足的欲望与期待，然后通过“接纳”“原谅”“转变”等方式放下、成长。

如此，我们在面临很多情境时，就可以放下自己的欲求与原来的应对方式，也就不会再有情绪，可以坦然应对了。

在第三层次，懂得发泄情绪，有情绪出口。

情绪管理，不是你明明很生气，却非要表现出自己很大度，装成毫不在乎的模样。

学习情绪管理，要学的是如何合理发泄情绪，而不是忽视负面情绪的存在。

【热点解读】

“费斯汀格法则”教你先处理情绪，再处理事情

心理学中有一个“费斯汀格法则”，它是讲生活中有10%是由发生在我们身上的事件构成的，而其余的90%是我们对这10%的事件的反应所组成的。

也就是说，生活中10%的事是无常的，是不可改变的，是我们无法掌控的，而剩余的90%是我们能改变的，能够左右的，能够掌控的。

关于费斯汀格法则的解释，费斯汀格讲了这样一个故事：

卡斯丁早上起床后洗漱时，随手将自己的高档手表放在了洗漱台边，妻子怕手表被水淋湿了，就随手拿走放在了餐桌上。儿子起床后到餐桌上拿面包时，不小心将手表碰到地上摔坏了。

卡斯丁心疼手表，就照儿子的屁股揍了一顿，然后黑着脸骂了妻子一通。

妻子不服气，说是怕水把手表打湿了。卡斯丁说他的手表是防水的。于是，二人猛烈地斗起嘴来。一气之下卡斯丁早餐也没有吃，直接开车去了公司，快到公司时突然记起忘了拿公文包，又立刻转回家。

可是家中没人，妻子上班去了，儿子上学去了，卡斯丁的钥匙在公文包里，他进不了门，只好打电话向妻子要钥匙。妻子慌慌张张地往家赶时，撞翻了路边的水果摊，摊主拉住她不让她走，要她赔偿，她不得不赔了一笔钱才摆脱。

待拿到公文包后，卡斯丁已迟到了15分钟，挨了上司一顿严厉的批评，卡斯丁的心情坏到了极点。下班前他又因一件小事，跟同事吵了一架。妻子也因早退被扣除当月全勤奖，儿子这天参加棒球赛，原本夺冠有望，却因心情不好发挥不佳，第一局就被淘汰了。

在这个事例中，手表摔坏是其中的10%，后面一系列事情就是另外的90%。都是由于当事人没有很好地掌控那90%，才导致了这一天成为“闹心的一天”。

试想，卡斯丁在那10%发生后，假如换一种反应，比如，他抚慰儿子：“不要紧，儿子，手表摔坏了没事，我拿去修修就好了。”这样儿子高兴，妻子也高兴，他本身心情也好，那么随后的一切就不会发生了。

可见，你虽然控制不了前面的10%，但完全可以通过你的心态与行为决定剩余的90%。

掌控自己的情绪

情商指的是一个人能够感知、识别、理解和管理自己情绪的能力，也就是对于情绪的掌控能力。丹尼尔·戈尔曼被称为“情商之父”。

戈尔曼提出了情商的二八法则。

“决定一个人成功的因素，智商占20%，其他因素占80%，其中最重要的是情商。”

如果说智商是敲门砖，那么情商则是人上升的台阶。

权变理论代表人物之一弗雷德·卢森斯对成功的管理者（晋升速度快）与有效的管理者（管理绩效高）做过调查，发现两者的显著不同之处在于：维护人际网络关系对成功的管理者贡献最大，占48%，而对有效的管理者只占11%。

可见，在职场中，要获得较快的成长，仅仅埋头工作是不够的，良好的人际关系是获得成功的重要因素。

生活中人们总是喜欢和高情商的人做朋友，有人说因为这样会更快乐，也有人说就是单纯地喜欢他们的性格和处事方法。其实，情商不是先天就有的，它是需要我们通过后天的学习、模仿他人而锻炼出来的。

高情商的人心理发展成熟，有自信的心理状态。高情商是走出自我中心、具备觉察能力的心理状态。和高情商的人相处久了，你自然耳濡目染地也会变得更优秀。

心理学家戈尔曼认为，情商是由五种特征构成的：自我意识、管理自身情绪、自我激励、认知他人情绪和处理人际关系。

自我意识（自知）

自我意识，即感受发生时能够识别到自己感受的发生，是情绪智力的基石。时刻监控自己情绪的能力是心理领悟及自我理解的关键。

自知就是能够准确地识别、评价自己和他人的情绪，能及时察觉自己的情绪变化，能归结情绪产生的原因。

自知有三个特点：

①准确识别情绪，包括情绪对象特征、情绪强度特征、情绪时间特征和情绪变化特征；

②准确识别情绪原因，准确归因，包括能准确识别自己的需要特征、动机特征和自己的角色特征；

③准确识别环境关系，包括自己与他人的关系、自己所处的任务目标特征和环境的结构特征。

管理自身情绪（自控）

恰当地处理情绪是一种建立在自我意识基础上的能力。情绪调节能力差的人常常受到痛苦情绪的困扰。

自控就是适应性地调节、引导、控制、改善自己和他人的情绪，能够使自己摆脱强烈的焦虑、忧郁，能积极应对危机，并能增强实现目标的情绪力量。

自控包括自我监督、自我管理、自我疏导、自我约束和尊重现实。尊重现实包括尊重自己的现实、他人的现实和周围环境的现实。

管理者要有肚量，"肚量"就是自控。

当别人做了一件不合你意的事时，你能不能包容？

当别人没有征求你的意见，就做了一件与你有关但不合你的观念的事时，你能不能包容？

当出现一个有能力、有个性但有棱角的人时，你能不能包容？

这时的一言一行、一举一动，体现的都是情商的高低。

不宽容的具体表现很多，有的急躁狂妄，有的抑郁难耐，有的赶尽杀绝。

自我激励（自励）

为实现目标进行情绪控制，是集中精神、自我激励和控制以及创造力的关键。

自我控制情绪即延迟满足和抑制冲动，这是所有成功的基础。

自励就是利用情绪信息，整顿情绪，集中注意力，调动自己的精力和活力，适应性地确立目标，创造性地实现目标。

自励就是上进心、进取心，就是确立奋斗目标，并为之而积极努力。

自励意味着"求实坚毅"，对一个情商高的人来说，就是面对困难能够专注地从事自己的工作，坚持自己的信念，而不是抱着"干得了就干，干不了就算了"的心态。

认知他人情绪（通情达理）

同理心和共情是基本的"人事技能"，同样建立在自我意识的基础之上。微妙的社会信号显示了他人的需要或欲望，有同理心的人对这些社会信号的感知性更强。

“共情”的基本特征是“准确理解他人”和“准确表达他人的思想”。准确理解他人就需要换位思考。

能设身处地考虑他人的情绪感受和行为原因，具备换位思考的能力和习惯，理解和认可情绪差别，能与自己观念不一致的人和平相处，理解别人的感受，察觉别人的真正需要，具有同情心。

只有换位思考，才能做到“己所不欲，勿施于人”；只有换位思考，才能达到“欲穷千里目，更上一层楼”的佳境。

处理人际关系（和谐相处）

人际关系的艺术属于管理他人情绪的一部分。善于处理人际关系的人在任何需要良好人际互动的领域都会有出色的表现，他们是社交明星。

和谐相处就是能妥善处理人际问题，与他人和平相处。

在专业分工越来越细的前提下，相互协作变得越来越重要，时代呼唤团队合作精神，时代需要人人相互信赖、相互尊重和相互协作。

协作的作用在于提高组织的绩效，使团队的工作业绩超过成员个体业绩的简单之和，从而形成强大的团队凝聚力和整体战斗力，最终实现团队目标。

只有真正融入了团队，才能保证工作的效率和质量。

如何与人相处呢？心理咨询学提出了两个很重要的技术：一个是“无条件积极关注”，另一个是“真诚”。

“无条件积极关注”就是无条件地关注他人的言语、行为和需要，不能视而不见，也不能过分厌恶他人。

“真诚”就是接纳他人，真诚与他人合作。表里不一会影响合作的基础。

前面三条讲的是“认识自己”，是高情商的核心，首先要能够做到深入内心认识自己，触摸到最真实的自己，这样才能获得强大的存在感，去构建自己的人生。

如果没有这个核心，我们就不敢坚持自己的主张和想法，只会一味地迎合他人，此时的“高情商”就变成溜须拍马的工具。

觉察自己的内心，能调控自己的心理，然后能做到观察、感受他人的需要和情绪感受。

情商高的人，始终以积极的态度回应世界，始终以善意回应身边每个人，能够处处令人感受到他们的善意和真诚，让别人感到舒服；而情商低的人，总是让人感受到敌意与恶意。

所以，人们都愿意靠近那些情商高的人，而远离那些情商低的人。

【热点解读】

你让人舒服的程度，决定着你所能抵达的高度

中国人讲“仁者爱人”，又讲“己所不欲，勿施于人”，不能让自己不舒服，也不能让别人不舒服，这是中国自古以来为人处世的哲学。

柳传志身上，就体现了这种中国传统式的高情商。

一位知名媒体人曾写过有一次他去参加柳传志晚餐的经历。

“他在北大附近的直隶会馆请客。我从‘遥远的’东四环过去，到达时已比约定时间晚了整整一个半小时。”

一般来说，与这样级别的大人物吃饭，没有早到就算了，还迟到这么久，想想就无法淡定。

正惴惴不安时，却突然收到柳传志助手的短信：“柳总请你开车不要着急，我们等你。”

到了房间，果然一桌人在柳传志的坚持下都还吃着凉菜闲聊，他亲自走到门口迎接。

席上相谈甚欢，柳传志丝毫未露不满之色。

结束时，给每个人送了一支钢笔，不贵，却预先刻好了每个人的名字（定制）。临走时，柳传志又将每个人都送到门口。

真正在意一顿饭、一支笔的人应该不会太多，但重要的是，这是来自商

业领袖“柳传志的尊重”，这比任何山珍海味都让人心里舒服。

柳传志自己从来不迟到，这是出了名的。

不但不迟到，如果提前到得太早，他还会在自己车里多待一会儿，然后再准时出现在现场，担心早到了给主办方造成接待上的麻烦。

反观生活中，有些老板习惯于摆谱让别人等，以体现自己的“身份”，殊不知连基本的尊重都不懂，他基本也就在这个层次了。

柳传志高情商的另一个体现是中国式敬酒。

在酒桌上，每一次他都会带着几位旗下总裁起身敬酒，不是跟一个人，而是跟每个人都要碰杯，聊几句天，偶尔开几句玩笑。

这种中国式敬酒，或许别人做起来只是寻常，但柳传志是商业领袖，做起来却令人难忘。

这时候其实很多人在意的已经不是酒，而是这种“给面子”的感觉。

从柳传志身上，你似乎很难看到“架子”，这是他独有的魅力。

对陌生人的尊重，可以把他们变成朋友；对年轻人的尊重，可以把他们变成追随者。

无数在联想工作过的人都像崇拜老族长一样视柳传志为精神领袖，想必与他这份对人的尊重分不开。

柳传志这种为人、处世、言谈的魅力，让与之相处的人都如沐春风的能力，与其说是一种高情商，不如说是一种中国式的大智慧。

正如美国著名心理学家丹尼尔·戈尔曼所说，“你让人舒服的程度，决定着你所能抵达的高度”。

舒服，并不是指外在物质上的条件，而是精神上的共鸣和心灵上的契合，它是一种无形的相处方式。

让人舒服的人，往往都具备以下特质：不炫耀、不强迫、不纠正、不挖苦。

他们懂得尊重别人的感受，善于倾听别人的意见，关注别人的需要，关心他人的成长。

这种舒服的相处模式，让人心生温暖，愿意与其共事，喜欢与其相处，乐于与其分享。

简单总结就是：让别人舒服的前提，是自己内心已足够强大。这也就证明了一点：情商其实指的就是一种能让他人感觉舒服的本事。

有人生怕别人舒服，尽量让别人不舒服，而只要自己舒服就行；还有人生怕别人不舒服，尽量让别人舒服，哪怕委屈自己。高情商的人，其实就是能把让别人舒服这件事做得润物细无声、做得低调完美的一类人。

情绪调节策略

情绪具有复杂性，每一种情绪都不是单一维度，焦虑情绪中也混合着愤怒、烦躁、恐惧、压抑、偏激、抱怨等。在此讲几个以焦虑情绪为主的事例，给大家介绍几种情绪调节策略。

数学系毕业的本科生能当中医针灸医生吗？

不断适应新变化的年轻人

我认识一个年轻人小张，高考志愿填报的是信息技术专业，入大学后才知道原来是数学专业，而且不能转专业。对于一个想学计算机，却误入数学专业的学生来说，大学四年的专业课学得异常艰苦，差点就由于挂科而不能毕业。

本科毕业恰巧赶上疫情，去学校应聘当数学老师没有成功，投出一些简历也石沉大海，索性就到刘大夫的中医诊所里帮忙。

刘大夫是一位医术高超的中医针灸大夫，来诊所里治疗的病人络绎不绝，刘大夫忙得不可开交，就有心传授小张这套针灸针法，培养他继承自己的衣钵。

小张也很勤奋，按照刘大夫的传授掌握了一些基本针法的穴位和要领，整个疫情期间在诊所里帮忙，也偶尔给熟悉的病人扎针灸，很想多接手几个病人。

一晃三年过去了，刘大夫不敢让他给病人扎针，小张主要还是做些辅助工作，因为中医行业有准入门槛：如果不是中医院校毕业，要符合若干中医大夫联名推荐等条件才能拿到行医资格证。

经过三年多的锻炼和尝试，特别是经过疫情以后，中医更是受到重视，人们对健康的关注更加强烈。小张坚定了自己以后从事中医行业的决心。

但小张面临着进入中医门槛的困局，于是刘大夫提议让小张重新参加高考，报考中医学院。

小张真是个了不起的年轻人，当年高考面对误选的专业，他尽力适应完成了本科学业；当毕业后找工作受挫时，他就到中医诊所去帮忙给病人拔针；当刘大夫愿意收他为徒时，他就开始研究穴位图，学习各种疾病的针法组合；诊所里人来人往，所有的信息都是透明的，他也逐渐地不怕公开谈论自己的专业和困局了。

当刘大夫建议他重新参加高考时，他得需要多么大的勇气，才能在本科毕业四年后，再重新拿起书本去跟高三学生一起参加高考啊！但是他做到了，在家复习高中课程整整一年，考上了一所普通中医本科院校。入学后，他比同班同学大 10 岁，以班级老大哥的身份当了班长，开启了 5 年制的中医专业学习。

暑假时我在长春针灸又见到他，整个暑假诊所特别忙，他一天不差地在诊所实习，还有两天就开学了，他说最大的愿望是吃一顿家乡的铁锅燵大鹅，看来这次暑假没法实现了。

本科数学专业，经过 3 年的中医诊所实习，备考复习一年重新参加高考，再去中医学院深造 5 年。这样的人生经历，虽然曲折，时间成本较高，但是如果能探索出自己以后想走的人生道路，那一切都是值得的，所有的经历都是宝贵的人生财富！

这是一个真实的案例。情绪调节是一个长期而持续的过程，它需要我们的努力和耐心，需要我们付出实实在在的行动。

主人公小张的经历就是斯坦福大学情绪研究员格罗斯所提出的情绪调节的

经典过程。

格罗斯情绪调节过程模型

先来学习一下格罗斯的情绪调节过程模型。格罗斯认为情绪调节是在情绪发生过程中展开的，在情绪发生的不同阶段会产生不同的情绪调节，如下图所示。

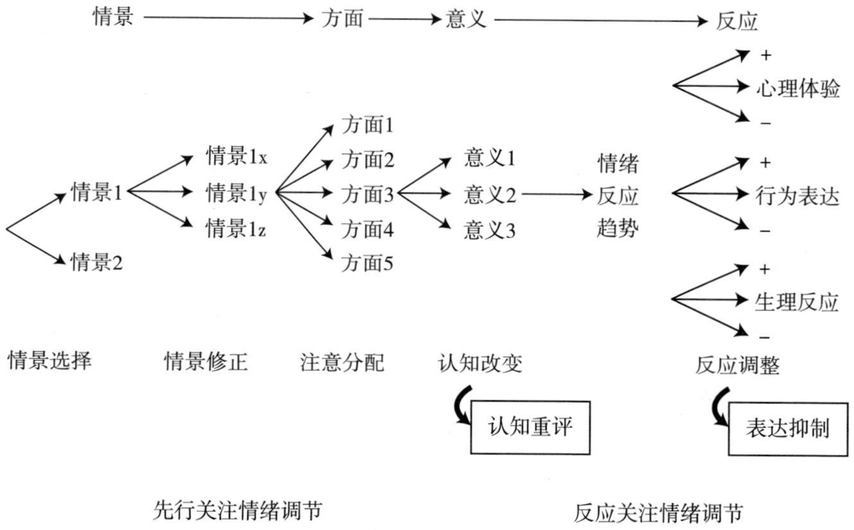

依据格罗斯的情绪调节过程模型，在情绪发生过程的每一个阶段都会产生情绪调节，分为 5 步：

情景选择→情景修正→注意分配→认知改变→反应调整

该模型将情绪调节视为一个连续变化的动态过程，它贯穿于情绪发生的整个过程，情绪发生的不同阶段对应不同的情绪调节方式。

再举一个格罗斯情绪调节过程事例：

生活由无数复杂的选择组成，我们的情绪反应部分取决于我们选择的情况。

例如，假设你刚刚被邀请参加一个聚会，唯一的问题是你的前女友会和她的新男友在一起。

你怎么选择：去聚会还是不去？你可以选择面对潜在的尴尬境地，或者花时间做其他事情。

当你处于特定情景时，你还可以修改在此期间发生的事情，这在不可避免的情况下尤其重要。

继续前面的示例，也许聚会是为了工作，你需要参加。

在聚会期间，你可以通过选择不与前任交谈或让谈话远离潜在的有争议的话题来改变情况。

此外，你还可以选择关注情况的哪些特定方面或有选择地分配你的注意力。

例如，你可以选择专注于观看你的同事唱卡拉OK，而不是将注意力集中在前任与她的新男友身上。

你赋予事件的意义也可以通过改变认知来调节。

在聚会上，你可能会得出结论，你的前任现在的男友比你好，这可能会导致嫉妒、愤怒和不屑的感觉。

或者你可能会认为看到你的前任再次快乐是件好事，这可能会带来快乐和解脱的感觉。

你如何选择考虑这些情况，尤其是如何以更积极或适应性的方式重新构建或重新评估你的想法，是许多类型行为疗法的重点。

情绪反应发生后，你仍有机会调整你的反应或在事后影响你的情绪。

你可以选择压抑自己的情绪，或者使用药物或酒精来改变你的认知体验和身体的生理反应。

你可能已经注意到，这个例子并没有前面的真实生活事件生动。其实，情绪调节策略就是行动策略，真实的世界丰富多彩、变幻莫测，去参与、去体验、去感受吧！看看自己能为别人做点什么，看看自己喜欢做什么，走出自己的人生之路。

湖北某学院毕业生郑某怒烧毕业证

真的是因为学历贬值、文凭无用而找不到工作吗？

前些年互联网上曾出现一段惊人的视频，年轻人小郑在毕业后的五年里经历过无数次的面试和无数次的失败，再一次面试失败之后，一怒之下做出了焚烧毕业证的极端举动，他全程拍摄并发到网上。

小郑受邀走进央视《心理访谈》的直播间，接受两位专业人士的心理辅导。此时的他，仍然是万千待业大军中的一员。

咨询师点评他的三个细节让人印象深刻。

细节一：是现场咨询师提出来的。在他们上场之前，两个人一起去化妆间。进门，咨询师和小郑的目光同时落在那台开着的电视机上。心理咨询师抬腿走过去，小郑却是直接上前把电视机关了。

“屋里还有两个人在看电视，你却连一点点征求意见的表示也没有就把电视关掉了。这说明你跟人交往的时候，合作意识很差，从不在乎别人的感受。”心理咨询师的结论让现场的小郑很是吃惊。在他的眼里，那不过是一个再小不过的举动。可他不知道，正是那样一个小小的细节就暴露了他作为社会人的一个致命缺点。没有团队合作意识，走到哪里都会寸步难行。

细节二：模拟应聘中，考官让小郑做一个两分钟的自我介绍。在那两分钟的时间里，小郑几乎全是用“自信，坚信，相信，我能”这样的字眼在描述他对未来工作的展望，可等考官问他有何具体的措施来向他们展示自己的自信与能力时，小郑卡壳，答不上来。用人单位更希望小郑用一组有力的事例来证明自己的能力而不是口号式的语言。在这一点上，他显然没有做到。

细节三：考官让小郑挑一件自己以往的工作经历中最得意的事情并将其描述出来，他很快就找到了。他说他在一所培训学校教英语，一个平时很不爱学英语的孩子在他的引导下对英语产生了很浓厚的兴趣，那件事对他的触动很大，让他找到了自己工作的意义。那个回答，考官也基本满意。接下来，考官让他把他记忆中最失败最不满意的表现说出来，小郑犹豫良久，最终还是很尴尬地说，对不起，我实在想不起来。记着自己的优点长处当然好，是一种自信的表现，清楚地知道自己的短处且不隐瞒则更是一种自信。

其实，小郑的经历不仅仅是他一个人的经历，小郑身上暴露出来的问题在时下万千年轻的大学毕业生身上都能找到。他们东奔西跑穿梭在人才市场上，一次次满怀希望敲开用人单位的大门，又一次次满怀失望地离开。

和大学生们苦苦找不到出路一样，很多用人单位也在为找不到他们需要的人才而苦恼。

“他们一听说要下车间从一线做起，扭头就走，他们说他们是管理工人的，而不是窝在车间里当工人。对自己没有正确的评估，眼高手低，缺乏团队合作意识，在困难面前容易退缩，是时下很多大学毕业生的通病……”一直在企业人力资源部工作的李女士如是说。

埃利斯情绪 ABC 理论

生活本身就是一种承受，欢乐、痛苦、幸福、失落……情绪是天使与魔鬼的复合体，关键看我们如何有效地调整控制自己的情绪，做情绪的主人。

当遇到不好的人或事时，我们可能会变得过分烦躁、过分生气、过分抑郁，或者过分内疚，这是四种最常见的情绪反应。

心理学家阿尔伯特·埃利斯认为，一个人的情绪反应跟诱发性事件，也就是一些不好的、倒霉的人或事有一定的关联，但真正起决定性作用的是这个人对诱发性事件的看法或者说信念。这个理念就是著名的 ABC 法则。

A（Activating event）：与情感有关的激发事件，即诱发性事件。

B（Belief）：对事件的想法和信念。

C（Consequence）：情绪反应和后果。

现实生活中认为：A → C；

ABC 理论认为：A → B → C。

同一事件为什么会引起不同的结果？ B 不同吗？

事件是 A，对该事件的认知是 B，情绪反应或行为后果是 C，因此，如果我们无法改变事件 A，则只要改变我们的认知 B，情绪也就相应得到了改变。

我们的烦恼，不是源于我们的遭遇，而是源于我们对世界的看法

有这么一个故事：一位老太太有两个儿子，大儿子开洗染店，小儿子是卖雨伞的。

两个儿子都有活儿干，老太太本来应该高兴才是，可是，她整天都不开心。

因为晴天，她就担心小儿子的雨伞卖不出去；下雨天，她就担心大儿子没有顾客。

有人对老太太说："您老应该每天开心才是啊！晴天，您的大儿子就可以洗染；下雨天，您的小儿子就可以卖雨伞。"

这样，不管是晴天还是下雨天，老太太都乐呵呵的。

日常生活中发生的事似乎会直接影响我们的心情。通过上面的故事，我们发现，同一个事件A，思考的角度B不同，心情C就不同。

心理学里有一个说法叫"外在生命是内在意识的反应"，你怎么想的，都会呈现在这个世界上。

你的情绪反应是你内心的一面镜子，可以从中窥见你的思想，但这些思想可能藏在"冰山之下"，也就是藏在神秘的潜意识里，它不易被察觉，但它真实存在，并且有意无意地影响着你对世界的反应。

若不想让人或事刺激我们失去常态，就得先弄清楚最初是什么使我们反应过激。

造成我们情绪失常的原因

诱发性事件一般有两种类型：

第一类诱发性事件是重大危机，如洪水、饥荒、疾病或蝗灾。事实上，我们倾向于在重大灾难面前临危不惧。

人们在遭受重创时往往显示出非凡的能力。所以，重大危机不是造成我们情绪失常的主要原因。

第二类诱发性事件会让我们六神无主，此类是一些日常的烦心事、无可奈何的感觉、担心、麻烦、做决定和不得不面对难相处的人。

它们用车轮战来碾压我们，每一个能量都不大，但加起来肯定是致命的。所以，造成我们情绪失常的主要原因是生活中的日常事件。

比如：在工作中难相处的上司、主管和同事，复杂的人际关系，房租又上涨了，没完没了地加班，被女生拒绝了……

我们以A代表各类诱发性的事件，以C分别代表两件事：在A处发生的具体情形里，我们的感觉和我们的行为。

那是什么导致C行为的发生呢？在大多数情况下，是B导致了C的发生。

B跟A相互作用，成了C的主要导火线。

B才是杀手！如果我们将其放任自流，它们就会真的成为杀手。

B是指我们对A事件的思维和观念，我们将B处的所作所为描述一下：做出选择、感知、决定、分析、判断、审时度势、评价、想象等反应……

我们对具体的人或事的思考方式B决定了我们在C处做出的情感和行为反应，决定了我们是否会被A牵着鼻子走。

埃利斯将这些错误的思维方式B归纳为三化，即恐怖化、应该化、合理化。

B处主要有三种不良思维方式

第一种称作恐怖化思维方式。

所谓恐怖化，就是刻意放大诱发性事件的危害性。比如很多人在面试的时候，特别容易紧张，就是因为脑海里会出现恐怖化想法，万一我没有通过怎么办？万一我是大材小用怎么办？万一他们不喜欢我怎么办？万一我的话不中听怎么办？万一我没得到这份工作怎么办？

这种把任何事情都放大成灾难的思维方式，经常会使人把自己弄得神经兮兮、凄凄惨惨，然后导致人们无法清醒和明智地做决定。

第二种称作应该化思维方式。

所谓应该化，就是一种绝对论的思维方式，比如认为在恋爱关系中，“他应该迁就我”“他应该对我百依百顺”“他应该在我需要的时候出现在我的身边”……

“应该化”更像是一个人给自己或他人制定的一项不可侵犯的规则：“我必须这样”“他必须那样”“我们一定要”……这会在无形之中增添情绪的紧绷感。

应该化思维倾向以下面几种形式出现：“我必须……”“我应该……”“我

不得不……”“我只能……”“我一定得……”“我非……不可”。

喜欢运用这种思维方式的人常常具有固定型思维，而非成长型思维，他们整天把“我应该”挂在嘴上。

偶尔“我应该”的魔咒暂时消失，他们又会开启“你应该”模式，开始向身边的人不停地碎碎念：你应该早点把工作报告交给我，你应该把家里收拾整洁，你应该期末考试进到前三名……

第三种恰好是另一个极端：合理化。

所谓合理化，就是一种弱反应的思维方式，是对发生的糟糕事件否认或不当一回事的思维方式。

比如老板很变态，但那又怎样呢，很多公司的老板都这样啊。

再比如孩子太顽皮，难以管教，父亲说，我真的管不了他，就那样吧，反正也不会怎么样。

合理化可能在短期内“发挥作用”，但会让我们在操纵者面前不堪一击，因为我们压根儿没去正面交锋。

这种思维方式的坏处在于，总是回避、掩盖或否定事件的影响，而如果不能直面困境，那困境就像一道坎儿，会一直存在，直到你选择勇敢地“跨过去”。

多数情况下，当我们产生剧烈情绪的时候，理性会退居二线，感性会自动“拔得头筹”，但想要真正不被情绪所左右，就应该换个顺序，让理性占据主导，让感性只作为解决问题的一种辅助力量。

埃利斯的理性情绪行为疗法就是让人们重归理性，成为自己情绪的主人。

当我们的非理性信念在体内蠢蠢欲动或正泛滥时，我们可以试着用四个步骤来让自己的理性回归。

回归理性情绪的四个步骤

现在我们已经知道，导致C处感受和行动的，并不是A处的不良诱因，而是我们自己在B处的思维方式。

“恐怖化、应该化和合理化”的不良思维方式就是导致我们情绪不受控的关键原因。

埃利斯总结出了回归理性情绪的四个步骤，这四个步骤依次是：

① 从 C 处开始，反思自己此时的情绪和行为是否恰当。

② 立即返回 B 处，找出自己恐怖化、应该化、合理化的非理性思考方式。

③ 进一步思考如何才能对抗 B 处非理性思考方式。

④ 问问自己有没有更好的选择。

ABC 理论带你看清问题的根源，找到情绪调节的路径，然后就需要你在实践中反复练习，屏蔽自动化思维先入为主的干扰，用理性情绪面对现实，做情绪的主人。

奶奶与在电商上夜班的孙女谁是谁非?

你理解这个女孩的选择吗?

我认识一个阿姨，精明要强又能干，年轻时丈夫是翻译官，公公婆婆都是高级知识分子。最近家里爆发了激烈争吵，阿姨气得自己搬出来租房子住。

阿姨有一个儿子，当年儿子在准备去俄罗斯学语言考翻译官的时候，她的丈夫查出肝癌晚期，这时儿子面临着两种选择：是留在国内陪父亲度过最后的时光，还是赴俄罗斯学习考翻译官。

父亲没有表态，让儿子自己选择，儿子选择留在国内陪伴父亲。一年后父亲去世了，儿子考翻译官落榜，这个阿姨一直不支持、不原谅儿子的选择，对儿子责备、训斥、惋惜的话经常挂在嘴上，使儿子得了抑郁症，烧掉了所有的学习资料，再也不考了。

之后，儿子只能靠打零工挣钱，并娶了一个没有文化在市场卖食品的农村姑娘。阿姨得过癌症治愈后，她儿子就一直陪着母亲住在父母的房子里，日子过得也还算正常。

阿姨说，她的儿子有抑郁症多次以跳楼相逼，阿姨跪地相求才罢休。她的孙女和儿子一样也得了抑郁症。孙女从一所二本大学毕业后两三年也没找到工作，阿姨建议孙女复习考公务员，孙女说想先挣 15 万元给家里买辆车，再努力挣钱买房搬出去住。

孙女找了一家电商夜班的工作，挣钱多但黑白颠倒，与男朋友也分手了。于是，阿姨天天在家数落孙女，说她跟他爸一样没出息不求上进，大白天睡觉晚上玩手机，耽误了考公务员，现在干的不是正经工作。矛盾不断升级，阿姨与她的孙女互相恶语相向。

听阿姨跟我讲这些事情的时候，我心里真的很难受。一方面心疼花白头发的老人被孩子气得生病吃不下饭；另一方面又为她那个有情有义的儿子和勤奋独立有主见的孙女感到心疼，他们父女俩的抑郁症都是被这位阿姨给逼出来的啊！

我们采用认知行为疗法跟这位阿姨沟通。其实情绪调节策略也是行动策略，改变认知并积极行动，一切都会变好的。

认知行为疗法

认知行为疗法是由美国心理学家亚伦·贝克发展出的一种有结构、短程、认知取向的心理治疗方法，主要针对抑郁症、焦虑症等心理疾病和不合理认知导致的心理问题。

认知行为疗法的主要着眼点，放在来访者不合理的认知问题上，通过改变来访者对己、对人或对事的看法与态度来改善其心理问题。

认知行为疗法认为：人的情绪来自人对所遭遇的事情的信念、评价、解释或哲学观点，而非来自事情本身。

正如认知行为疗法的主要代表人物贝克所说："适应不良的行为与情绪，都源于适应不良的认知。"

例如，一个人一直"认为"自己表现得不够好，父母也不喜欢自己，因此，做什么事都没有信心，很自卑，心情也很不好。治疗的策略，便在于帮助他重新构建认知结构，重新评价自己，重建对自己的信心，更改认为自己"不好"的认知。

认知行为疗法的核心理念可以用一句话概括：情境只是诱发事件，认知才是反应产生的原因，问题的根源在于认知。

认知行为疗法（CBT）的七个步骤包括：

评估认知行为：评估来访者是否存在不健康的思维习惯、观念或推理方式。常见的思维错误包括以偏概全等。

分析观念影响：分析这些观念对来访者的具体影响，确定哪些观念对来访者的心理健康有较大影响。

认知矫正：根据评估结果，逐步矫正不合理的认知，通过改变来访者对事物的看法和态度来改善心理状态。

行为调整：配合认知矫正，逐步调整来访者的行为，以实现治疗效果。

识别自动思维：使用三栏记录表识别来访者的自动思维，帮助来访者更好地理解自己的思维模式。

检验假设：通过检验假设来评估来访者的思维模式是否合理，进一步调整其认知和行为。

替代思维：使用五栏记录表来替代不合理的思维，挑战错误的两极化思维，帮助来访者形成更合理的思维方式。

这些步骤旨在通过改变来访者的认知和行为来改善其心理健康问题，如抑郁症、焦虑症、强迫症等。

认知行为疗法的治疗目标不仅仅是针对行为、情绪这些外在表现，更是分析个人的思维活动和应对现实的策略，找出错误的认知并加以纠正。

贝克提出认知扭曲背后的自动化思维理论，美国斯坦福大学心理教授戴维·伯恩斯负责用认知扭曲的通用名称和实例进行推广。

我们分析一下上面的案例：

这个阿姨一直念念不忘曾经拥有的优越社会地位，但是随着丈夫英年早逝，儿子没有进入有编制的高级知识分子队伍，孙女又不听她的继续学习考公务员的建议，双方多年的隐忍和不满导致家庭矛盾爆发。

这个阿姨认为，她的孙女因为选择了电商夜班这个工作，导致没有时间和精力去参加公务员考试，浪费大好时光，错过阶层晋升的机会，重蹈儿子的覆辙，因而对孙女当前的选择拒绝接受，无法释怀，痛心疾首。

这么多年，阿姨一直困在情绪里面，丈夫的早逝、儿子的平庸、社会阶层的断裂、理想自我与真实自我的巨大落差，是阿姨得癌症的原因之一。

我们不得不说，这个阿姨的观念需要转变了。她的好胜心、进取心和功利心是儿子和孙女患焦虑症、抑郁症的重要原因。

她不太了解当今社会年轻人面临的竞争与压力，她认为只要下功夫复习一两年就能考上公务员，端上铁饭碗，她一直用理想主义期待儿孙能固守住优越的社会阶层。

这个阿姨首先要调整价值坐标体系。从“望子成龙”“功成名就”“出人头地”这种传统的功利思想，转向追求人生的温暖，看到生命中宝贵的人性光辉。她儿子的爱心、仁义、孝顺、陪伴是这个世界上最宝贵的财富，得知父亲癌症晚期，儿子牺牲自己的前途陪伴最后一程；当阿姨得癌症时，她儿子一直陪伴照顾，多年来一直跟母亲住在一起；假使当年儿子做了另外的选择，也许还是会落榜，也许实现了阿姨的期待，但是儿子更会抱憾终生，活在自责与内疚里。

阿姨更应该看到孙女的勤奋坚强独立有主见，不怕辛苦脚踏实地，想要用自己的辛苦付出改善当前经济状况，想要自己挣钱买房买车搬出去住。多年原生家庭带来的无奈与隐忍，她没有摆烂、没有躺平、没有啃老，而是要靠自己的努力去改变命运，这是个多么让人疼惜又敬佩的好孩子！

天赋异禀的就上交国家，资质平庸的就承欢膝下。我们做家长的要明白，凤毛麟角毕竟是少数，大多数的孩子终究会成为温暖而有良知的普通人。

阿姨的价值坐标体系改变以后，应该把着眼点放在儿孙的健康和快乐上。放下阶层观念，让他们去做自己想做的事，去做自己能够胜任的事，去做自己力所能及的事，去做自己喜欢的事。

理解孩子的心理需求，放下大家长的姿态和强势的心理，倾听年轻人的心声，理解年轻人的处境，肯定年轻人的价值，赞赏年轻人的努力，支持年轻人的做法。阿姨观念的改变，是这个家庭氛围转变的关键所在。

对于阿姨的儿子和孙女的调节策略，在于帮助他们重新构建认知结构，重新评价自己，重建对自己的信心，更改认为自己“不好”“不成器”“没出息”“窝囊废”的认知。

伯恩斯的10大认知思维扭曲

认知扭曲往往会因压力过大导致焦虑。认知扭曲不是焦虑症和抑郁症患者的专享，大多数普通人都有，只是表现得不明显而已，每个人遇到事情其实都会有不同程度的主观认知偏差。

① 非此即彼思维（不是朋友，就是敌人）。

② 以偏概全（天下乌鸦一般黑）。

③ 心理过滤（选择事情不好的一面，并且老是想着这一面）。

④ 否定正面思考（你是在安慰我）。

⑤ 妄下结论：a）读心术（你应该懂我的心）；b）先知错误（事情一定会……）。

⑥ 夸大（灾难化）或贬低：夸大自己的失误或别人的成就。

⑦ 情绪化推理（我感到焦虑，快要大难临头了）。

⑧“应该”句式（我应该怎样、我必须怎样；你应该怎样、你必须怎样）。

⑨ 乱贴标签（笨蛋、白痴）。

⑩ 罪责归己（如果不是因为我，事情或许……）。

认知扭曲往往导致的就是非理性的恐惧，事情本身不是很糟糕，发生的概率极小，但因为自己扭曲的思维，导致各种负面情绪的堆积，让自己更加封闭、逃避、挣扎，这也是焦虑症反反复复的根本所在。

认知扭曲分类，可以帮助我们快速识别自己思维上的问题，从而进行质疑、反驳和理性的回应。

调整认知是个艰难而缓慢的过程，每天进步一点点，改变自然会发生。

焦虑紧张的男博士怎样才能顺利毕业?

不是所有的焦虑与担心都有问题，了解焦虑是学习与它和谐共处的前提。焦虑是对尚未发生的事情，怀有一种忐忑不安的、不愉快的情绪。

正常人的焦虑是人们预期到某种危险或痛苦境遇即将发生时产生的适应反应或者生物学的防御现象，是一种复杂的综合情绪。

焦虑来临时，痛苦会让人失去理智，用惯性的方式而不是合适的方式去应对危机。甚至让我们牺牲那些滋养自己的事情去应对，例如减少睡眠、不好好吃饭、不想去运动、大脑无法休息而不停思来想去……

有一名男博士，面临着很大的学业压力，在最后的毕业期限到来之前，论文依然没有达到标准，出现紧张、失眠、焦虑、脱发……

他应对焦虑，需要掌握三点：井然有序、放松专注、心中有数。这些是应对焦虑的短程和中程策略。应对焦虑的长程策略更是需要用智慧变压力为资源。

应对焦虑的短程策略：井然有序

如何做到井然有序？

第一，来自时间管理领域的研究与实践。

有序是应对焦虑的利器，时间管理可以帮我们过上有序的生活。井然有序的日程安排可以消除紧张情绪，也能帮助我们完成大量事务，并带来掌控感和安全感。

常见的待办事项清单，没有对任务进行合理排序，并非最佳方案。我们需要合理的日程安排和有效的操作时间表。

首先，确定好一天中哪些或哪件事情需要优先做好。维持有序的生活还需要不断培养小的、可持续的习惯，而提前准备可以对抗混乱。

其次，批量处理琐碎的事情。任务跳转会降低工作效率，还容易令人分心，甚至让人做一些无意义的事（如刷视频等）。

最后，为生活和任务保留额外时间。如果你的行动总是不能按照计划进行，那么你的生活就会变成一场充满压力的追赶和总是迟到的游戏。

生活的条理性需要保留一些额外的时间给自己，日程安排中多 10% 的缓冲时间，自责、不满会少很多，也不容易出现睡眠拖延，生活会从容很多。

第二，井然有序的生活离不开 5 个要素组成的 TRAIN 模型。

用生活方式中的有序，应对压力和焦虑，这也是最重要的 TRAIN 模型，包括了倾诉与分享（Talk）、放松（Relax）、活动与运动（Act）、发展兴趣爱好（Interest）、重视饮食营养（Nutrition）5 个要素。

倾诉与分享（Talk） 强调的是保持一定的社会接触，通过语言来宣泄情绪。当然，如果倾诉对象不合适，也可能会给自己带来新的烦恼。

放松（Relax） 渐进式肌肉训练，可以通过肌肉放松和冥想训练来实现身体和大脑的放松，缓解焦虑。例如，紧握成拳再松开拳头，观察身体反应，感受身体的紧张和放松。

活动与运动（Act） 是经过科学验证的优秀、经济、健康的应对焦虑方法。每天坚持 20 分钟的快走或慢跑，坚持两个星期，对于情绪的改善甚至优于吃某种抗抑郁、抗焦虑药。与其心中烦闷，不如健步如飞。

发展兴趣爱好（Interest） 让我们有更多的机会转移注意力，跟他人合作，在生活中体验快乐。

重视饮食营养（Nutrition） 大家可以阅读一些专业的书籍，通过合理膳食，补充所缺元素来关照身体，改善情绪。

生活井然有序，环境井井有条会使人感觉非常好。压力焦虑会变少，烦躁懊恼也会变少。你会对自己的生活更有控制感，对自己充满信心。

所以，有序生活应从现在开始。

应对焦虑的中程策略：放松与专注、心中有数

第一，放松与专注。

心理学上，放松和专注是两种行为策略。

放松是焦虑的反义词，因为放松时我们心跳变慢、血压降低、呼吸变缓……而当我们焦虑时，生理反应恰恰相反。

学习放松的技术非常重要。大家平时会通过听音乐、做按摩、聊天、散步等实现放松。可以通过更专业的心理学方法，做到深度的肌肉放松。大家可以有意识地去学习，如腹式呼吸法、自律神经训练法、渐进式放松训练等。

专注也是焦虑的反义词。无论是读书还是其他兴趣爱好，沉浸在一件积极的

事情中，人也会暂时摆脱焦虑。当然前提是，你能够在焦虑中做到专注地读书，专注地做事。

心理学中有经过广泛论证的科学方法：正念，来教我们专注。压力往往来源于我们不满足于过去，又感觉未来的目标很难实现。因此面对焦虑，我们需要在过去和未来之间投入当下。

原本我们认为大脑没有肌肉组织，很难通过反复训练让它变得可控。而事实上，经过训练，我们会逐渐体会到自己越来越容易实现平静，越来越能够接受事情的顺其自然，不评价，不纠缠，不被烦恼包裹，不被外力裹挟。这让我们学会与烦恼、焦虑保持距离。

焦虑既然不可避免，那么用正念与焦虑保持舒适的距离，也是一种态度与生活方式。

同时，焦虑是围绕“怕”而产生的认知、行为和情绪体验，“抑郁”是围绕“丧失感”而产生的体验。虽然焦虑与抑郁经常如影随形，但它们的核心特点差别很大。心中有数方能应对焦虑。

第二，心中有数。

做到心中有数，需要从了解自己开始。

很多时候我们并不知道自己害怕担忧的是什么，只是本能地逃避。问问自己到底担心害怕什么。

研究发现，人类首先害怕死亡、疾病和衰老，年龄越大越敏感。其次，害怕失去爱、被批评、贫穷。此外，年轻人还会因更多现实问题而焦虑，比如学习、工作、人际交往、个人发展等。

焦虑是因为在乎，焦虑会让我们更努力，然而很多时候越努力却越焦虑。这时，我们有必要停下脚步。

寻找专业力量的帮助，采用认知行为疗法（CBT），改变扭曲的认知和不合理信念。

认知行为疗法帮助人们学习不同的思考方式，并对引起焦虑的情况做出现实的思考，学习改变消极思维模式和行为的方法。

渐进式放松行为疗法

行为疗法是情绪管理的重要调节策略。你可以选择自己喜欢并能够坚持实践的方法，比如户外运动、体育锻炼、合理宣泄、想象放松、音乐放松、瑜伽冥想等。

第一，放松身体。

放松身体就是把肌肉放松。

放松身体的好方法 = 渐进式肌肉放松 + 腹式呼吸和镇定呼吸

放松身体的另一个重要方法是渐进式肌肉放松。

渐进式肌肉疗法的发明人雅各布森说过一句非常著名的话："身体放松的时候，精神是不会焦虑的。"

你不需要去应对你的精神，你只需要让你全身的肌肉，从头到脚保持放松，这时候你的焦虑感就会慢慢地舒缓下来。

怎么做渐进式肌肉放松呢？

渐进式肌肉放松需要连续收缩和放松 16 组肌肉群。

在不拉伤肌肉的前提下，尽量紧绷每一组肌肉群，坚持 10 秒后立即放松，然后放松 10~20 秒。

注意感受肌肉群紧张和放松时的不同感觉，然后再进行下一组肌肉群的放松，每天至少练习 20 分钟。

比如："首先做三次腹式深呼吸，呼气时要慢，边呼气边想象全身的紧张感开始从体内流走，握紧拳头，保持 7~10 秒，然后松开拳头 10~15 秒，以同样的时间间隔放松其他肌肉群。

"双侧前臂抬起，前臂与上臂尽量靠拢，紧绷肱二头肌，保持，然后放松。"

放松身体的另一个重要方法是腹式呼吸和镇定呼吸。

怎么做腹式呼吸和镇定呼吸呢？

吸气的时候要把气吸到腹部去，把手放在腹部，吸气时腹部隆起；呼气的时候要从腹部把气顶出来然后慢慢地吐光，呼气时腹部收缩。

你学会了腹式呼吸以后，就能够练习镇定呼吸了。

镇定呼吸就是吸气的时候，数 5 个数，把腹部鼓起来；然后憋 5 秒，数 5 个数；再慢慢地把气吐出去，最好也数 5 个数。

但是有的人吐得会慢，你会发现有时候吐 7 个数或者吐 8 个数，没关系，这算一组；然后再接着数 5 个数，吸气，憋 5 秒，再吐出来，这就是镇定呼吸。

第二，放松精神。

怎样放松精神？我们的紧张和焦虑来自想象，就是因为你想象出来的很多事使你焦虑和紧张。

那么怎么去解决这一问题呢？有种方法叫作引导式内观。

什么叫引导式内观？就是你每天拿出一点时间平躺下来，不需要像放松肌肉一样不断地身体用劲。

躺下后用意念引导，从头发、眉毛、眼皮、面部、肩部一直想到脚趾，依次逐步放松；正常呼吸，吸气时想部位，呼气时放松；要做到心平气和。

调动你的想象力，你可以闭上双眼，想象自己处在某个令人平静的情境，像这样在脑海中上演让人凝神静气的电影，可以大大地减轻焦虑的症状。

降低欲望，重塑价值坐标体系

孩子比家长更懂得放低姿态、降低欲望

北京本地户口的孩子找工作也很艰难，论学历比不过清华北大，论付出比不上外地孩子能吃苦。我熟悉的一个男孩子——我儿子的好朋友，一边在为自己向往的职业领域进修考证，一边在短期内能接受的岗位上挣钱糊口。

作为家长，我也一直被时代裹挟着非常焦虑，希望孩子能考上重点校、上好大学、找好工作，希望他追求卓越。

相反，孩子在高中期间就经常把“挖掘机哪家强，山东技校找蓝翔”挂在嘴边，无形之中在给我降低心理预期；准备读研的时候，他又说“哪个学校要我，我就去哪个”；马上进入求职阶段了，他又告诉我“哪里要我去扫地，我也能干”。

刚开始我心里暗自在想，我花这么多心血培养他，他怎么这样胸无大志呢？！随着近几年社会环境和形势的变化，我慢慢领悟到了孩子们比家长智慧，

他能主动把脸贴在地上，扯下虚荣的面具，根本不怕丢脸，真正虚荣又功利的是我们这一代家长啊！

其实这一代年轻人，嘴上喊着躺平啊、摆烂啊，大都是调侃自己的。实际上，他们就像“斯坦福的鸭子”，表面上云淡风轻毫不用力，水下面都在努力地划着，一刻也不曾放松过。

哲学中的智慧教我们重塑价值坐标体系

人生为何会有挫折？因为我们的主观愿望与严酷的现实之间产生了冲突，要想避免人生冲突，就要做好准备。因为我们对有准备的、理解了的挫折承受力最强，而准备最少、不能预测的挫折对我们伤害最严重。

哲学中的智慧教我们正视现实，从而使我们纵使不能免遭挫折，至少也能免于因情绪激动而遭受挫折带来的全部伤害。

人生中总会存在种种不如意之处，其中有些是可改变的，有些是不可改变的。对于那些不可改变的，哲学提供了一种视角，帮助我们坦然去面对，去接受。在此意义上，可以说哲学是一种慰藉。但是，哲学不只是慰藉，更是智慧——帮助我们去调整看待世界和人生的视角。

人生中无论遇到何种情况，只要退后一步，回到事物本来的位置，换个角度，换种眼光去看待，去思考，并能智慧地采取相应的态度和策略来解决问题，那么，所有的一切，并不像我们想象的那样糟糕。

在“文革”期间，杨绛和她的丈夫钱钟书都被打成了“牛鬼蛇神”。杨绛被安排打扫办公室的女厕所。她不惮不羞，置办了小刀、小铲子，还做了个小拖把，带上肥皂、洗衣粉，埋头认真打扫，洗手池从乌黑肮脏变得洁白闪光，厕所的异味也因勤于清洁和通风而消失，门窗透出了应有的光，原本污秽不堪的厕所变得明亮干净，焕然一新。

杨绛打扫公厕的行为不仅展示了她的坚韧和毅力，也体现了她在逆境中的乐观和积极态度。她的这一行为在当时的环境下，无疑是一种对生活的热爱和对工作的负责，给周围的人带来了积极的影响。

正如盖笑松教授所说：每个时代都有人脱颖而出，每个时代也都有人铩羽而归；不追求出人头地，找到自己内心的价值就好。

这一代年轻人见识多信息广，精明而有智慧，我们做父母的要向孩子学习，当老师的要向学生学习。在横冲直撞行不通，摆不烂卷不赢躺不平的时候，**当下年轻人的情绪焦点，已经转向了自我的生命力这一价值坐标体系，开始关注自我的生命力该如何展开**。

他们从温室的花朵一下子被扔到旷野上变成野花野草，他们从追求卓越、出人头地到追寻蓬勃向上的顽强生命力。

生长力、创造力、幸福力这生命力的三大核心素养，应成为我们美好人生的过程，也是引导我们走向美好人生的方向标。

正如心理学家卡尔·罗杰斯所说："好的人生，是一个过程，而不是一个状态；是一个方向，而不是终点。"

【热点解读】

当下的力量，助力人生至暗时刻

人们之所以感到痛苦，主要原因是被大脑思维所控制，焦虑过去和未来而非活在当下。

但实际上，我们只能活在当下，活在此时此刻。

从表面看，当下仅是生命中的片刻，而生命是由无数个片刻组成的。因此，当下的思维状态与心态，决定了我们的生命状态。

通过接纳当下所有的情绪，并努力去改善当下的境况，我们才能找到力量的源泉，发现平和与宁静的入口。在那里，我们便放下焦虑和压力，获得内在的智慧和真正的喜悦。

我个人在求学、生活和健康方面，也曾多次陷入焦虑情绪中。这让我深切地体会到：当自己的能力配不上自己的欲望时就会焦虑；当自己的理想与现实之间有差距时就会焦虑；当自己跟周围的人做比较时就会焦虑；当自己看待问题片面扭曲的时候就会焦虑。

与其焦虑未来，不如专注当下，把眼前的事情做好。任何时候，都不要怀疑自己的价值，也不要怀疑努力的意义。

2013 年我接到北医三院一个男士高亢的声音通知我，化验结果确诊为乳腺癌，让我去取报告单。我当时顿感一道霹雳从头顶直击地面，那是真切地体验到了五雷轰顶的感觉。

因为老公在外地，我自己开车去医院取确诊报告，开车回家的路上我泪流满面泣不成声，满心的委屈与怨气，满心的恐惧与无助。

我从来没想过自己会得癌症，我觉得老天爷太不公平了！我这么勤奋、这么能干、这么善良，从来没偷懒过、从来没放松过、从来没懈怠过，一直在忙学习、忙工作、忙家庭、忙孩子，甚至都舍不得花时间去看场电影，我这么有正事儿的人，老天爷为什么这样对待我？

生病以后最大的恐惧是还能活多久，最痛苦和焦虑的是儿子才 12 岁。刚开始每天都像做梦一样，真希望自己从梦里醒过来是虚惊一场，但是无法逃避的现实啊，总要去面对。

我想到趁着自己还活着需要马上去做的事情，并立刻行动：

第一件事：积极遵医嘱配合医生的治疗方案。根据医生的治疗方案，定时检查、吃药、打针、做手术，减少了工作量，避免过度劳累，清淡饮食，按时作息不熬夜，每天到公园走路锻炼，欣赏大自然风景放松心情。

第二件事：安顿好父母。在长春市给父母买了个两居室供他们独自居住，再给他们存点钱，让他们没有养老的后顾之忧。父母都是种地的农民，没有什么经济来源，当时在长春市弟弟家看孩子。

第三件事：经管好儿子未来的经济保障。我立个遗嘱把自己名下相关的财产都留给儿子，作为他的教育基金。寒暑假带儿子出去看看外面的世界，为他将来的成长道路做个心理铺垫。老公才 42 岁，万一我死了，我也一定会赞同他再组建家庭的。只是我儿子就得有后妈了，孩子是我最痛苦最无法割舍的情感。

第四件事：为双方的兄弟姐妹提供支持。关心我的弟弟妹妹，看他们在生活上工作上还有哪些事情，是我能够帮忙的。支持姑姑和表妹解决了住宅问题，其实是在感激爷爷奶奶的恩情，尤其是爷爷，当年在我妈瘫痪期间一直操持家务和给我们做饭；还有老公那边的哥哥姐姐们，过生日的、生病的、孩子升学的、结婚的、生子的，我也主动付出关爱全力表达心意。

第五件事：向朋友们表达感谢之情。想想还有哪些给予过我帮助的朋友，我还没有表达过感谢；主动添加朋友们的微信，积极沟通，让他们了解我的病情和治疗方案，其实我很害怕熟人在背后猜测议论，自己主动公开反而是给自己减压了；回长春和老同学老朋友们聚会互相鼓励，去深圳拜访了几位老领导老朋友。

做完这五件事以后，不知不觉两年过去了，忽然意识到自己还活着，而且还有治愈的希望！

人生无论在低谷期还是遇到挫折，都不要轻言放弃，人生的路虽长也不平坦，但美丽的风景无数，把自己的心态调整好，你会发现原来生活中有太多美好的事物。

那时，我租住在清华校园家属区，我就每天去操场走圈，戴着耳机听汪峰的嘶吼，一边走一边流泪，为什么是我生病？我一直是学霸，一直是优秀分子，我还想继续努力评上教授呢！我还想在行政职务上继续发展呢！心里满是"出师未捷身先死，长使英雄泪满襟"的委屈和不甘。

这样过了两个月，治疗方案也确定了。我开始反思自己为什么会生病，根源在哪里？我先从《道德经》开始研读，"物壮则老，谓之不道，不道早已"，我心气太高了、太好胜要强了、太缺乏智慧了，一直在追名逐利的道路上狂奔，不懂得劳逸结合、适可而止，长期的休息不足、营养不足、心力不足、体力透支。就应该是我得病！如果我不得病，让别人得病那才是老天爷不公平呢！

想通了以后，我就开始琢磨着怎么改变自己。

第一个改变，减轻工作量，增加对经典文化的研读和学习，反观自己内在精神世界的建构缺失，在中华经典文化中寻求心灵的滋养。

第二个改变，放下名利，给自己建立一个新的价值坐标，决定以后跟名利相关的事情都不争。所以至今我仍然是副教授，生病以后才明白，什么叫身外之物。

第三个改变，每天到校园里走路锻炼，增强体质，学习营养常识，提高身体素质，关注季节变化，欣赏四季风景。

以前我因为怕耽误时间，从来没有主动锻炼过。现在明白了身体是革命的本钱，所以我们把关于身体素质的提高、营养和作息的内容放在了第一讲"个人优势"里面，因为良好的身体素质是最重要的个人优势。

我年轻时为了儿子上小学方便就租住在北航校园内，整天焦头烂额地赶时间，每天穿梭在校园里，从来没有发现春天有玉兰花，眼睛里也没有风景。

其实，大学校园里一年四季都有风景，春天玉兰花开，夏天紫薇怒放，秋天银杏金黄，冬天毛竹青翠。风景就在去食堂的路上、去图书馆的路上、去教学楼的路上、回家的路上。确实应了那句话：生活中从来不缺少美，只是缺少发现美的眼睛。

第四个改变，假期外出旅游劳逸结合，开阔眼界。把以前除夕夜都在学习和写文章的习惯、寒暑假都在伏案工作的习惯改掉，多陪家人多陪孩子，感受生活的美好。

第五个改变，把学习能力和科研能力迁移到生活中，优化家庭资产配置。我坚持不炒股、不炒房，从生活的核心需求和本质规律出发，为家人做长远考虑，也获得了较好的成果。

一晃五年的治疗期过去了，我的身体指标完全正常了。刚开始听说的"五年生存期"我以为只能活五年呢！没想到会生病，也没想到会治愈。人生总是这样充满了不确定性，从来也不按套路出牌。

我感悟到人在光鲜亮丽的职场上能生存，在灰暗窘迫的夹缝中也能生存；在功成名就的舞台上能生存，在无人问津的边缘地带也能生存。

原来人的生命力真的可以很顽强，跌落谷底时，你的潜能源源不断地被激发出来，引领你探寻向上生长的道路，看到沿途的风景，享受自然的美好，赞赏自己的努力，感受生命的喜悦。

至暗时刻的恐惧和焦灼，也能唤醒人内在的坚韧和勇气。磨砺、煎熬和疼痛都会沉淀为热爱、从容和智慧，这种蓬勃的生命力就是生长力、创造力、幸福力，也是内驱力。

做好当下的事情，生命力自然向上生长。

【拓展阅读】

[1] [美]迈克尔·刘易斯.情绪心理学[M].3版.南莎，译.北京：电子工业出版社，2015.

[2] [美]莉莎·费德曼·巴瑞特.情绪[M].周芳芳，黄扬名，译.北京：中信出版集团，2019.

[3] [美]卡拉·麦克拉.情绪的语言[M].林琳，译.北京：科学出版社，2012.

[4] [美]芭芭拉·弗雷德里克.积极情绪的力量[M].王珺，阳志平，译.北京：中国人民大学出版社，2010.

[5] [美]托德·卡什丹.消极情绪的力量[M].王索娅，王新宇，译.杭州：浙江人民出版社，2018.

[6] [美]丹尼尔·戈尔曼.情商：为什么情商比智商更重要[M].杨春晓，译.北京：中信出版社，2010.

[7] [美]阿尔伯特·埃利斯.我的情绪为何总被他人左右[M].张蕾芳，译.北京：机械工业出版社，2015.

[8] [美]埃德蒙·伯恩，洛娜·加拉诺.应对焦虑[M].骆琛，译.北京：中国科学技术出版社，2021.

[9] [美]埃克哈特·托利.当下的力量[M].曹植，译.北京：中信出版集团，2016.

第四讲　压力应对

【关注话题】

你怎么看待“职场压榨”？

四川南充的唐女士发布了一段视频，分享了自己离职后退出 600 多个工作群的经历。

唐女士从事商场地产设计工作，需要审核数百个店铺的设计图纸，因此累积了大量的工作群。她每天需要随时回复群内的信息，神经一直处于紧绷状态。

在离职后，她花了 3 个半小时的时间，逐个退出了所有的工作群，感觉瞬间轻松了很多。网友说这更像是赎身而非离职，这么大的工作量就是一种隐形的“职场压榨”。

所谓职场压榨，是说在职场中人格受到贬低或否定，人身攻击让员工失去自信、自我怀疑；或美化压榨，安排不合理的工作让员工拼命加班……“职场 PUA”花样层出不穷，侵蚀着劳动者的身心健康。

这位女士的离职经历，令人唏嘘不已。每个人的精力都是有限的，不管是体力劳动还是脑力劳动。而这位女士所描述的工作方式简直让人窒息，仿佛能看到管理者那种“你不干随时有人来顶替你”的嘴脸。

“假期你把这个做完，就给你升职”“你写的报告我不用看都放心”“你为什么挖我墙脚啊，我要把她培养成这个领域的专家呢”“那么多毕业生找不到工作，你要珍惜有班可加”……在职场中这些是不是很熟悉的说辞？有没有人为刀俎、我为鱼肉的感觉？

吐槽太多也无益，位置不同角度不同思维方式不同，管理者也有管理者的压力和使命，如果你遇到了一位水平高修养好的领导，那一定是上辈子拯救了银河系。

在全球性经济结构调整与行业变革的大背景下，在前所未有的竞争压力和复杂多变的社会环境里，一边是无奈加班，为保住工作而辛苦支撑的职场人；另一边是怀揣梦想与希望，还在为求得一张职场入场券苦苦挣扎的年轻人，四处奔波，屡遭拒绝，备受打击，经济压力和生存压力使他们濒临崩溃。

现代年轻人也在通过自嘲、调侃、吐槽等方式在群体中寻求共鸣，通过脱口秀、爆笑喜剧、发疯文学、唱歌跳舞、休闲旅游、运动锻炼、游戏宣泄、交流倾诉、好友聊天等多种简单易行的方式来缓解压力，放松身心。

正是因为这种真实的职场环境，我们才更要清楚地认识自己：你是谁？你想要什么？做什么能让你快乐？

或许，你需要重新审视自己的职业规划，在适当的时候调整步伐；或者，你可以尝试寻找新的机会，让自己跳出原本封闭的环境，为自己的未来燃起希望之火。

也可能有人说，不开心老子就不干了！但是大多时候我们又不得不面对现实，有人的地方就有江湖，到哪里都要面临相似的情况。有太多人因为要养家糊口，要还房贷，要照顾生病的父母，生存压力、经济压力使我们不能意气用事，忍受着煎熬着小心翼翼地生怕弄丢了工作。

但是长期处于压力之中，会严重影响身心健康。正如心理专家告诉我们的“压力不能带来动力，压力通常带来病历”。

我们需要找到一种平衡，通过心态调适，筑牢心理防线，不被工作牵着鼻子走，能够在职场中找到自己的价值和归属感。

在这样的时期，如何提升自我脱离困境，谋求生存与发展呢？如何为个人心力赋能，提升个人的抗压能力呢？我们一起来探讨一下。

【心理探索】

压力对身体的影响

现代生活的快节奏让“压力”成为我们无法回避的伙伴。无论是工作最后期限、人际关系的紧张，还是经济负担的加重，压力悄无声息地渗透进日常。

我们的身体往往是最诚实的“应答者”——心跳加速、失眠困扰、免疫力下降……这些信号都在提醒我们：压力并非只是心理感受，它正实实在在地影响着健康。

压力是如何触发身体的“警报系统”——从激素波动到慢性炎症，从大脑反应到器官损耗的呢？

了解这些机制，不仅是为了警惕风险，更是为了学会与压力共处，找到守护身心平衡的科学方法。

压力反应的自然循环机制

人类原始的应激反应

在漫长的演化历史中，人类的生理机制形成了一种天然的应激反应。当遇到一些挑战、麻烦、压力时，人体的下丘脑、垂体和肾上腺会开始释放压力激素，人会被瞬间切换到应激状态。

心跳加快、皮肤温度升高、瞳孔放大、肌肉力量变得强大，都是压力下应激反应的表现。

这个时候我们处于一种警觉的状态，一般选择做两件事：要么战，要么跑。打得赢就打，打不赢就跑。

做完这两个动作之后，我们的压力激素就自然化解了，人体重新回到一个平稳的状态，等待下一个压力事件的出现。这就是压力反应的自然循环机制。

现代社会的应激反应

现代社会的变化也让我们的应激反应产生了新的形式。现代生活的风险已经不是从前的生存风险，而更多的是心理风险。

在这种心理压力下，我们产生的压力激素让我们有两种选择：解决后进入轻松平稳的状态，或者拖延后进入焦虑不安的状态。

生活中的应激反应一定要有一些科学的方法去应对，不然的话真的容易出问题的。焦虑，是对未来恐慌；抑郁，是对过去伤心；自残，是对未来绝望。

大脑对压力如何反应？

首先我们要了解情绪和压力的产生机制。

在我们的大脑中有一个非常重要的器官叫作“杏仁核”，位置大概在鼻子后方。

当我们遇到不太开心的事情时，杏仁核就会变得特别活跃，它负责加工我们的负面情绪。

焦虑、恐惧、危险、愤怒，甚至压力性的社交，都会让杏仁核充血。

另一个应对压力的器官叫作 VTA，大脑的奖赏中枢，这个地方负责释放各种积极的神经化学递质。

当VTA释放各种积极的神经化学递质时，容易激发出人类快乐、期待、学习、利他等积极情绪。

目前我们发现的积极神经化学递质主要有四种，分别是多巴胺、催产素、内啡肽、血清素。

压力到底会对你的身体产生什么影响？

我们的正常压力反应，是为了给我们提供快速爆发的高度警觉性和能量，引发我们的最佳水平发挥。

但压力并不全是好事儿，当激活时间过长和过于频繁时，压力几乎会损害我们身体的每个部分。

当我们长期处于压力之下，我们的身体内部会发生什么?

你可能尝试在有限的时间内完成更多的事儿，当面临挑战或感到无助时，我们可以清晰地感受到压力的存在。

但压力不仅仅是一种情绪，它还是一种穿行在我们身体内的反应，就像电路板上的电流那样。

短期来看，压力有着积极作用，但是当压力出现得过于频繁、持续的时间过长时，它产生的反应不仅仅会影响到你的大脑，还会对你全身的器官与细胞造成伤害。

你的肾上腺会释放皮质醇（压力激素）、肾上腺素以及去甲肾上腺素。所有这些激素在你的血液系统中穿行着，它们可以轻易地到达你的血管和心脏。

肾上腺素会使你的心跳加速血压升高，时间长了还会引发高血压，皮质醇会令你的内循环或血管中的内覆组织无法正常运行。

科学家发现，高皮质醇是产生动脉硬化以及胆固醇斑块化的早期诱因，同时它们还会增加心脏病或中风的患病概率。

当你的大脑感受到压力时，它会激活你的自主神经系统

通过这个系统中神经纤维间的联系，你的大脑不断向肠道神经系统传递压力的信号，除了会令你的肠道蠕动紧张外，大脑还会打断有节奏的肠胃收缩，这种收缩帮助食物蠕动进胃里。这会导致肠道易激综合征，同时使你更容易患上胃食管反流、胃灼热。通过肠神经系统，压力还会改变肠道细菌的成分和功能。而这可能会使你消化不良，甚至影响你整个身体的健康。

说到消化功能，那么长期处于压力之中，是否会使人变胖呢?答案是肯定的，就是我们所说的压力肥。

肾上腺皮质醇会增加你的食欲，它会向身体释放饥饿信号，进而促使你去进食大量的高能量食物和碳水化合物来补充能量储存，肾上腺皮质醇甚至可以释放更高级的信号，让身体将多余的卡路里转化为内脏脂肪或者皮下脂肪。

这种类型的脂肪不仅仅使你胖到难以找到能穿的衣服，它还有一种细胞因子

的器官功效，就是释放激素以及与免疫系统相关的化学物质，大大增加慢性疾病的患病概率，如心脏疾病和胰岛素抵抗。

同时压力激素还会以多种形式影响免疫细胞，原本免疫细胞可以帮助抵御外来细菌，治愈外部伤口，但慢性压力会抑制某些免疫细胞的功能，进而增加身体受感染的概率，延缓身体的自愈速度。

压力会导致染色体的端粒变短

想要活得更长寿吗？

你或许需要减轻你的慢性压力了，因为它甚至会令你的染色体端粒变短，而染色体的这个端粒恰恰影响着细胞的寿命。

每次细胞分裂的时候，染色体端粒都保证着细胞可以正确复制细胞的遗传代码，同时随着细胞的分裂，它们也在不断变短，当染色体太短时，细胞也就无法再分裂了，这意味着一个细胞的死亡。

不仅仅是这些，慢性压力还会从更多的方面去危害你的健康，比如引发痤疮、脱发、性功能障碍、头痛、肌张力、精神难以集中，以及疲劳、易怒等症状。

这些对你又意味着什么呢？

你的生活将始终充斥着压力，尤其是你的大脑和身体，如果你能将这些压力视为可以控制的挑战，而非无法抗拒的威胁，那么你的生活一定会更加的高效健康。

其实压力并不可怕，可怕的是没有面对压力的勇气和驾驭压力的能力。论及压力本身，主要的压力还是来源于我们自己的内心。

压力与自我认知有关

我们的内心不但跟外在的一切对比，也不断地跟内在理想化的自我对比：我不行，我不好，我没用等。

对真实自我的排斥和急于对外界的掌控形成的冲突，就是所有的心理、精神疾病的源头。

从追求理想化自我开始，一个人就已经开始远离真正的自我。一个人，离真实的自我越远，他就越接近于疯狂。

如此一来，所有的人、事、物——孩子、家人、教育、安全、生活、健康等所有方面都会让我们产生广泛性的焦虑。一切都有可能成为焦虑的源头。

我们急于摆脱这种状况，可是，却像在沼泽中一样，越挣扎，越沉沦。

不敢面对和接纳真实的自己，就会产生焦虑。用固有僵化的局限性思维去对抗无限的存在，就会产生焦虑。

自我期望过高的七个表现

① 为自己设定太高的、常常是不可实现的目标；

② 为了实现目标，可以不择手段；

③ 不能够容忍反面意见，要求别人完全服从自己；

④ 喜欢夸耀自己的才能，显示自己的与众不同；

⑤ 对金钱、权力与地位抱有痴迷的梦想；

⑥ 渴望受到持久的关注和赞美；

⑦ 嫉妒那些胜过自己的人，缺乏同情心。

人格特质与压力的关系

美国心脏病专家迈耶·弗雷德曼和罗森曼研究心脏病时，把人的性格分为三类：A 型、B 型和 C 型，近年来常用于研究人格与工作压力的关系。

有一次，弗雷德曼和罗森曼请家具商到自己的医院修理破损的家具。家具商修理家具时问两位医生：“你们的病人是否都有心急病？”

弗雷德曼感到很惊奇，就问：“为什么这样问呢？”家具商告诉他们说：“我看你们的椅子、沙发等家具的扶手都坏了，一定是病人们心急用手抓坏的。”

这件事引起了弗雷德曼和罗森曼的关注，他们在冠心病的心理和生理研究中发现，冠心病与心理因素密切相关，并据此研究结果合著《A 型性格和你的心脏》，把人的性格分为 A、B、C 三种类型。

这一理论很快在世界各国传播开来，成为人们诊断心脏病，甚至癌症等疾病的重要性格理论之一。其中对 A 型性格的研究最为有意思。

A 型性格的人

有时间紧迫感，做事节奏快，争强好胜，遇到困难不罢休，勇于进取，对任何事情都有一种不满足感。一件事情未做完，又去做另一件事。

总愿意从事高强度的竞争活动，不断驱动自己在最短的时间里干最多的事，并对阻碍自己努力的其他人或其他事进行攻击。

对自己漠不关心，不知道休息和照料自己，不会享受生活的乐趣，整天使自己处于“紧张状态”。

A 型性格的几大弱点：

①**失去平衡**。如果是平衡有度的竞争感并没有坏处，但具有 A 型性格的人却失去了平衡点。

他们竞争感的动机来自胜利的喜悦和对失败的厌恶。在工作上、游戏中、家庭里，甚至对自己他们都抱有竞争的态度，在他们身边的人很难有喘息的机会。

②**缺乏耐性**。任何的拖延或中断都将使其发怒，但他们却容许自己打断别人，告诉别人一个更好、更快的做事方法。

他会抢别人未说完的话说；一次又一次不停地按电梯按钮，只为了要让它走快一点；不断地看手表、看时钟以注意时间。

他不仅把自己的行程排得满满的，而且也想让别人照着做；他具有多重的行为和思想，这表明他希望能在同一段时间内做许多不同的事情。

可以看到他一边喝茶、一边看杂志，还与别人通电话，并同时与进入办公室的人打招呼。

他们对于自己的思考能力、精力源泉，甚至消化功能都有极端的要求。他觉得唯一使自己能领先别人一步的方式就是要高强度地运作。

③**容易焦虑**。A 型性格的人常处于中度的焦虑状态中。他们不断给自己施加时间压力，总为自己制定最后期限。

A 型性格的人是工作很快的人，他们对数量的要求高于对质量的要求。

从管理的角度看，A 型性格的人表现为愿意长时间工作，但他们的决策欠佳绝非偶然，因为他们做得太快了。

④**缺乏创意。**A型性格的人很少有创新性。因为他关注的是数量和速度，常常依赖过去的经验解决自己当前面对的问题。

对一项新工作，无疑需要专门时间来开发解决它的具体办法，但A型性格的人却很少分配出这种时间。

他们很少根据环境的各种挑战改变自己的反应方式，因而他们的行为比B型性格的人更易于预测。

⑤**威胁健康。**A型性格的人由于一系列紧张积累，极易导致心血管病，甚至可能随时因发生心肌梗死而猝死。有统计表明，85%的心血管疾病，与A型性格有关。

同样，有关研究也表明，A型性格与冠心病的发生密切相关。美国科学家研究表明，A型性格者冠心病发病率是B型性格者的2倍。

有关专家认为，其原因是：A型性格能激起特殊的神经内分泌机制，使血液中的血脂蛋白成分改变，血清胆固醇和甘油三酯平均浓度升高，而导致冠状动脉硬化。

B型性格的人

B型性格的人与A型性格的人相反，他们不争强好胜，没有竞争的压力，办事往往慢条斯理，不慌不忙，工作有条理。

不易受外界的干扰，紧张工作后能愉快地休息，拿得起，放得下，能自己安慰自己，解除各种烦恼。

随和稳重的B型性格的人，倾向于对自己的健康状况做出更客观的判断。当他们感到身体不舒服时，会习惯于采取预防措施，避免过度疲劳。

在面对无法控制的紧张性刺激时，他们会在初始阶段便承认失败或认输。所以，与非要掌控局面的A型性格的人相比，他们所面临的压力要小得多，患病的概率也要小很多。

对比A、B两种不同性格，在组织中A型人和B型人，谁更容易成功呢？

尽管A型性格的人工作十分勤奋，但B型性格的人常常占据组织中的高层位置。

最优秀的推销员经常是A型性格的人，但高层管理人员往往是B型性格的人。

为什么？答案在于A型性格的人倾向于放弃对质量的追求而仅仅追求数量，然而在组织中晋升常常属于那些睿智而并非匆忙、机敏而并非敌意、有创造性而并非仅有好胜心的人。

C型性格的人

国际上有一些研究癌症与性格关系的科学家，把易患癌症的性格归为C型性格（与A型性格和B型性格相对应），被称为“癌症性格”。

C型性格的核心特征：一是倾向于压抑强烈的感情，特别是压抑愤怒；二是常有无望的感觉，心理落差极大，对现状悲观失望。

这种性格的人内心冲突大、情绪压抑、抑制烦恼、委曲求全、逆来顺受，但内心却又极不服气。常常给人以不急不躁的印象，在日常生活和工作中能与人保持表面和谐，但是理想与现实差距很大，内心矛盾而痛苦。如果这种矛盾情绪经常出现，就可能破坏人体免疫系统，导致癌症的发生。

研究表明：包括肠癌、肺癌、乳腺癌和恶性黑色素瘤在内的几种癌症都与C型性格的人格特征相关，特别是压抑情感。

性格是人的习惯化的生活方式，不是完全固定不可改变的。

解除精神压力的秘诀，存在于我们自己的思维之中，因为思维能力和思维方式能够决定我们应对压力的成功与否。

法国文豪福楼拜说：“我们在一生中最为辉煌的，并不是功成名就那一天，而是从悲叹和绝望中产生对人生挑战的欲望，并且勇敢迎接这种挑战的那一天。”

【热点解读】

压倒骆驼的是最后一根稻草吗？

“压倒骆驼的最后一根稻草”出自阿拉伯的寓言：

一个主人有一匹老骆驼，它一天到晚任劳任怨地干活。有一次主人想看看这个老骆驼到底能驮多少货物，于是他不断地加、不断地加，但是老骆驼还是没有垮，最后主人想是不是已经到了极限呢，于是轻轻地投了一根稻草在它背上，没想到就是这一根稻草使老骆驼轰然倒下了。

“压倒骆驼的从来都不是最后一根稻草”，骆驼是因最后一根稻草而垮，但是并不能忽视每一根压过骆驼的稻草都有责任。

任何事物的变化都有一个量变的积累过程，如果到了骆驼所能承受的重量的临界值，那么最后一根稻草就会把骆驼压倒。

当一个人在生活中遇到一些事情时，巨大的压力已经在他所能承受极限的临界点上了，再增加任何一点点都会使之崩溃。

压倒骆驼的，不仅是最后那根稻草，更是之前无数累积的沉重。每一根稻草，都是压倒骆驼的帮凶；它背负了太多，却仍努力前行，直到那根微不足道的稻草，轻轻落下，击破了崩溃的临界点。

我们这一代人，大多是属于知识改变命运的一代。那时候大学生少，但凡能考上大学的都能找到不错的工作，从毕业包分配到双向选择，就业不像现在竞争这么激烈。

每一代人都有自己的长征路，生活不如意事常八九，每一个时代都面临着各自的困难和挑战。这一代年轻人竞争激烈心灵苦，我们那一代人生活贫穷条件差。

我出生在土地贫瘠的偏远农村，父母是种地的农民。家里老少三代 10 口人，贫穷、疾病、拥挤是常态。我自己切身感受到来自各方面的压力，并终于被最后一根稻草压垮。

经济压力

我小学时是三道杠少先队大队长，但是家里穷没钱买文具，基本是靠老师给一些能用的。

初中时我是班长，班级里大部分同学家都是镇上的，只有我们三四个是农村孩子，几乎是班级里最穷的。每年秋天都会有 10 多个同学到我家场院里帮忙搓玉米、打葵花籽。每学期开学前两天，我会约上同学杨海晶一起去教室打扫卫生、买盒墨汁刷黑板，把打碎玻璃的窗口用塑料膜挡上，四周用秸秆压住再钉上。

中师毕业时，我有机会去东北师大附小工作，也有机会去洮南市委政策研究室工作，但是最后我还是顶着经济压力选择了保送上大学继续读书。

1992 年进入大学前的暑假需要到四平市集训英语，家里把一头猪提前杀掉卖了 400 元，我弟弟想要买一件 4 元钱的 T 恤被骂了一顿，那 400 元钱都给我拿去交培训费了。第二年我妹妹上中专也要交一大笔学费，所以家里经济更紧张了。

大学第一学期，家里东拼西凑给拿了几百元生活费。进入省城读书才开始真正感受到经济压力，虽然以前也穷，但是那个年代大家差距不大，心里也没有什么感觉。

大一下学期开始，我就跟着学姐去找家教，给中小学的学生辅导功课。就这样，平时辅导学校附近的孩子，不耽误晚自习；寒暑假集中辅导地点远些的；每周两次去历史系老教授夫妇家里做钟点工打扫卫生。大学四年期间在食堂几乎没买过肉菜，因为一周两次钟点工能挣 20 元，节省着花才能够一周的伙食费，特别是准备考研期间没时间去做家教的时候。

进入大学后交了个男朋友，阳光帅气有活力，后来知道他 4 岁时父亲就去世了，母亲卧病在床。就这样门当户对穷上加穷，实现了真正一无所有的裸婚。

学业压力

初中时我妈一直瘫痪在炕上不能下地，夏天我每天放学要带着弟弟妹妹一起去地里干农活，天黑回家时，爷爷做饭，我就一边往灶里添柴火一边看书，晚饭后刷碗收拾灶台，干完这些基本是晚上 10 点左右，我就在灶屋里的台子上开始写作业，经常到凌晨一两点钟。

这样的学习状态，使我在镇上的县重点中学上学的三年中一直保持班级第一，经常性地保持年级第一，那些复读生也考不过我。其实没有什么诀窍，我也不聪明，就是下笨功夫，把别人睡觉的时间都用上了。

因为贫穷，中考时我爸坚决不许我报考高中，去我家说服他的数学老师和英语老师都被气走了。我爸说读四年中师毕业就能当小学老师挣工资了，就这样我以洮南县中考状元的身份进入了通榆师范学校。

当时中师有保送大学的机会，老师们对我期望也很高，班级同学也都非常抬举我，各种评选评优我都能全票通过。

我在学生会工作要耽误点儿学习时间，所以晚上就在被窝里打手电学习。那时我们是20多人的通铺，紧挨着我的女同学跟我一起用功，后来她被选到东北师大附小工作。

经过四年毫不放松的艰苦学习和学生干部工作，我在18岁时入了党，毕业时保送到东北师范大学心理系。

后面读大学、读研、读博，硕士论文、博士论文、评职称论文……哪有轻松的日子，脑力劳动者没有节假日，学业压力一直很大。有时候特羡慕能做那些盖章、打饭的简单劳动，不用动脑且没那么大压力。

但是想想自己除了读书当老师也不会干别的，就面对各种学习挑战下功夫吧，没有什么诀窍，就是坐住板凳死磕，一直是在努力向上，一直在负重前行。

生活压力

从1996年本科毕业开始，我陆续把父母、两个弟弟、一个妹妹，安顿到长春工作生活。家里人都很勤奋很淳朴，但这些年我费了很多力操了很多心。

2006年我博士毕业，一家三口进北京生活，刚开始一切井然有序。2007年6月，长春市有个平台给我爱人发展机会，于是他又转回长春市，我独自带孩子留在北京。开始我不会开车，便每天带孩子打车奔波在还不熟悉的大北京。

因为从事的岗位基本是文字工作，每天都在赶时间。越是临近期末工作越忙，天气最冷的时候孩子还最容易生病，忙工作、忙孩子、忙家务，连给车加油的时间都没有，把车开得直到打不着火了。

职业压力

工作这边被转了岗位换了领导，我有点跟不上新领导的节奏。那段时间的心理落差之大，让我对自己放弃长春的工作，来北京寻求精神高地的做法产生了怀疑。

我的工作是双肩挑状态，编制是机关干部，但自己不想放弃专业，所以一边从事行政工作，一边给学生上课、带研究生。心理学专业工作大都是业余时间自愿的义务的，然后自己还要搞教学、搞研究、写论文、评职称，还要给孩子开家长会，恨不得有三头六臂。

机关里工作任务繁忙，很多上级部门下达的工作任务都是有时间截点的，需要赶时间。这样持续了 7 年，那时候其实我是陷入了困局：一方面享受自己来自内在动力热爱工作、不论何种前提都能尽最大努力完美呈现的成就感；另一方面自己也过于要强，经常熬夜写文章用于评职称，申报课题、写科研报告、给学生上选修课也都在晚上，长期的神经紧绷也使我焦头烂额、体力透支。

2013 年 9 月我生了场大病，这应该是多年积劳成疾吧！想转岗当一名普通心理学老师、专职教课搞研究被拒绝这件事，成为压倒我的最后一根稻草。幸运的是，上天垂怜，留我一命。

以上的种种，虽有涉及却也只是简单描述，**“凡是可以说的，都能说清楚；凡是不能说的，就应当保持沉默”。**

如果有人问我，你来北京后悔吗？如果重来一次你怎么选择？

我会毫不犹豫地说：虽死无悔，如果重来一次我还是会做这样的选择。

人生只有一次，我虽然一直很苦很累，但是我按照自己的心意全力以赴地生活，我的每一次努力都有收获有成长，我得到的丰厚回报也是很多人梦寐以求的。酸甜苦辣都是营养，经验教训都是财富。

但是我会反思过去，减少名利追求，懂得适可而止，别太追求完美，学会关爱自己，均衡营养，锻炼身体，让自己的善良带点锋芒。

海明威说：生活总是让我们遍体鳞伤，但到后来，那些受伤的地方一定会成为我们最辉煌的勋章。

去除压力偏见

面对压力，会产生很多消极情绪和身体应急状态，比如烦躁易怒、焦虑失眠、胃肠功能紊乱、心态崩溃……但其实这些消极情绪也是有价值的，压力也不完全都是坏事。

消极情绪的价值

消极情绪是指客观事实与主观需求不符时人所产生的一种心理活动，它对人类的生产也是有很多好处的：

①传递需求信息。这一点在婴儿身上体现得最为明显，如果婴儿不会产生消极情绪，父母就难以发现婴儿饿了或有问题了，那么婴儿几乎无法生存下去。

②动机功能。消极情绪可以刺激个体追求自己的需求而采取行动。

③组织功能。消极情绪影响其他行为，让人避免进行某些对自己有害的行为。

④社会功能。消极情绪的流露让他人理解该个体的需求与愿望，这种信息的传递是很重要的。

另外，消极情绪也可以作为一种阻隔剂使人们远离某些人，起到保护作用。

我们总觉得负面情绪是不好的，正面情绪是好的，于是拼命地放大所谓正面的情绪，压抑负面情绪，后果就是成了不完整的人，无法完整地体验生活。

压力可以提升动力吗？

压力到底是好是坏呢？压力是怎样影响我们的身心健康和生活质量的呢？你是怎么看待压力的呢？

相信很多人都听过这样的说法：人无压力轻飘飘，压力太大又受不了。可见压力太小，或者压力过大都不是好事。

这又是为什么呢？耶基斯和多德森提出的倒U形曲线，很好地解释了压力大小与效率的关系。

压力有三种情况，分别是：没有压力带来的懒散、适当压力带来的高效和过大压力带来的焦虑。

当一个人压力很小时，他的学习和工作绩效也会很低；随着压力的增大，学习或工作绩效会大幅提升；但是当压力增大到了一定的程度，再继续增加的话，就可能适得其反了，学习或工作绩效，反而会快速下降，甚至出现心理疲劳和心力耗竭，更严重的是出现压力危机。

这就是压力太小和压力过大都不好的原因所在，压力的大小直接与人的心理感受和行为效率有关。

美国哈佛大学教授戴维·麦克利兰提出了人的多种需要，他认为个体在工作情境中有三种重要的动机或需要：

①成就需要：争取成功希望做得最好的需要。

②权力需要：影响或控制他人且不受他人控制的需要。

③亲和需要：建立友好亲密的人际关系的需要。

麦克利兰成就动机理论

麦克利兰发现高成就需求的人，对工作的胜任感和成功有强烈的要求，同样也担心失败；

他们乐意，甚至热衷于接受挑战，往往为自己树立有一定难度而又不是高不可攀的目标；

他们敢于冒风险，又能通过认真的分析和估计，以现实的态度对待冒险；

他们愿意承担所做的工作的个人责任，并希望得到所从事工作的明确而又迅速的反馈。

这类人一般不常休息，喜欢长时间、全身心地工作，并从工作的完成中得到很大的满足，即使真正出现失败也不会过分沮丧。他们会从这种环境中获得高度的激励。

动机是在需要的基础上产生的。当人的某种需要没有得到满足，动机就会推动人们去寻找满足需要的对象。

可以这么说，压力是由动机产生的，动机是由需要而来的。

压力带来应激反应

加拿大著名内分泌生理学家汉斯·塞雷被称为“压力理论之父”，他最先将压力的概念用于生物医学领域，提出了著名的“压力与适应学说”。

压力的适应是指主体觉察到压力源后，出现的心理、生理和行为反应。

塞雷认为，压力是人体应对环境刺激而产生的非特异性反应。

人如果经常处于应激状态下，就会出现一般适应综合征，会使人体内部的生化防御系统瓦解，身体抵抗力降低，容易患病。

一个有机体必须寻回他的平衡或稳定，从而维持或恢复其完整和安宁。

塞雷主要从生理角度描述人体对压力的反应，他认为，人体面对压力源刺激的非特异性反应涉及身体的各个系统，主要是神经和内分泌系统的反应，其中下丘脑、垂体、肾上腺在反应中起到了重要的作用。

压力的反应包括全身适应综合征和局部适应综合征。

全身适应综合征

全身适应综合征是指当个体面临长期不断的压力而产生的一些共同的症状和体征，如体重减轻、全身不适、疲乏、疼痛、失眠、胃肠功能紊乱等。

局部适应综合征

局部适应综合征是指机体在出现全身反应的同时所出现的某一局部反应。这些反应异常发生在某一器官或区域，如局部炎症、组织修复等。

塞雷把适应压力的过程分为三个阶段，各阶段的生理、心理和行为特征如下图所示。

塞雷的一般适应综合征

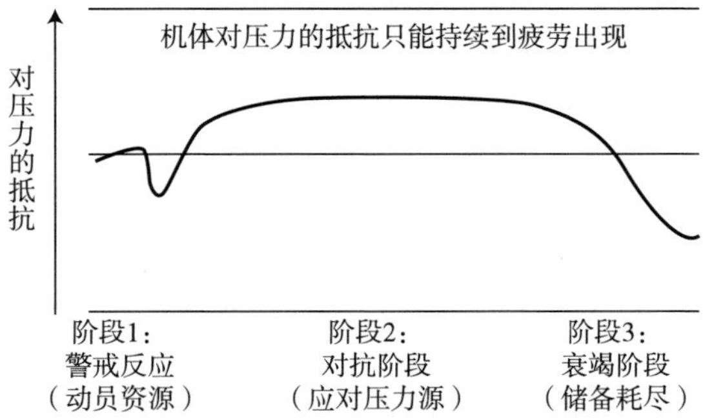

一是警觉阶段，此阶段发现了事件并引起警觉，同时准备战斗。

在警觉阶段，交感神经支配肾上腺分泌肾上腺素和副肾上腺素，这些激素促进新陈代谢，释放储存的能量，于是呼吸、心跳加速，汗腺加快分泌，血压、体温升高，等等。

二是对抗阶段，此阶段全力投入对事件的应对，或消除压力或适应压力，抑或退却。

警觉阶段的生理和生化指标在表面上恢复正常，外在行为平复，但这是一种表面现象，是一种被控制状态。

个体内在的生理和心理资源被大量消耗。

由于调控压力而大量消耗能量，所以个体变得敏感、脆弱，即使是日常微小的困扰都可引发个体的强烈情绪反应。

例如，孩子的哭闹、接听电话、家庭成员小小的意见分歧，都可使其大发雷霆。

三是衰竭阶段，此阶段消耗大量的生理和心理资源，最后“精疲力尽”。

由于压力的长期存在，能量几乎耗尽，这时已无法继续抵抗压力。

进入第三阶段时，如果外在压力源基本消失，或个体的适应性已经形成，那么经过相当时间的休整和养息，仍能康复。

如果压力源仍在，个体仍不能适应，那么一个能量资源已经耗尽而仍处于压力下的人，就必然发生危险。这时，疾病和死亡的发生都是可能的。

在适应（或应对）压力时所经历的上述三个阶段，统称“一般适应症候群”（GAS）。这是应对压力的必经之路和应对压力所必须付出的代价。

适度压力可以促进成长

适度的压力促进成长。我们经常说“严师出高徒”，可能你的导师是高标准严要求、追求完美主义的人。

我们把导师的高标准严要求看作压力源：

如果学生把这个压力源看作挑战性压力，克服困难迎接挑战，深度思考寻求突破，就能够拓宽思维的广度，这样的积极反应能够激发创造力，促进个人的成长。

如果学生把这个压力源看作障碍性压力，思想抵触疲于应付，思维的广度和深度达不到导师要求，这样的消极反应就会导致学业困难；如果导师再过于严苛，学生个性压抑太久甚至会产生焦虑和抑郁。

压力磨炼意志品质。从古至今，有多少古圣先贤、仁人志士，与压力屈辱相抗衡、在艰难困境中做抉择，留下耳熟能详脍炙人口的千古名句。

“盖西伯拘而演《周易》；仲尼厄而作《春秋》；屈原放逐，乃赋《离骚》；左丘失明，厥有《国语》；孙子膑脚，《兵法》修列；不韦迁蜀，世传《吕览》；韩非囚秦，《说难》《孤愤》；《诗》三百篇，大氐圣贤发愤之所为作也。”

——司马迁《报任安书》

“人恒过，然后能改；困于心，衡于虑，而后作；征于色，发于声，而后喻。入则无法家拂士，出则无敌国外患者，国恒亡。然后知生于忧患而死于安乐也。”

——孟子《孟子·告子下》

“先天下之忧而忧，后天下之乐而乐。” ——范仲淹

“苟利国家生死以，岂因祸福避趋之。” ——（清）林则徐

“铁肩担道义，妙手著文章。” ——李大钊

一个富有远大抱负和弹性思维的人，应能够勇于面对生活中的各种困难和挫折。

困难和挫折的程度，取决于当事人的心理体验；困难和挫折的转机，取决于当事人对困难和挫折所持的态度。

【热点解读】

欲望越少，压力越小

《庄子·大宗师》说：“其嗜欲深者，其天机浅。”

所谓嗜欲深者是指欲望深重，深陷欲海之中不能自拔的人。什么是“天机”呢？是人的智慧与灵性，也可以说是对事物的判断力，对自身的认识。

一个人如果深陷欲海、贪婪无度，就会失去生命中的灵性与智慧，近而错失人世间的许多机遇和福报；相反，若淡泊名利，在对待身边的人和事时，就能从事物的当下状态和本质出发，发散智慧，从容地抓住当下和未来的机遇和福报。

嗜欲深其实就是贪婪无度，是一种病态心理。武强年画中有一作品名叫《十不足》：

人生在世求衣食，有了吃来缺少衣；绸袍缎褂做几件，回头又嫌房屋低；高楼大厦盖几座，房中又少美貌妻；红粉佳人相陪伴，堂前无子少闺女；丫头小子买两个，行走又少骏马骑；行走骑着高头马，有钱无官被人欺；七品皇堂做知县，小官又被大官欺；当朝一品为宰相，不如面南来登基；面南登基坐天下，想要仙人下盘棋；王禅老祖把棋下，心想玉皇做亲戚。玉皇听说心好恼，袍袖打下上天梯；人心不足蛇吞象，气是清风肉是泥。

年画中讲的人，够幸福的吧？真可谓要风得风，要雨得雨，该知足了吧？但是，欲壑难填人心不足蛇吐象，他永远不会满足。

人的欲望是无止境的。当个人拥有欲望越多的时候，也会给心灵带来最负累的感受。所以，减轻负担最好的办法就是减少欲望。

只要把自身最平常的事情梳理打点好，剩下的就是安静地犒劳自己，寻找自己喜欢的事情和乐趣。时常给心情放放假，也不失为一份轻松安然。

欲望也就是需要。需要从心理学角度讲是内部的一种不平衡状态。在需要得到满足后，这种不平衡状态暂时得到解除，当有新的不平衡出现时，新的需要又会产生，新的压力也会随之而来。

既然需要是压力来源的根本，我们就详尽了解一下需要的结构。

最著名的是马斯洛需求层次理论

马斯洛的需求层次结构是心理学中的激励理论，包括人类需求的五级模型，通常被描绘成金字塔的等级。

从层次结构的底部向上，需求分别为：生理需要、安全需要、社交需要、尊重需要和自我实现需要。前四个为低级需要，自我实现为高级需要。

五种需要是最基本的，与生俱来的，构成不同的等级或水平，并成为激励和指引个体行为的力量。

低级需要直接关系个体的生存，也叫缺失需要，当这种需要得不到满足时，直接危及生命；高级需要不是维持个体生存所绝对必需的，但是满足这种需要使人健康、长寿、精力旺盛，所以叫作生长需要。

高级需要比低级需要复杂，满足高级需要必须具备良好的外部条件：社会条件、经济条件、政治条件等。

马斯洛认为需要层次越低，力量越大，潜力越大。随着需要层次的上升，需要的力量相应减弱。

个体对需要的追求有所不同，有的对自尊的需要超过对爱和归属的需要。

在了解人的基本需要结构理论之后，我们再来看看心理学家默里的需要-压力理论。

默里的需要 – 压力理论

美国心理学家亨利·默里的需要 – 压力理论认为，我们的所有行为都源于某种需要，同时人的行为也受到环境压力的影响，外部环境刺激也能引发人的动机。

人的行为是在个体的需要与环境压力的相互作用下产生动机，进而派生出实际的行为。

在默里的人格理论中有两个重要概念，即需要和压力。

需要是人格发展的动力，它能引起一系列的行为反应。

人与人之间存在人格上的差异，主要是由于需要结构不同，人与人之间不仅有不同的需要，如在一个人身上被强烈体验到的需要，在另一个人身上可能终生未被体验过。而且人与人之间需要的强度顺序不同，如成就需要，在有的人身上处于重要的地位，在另一些人身上可能处于不重要的地位。

默里提出作为人基本要素的心因性需要：在特定情境中以一种特定的方式进行反应的潜能或倾向。

默里的心因性需要清单：

①对抗需要：重新奋斗，以求反败为胜；克服弱点，压制恐惧；用行动恢复名誉；寻找障碍和困难来克服。

②恭敬需要：钦佩并拥护上级；吹捧、尊敬或颂扬别人；适应风俗习惯。

③躲避羞辱需要：离开尴尬的处境以避免羞辱，或避开可能贬低自己的情况；因为害怕失败不做出行动。

④养育需要：同情并照顾无依无靠的人，用各种方式帮助有困难的人，使其摆脱困境。

⑤游戏需要：喜欢笑，喜欢开玩笑；为了开心而寻求愉快的事情；寻求愉快的事情以缓和紧张。

⑥抵制需要：对卑下的人排斥、抛弃、加以驱逐或漠不关心。

⑦求援需要：得到别人的培养、支援、供养。

⑧了解需要：提出或回答一般问题；对理论感兴趣；思索、形成条理、分析和概括。

默里认为个人需要与压力相结合，决定一个人的行为；需要和压力的相互作用，构成一个动力系统。需要是倾向性的因素，压力是促进性的因素。

可以将需要与压力的相互作用理解为人与环境的相互作用，压力可以分为满足人的需要的压力和阻挠人满足需要的压力，前者如升学的压力，后者如糟糕的学习条件。

压力可能是现实中确实存在的，也可能只是主观体验到的，如果二者不一致，就会使人陷入困境。如在一个正常的社会环境中，一个人觉得周围的人都对他怀有敌意（被害妄想），若二者相一致，即主观与客观相一致，这个人的人格就是健康的。

【心理有术】

如果说认知力指引方向，那么心力就是决定边界；认知力决定到哪里去，心力决定能走多远。真正驱动一个人前行的，往往是他的内在感受、内在力量及心力。

能量和能力的根源是自己的潜能和潜意识，所以赋能这件事情的本质是开发人的潜质。频繁的、积极的和正向的自我反馈总是会对一个人的进步与成功产生非常重要的影响。

自我反馈和自我赋能一定是一个量变到质变的过程，一定是一个积累和积蓄的过程。一个人相信并敢于和自己的内心对话、给自己内心反馈、对自己内心赋能，这就是真正勇士的成长之路。

一个人能够坚持每天、长期给自己正向反馈，这些反馈就会积沙成塔，会帮助他构建牢固的信心、塑造强大的气场，成为更好的自己。

这里给大家总结几条强大心力自我赋能的策略，通过对压力的认知力，磨炼定力，培养专注力，提高心理韧性几个方面提升个人心力。

自我心力赋能的第一个途径：提升对压力的认知力

在生活中，每个人都会面对工作压力、学习压力、生存压力等一系列压力。可以说，压力无处不在。如果我们能正确地认识压力，并有效地应对压力，便能在压力中实现自我潜能的爆发。

压力的认知评价与应对模式

美国心理学家拉扎勒斯和苏珊提出“认知－交互作用”的应激模式，认为应激只有在环境需求超过了个人处理需求的能力之时才存在。

心理应激是个体对环境、事件威胁做出的反应，压力是应激的原因之一，因此压力越大，心理应激反应越严重。

人们经常说自己压力山大，每个人在说这话时或多或少地体验着他们自认为的压力，也在烦恼，不知应该如何有效应对压力。

压力到底是什么？

拉扎勒斯认为，压力是人与环境相互作用的产物。如果人认为内外环境的刺激超过自身的应对能力及应对资源，则会产生压力。因此，压力是由于内外需求与机体应对资源的不匹配破坏了个体的内稳态所致。

压力是主观感受，并非客观存在。

你之所以感受到巨大压力，是因为你从所处的情景之中，感受到面临的任务可能远超你个人能力的最高水平，完成任务的可能性很小或根本不可能。

换句话说，压力只在你评估认定环境需求超过了个人处理需求的能力时才存在。

拉扎勒斯主张环境的刺激与情绪反应之间，还有认知评价存在，一个人对环境刺激进行认知评价之后，才会进一步产生反应。

情绪和我们如何与他人相处有关，心理压力和应激反应是持续性的个人与环境关系下的产物。

在人对环境进行评估后，如果觉得以自己的能力和资源不能应对问题或者很难应对问题，就会感到有压力。例如：

在面对面试官的提问时，如果感到有压力，那可能是我们觉得自己的回答达不到面试官的要求；

在规定时间内完不成工作任务时，会感到有压力，可能是我们对工作量和工作效率评估后，认为自己很难在规定的时间完成任务；

觉得同事间的竞争有压力，可能是我们觉得自己的能力不够，很难在同事之间脱颖而出。

应激的应对过程受认知评价的影响

拉扎勒斯做了一系列的经典研究来证明人们对事件的看法是产生压力的重要因素。

是主观压力而不是客观压力产生问题的。也就是说，事件是否会产生压力就看人们如何诠释它，只有人们感觉到他们无法应付环境的要求时才会产生压力。

你之所以感受到巨大压力，是因为你在所处的情景之中，感受到面临的任务可能远超你个人能力的最高水平，完成任务的可能性很小或根本不可能。

或者说，如果人认为内外环境的刺激打破了个体的平衡和负荷能力，超过自身的应对能力及应对资源，就会产生压力。

压力是怎样产生的?

拉扎勒斯认为产生压力要经过四步：首先是外界压力源的出现，经过中间的两次主观评价，最后才是我们感知到的压力。

压力源于认知评价。当你面对某个任务（我们称这个任务为压力源）时，是否产生压力，主要取决于你的认知评价，根据不同的认知评价，你便会选择不同的应对策略。

认知评价是指你觉察到情境对自身是否有影响的认知过程，包括对压力源的确定、思考及期待，以及对自身应对能力的评价，主要的心理活动包括感知、思考、推理及决策等。

你在评价时会经历以下三个阶段：

第一步，后果可能性评估

你首先会评估压力来源的严重性。人会在潜意识中思考："发生了什么事？""这件事对我而言是严重的、好的、坏的还是无关紧要的？"

进而在头脑中模拟这件事对自己造成严重后果的可能性。

你可能会从三种评价结果中选择其一：此事与我无关；此事于我有益；完成此事我有压力。拉扎勒斯的压力与适应模式图见下图。

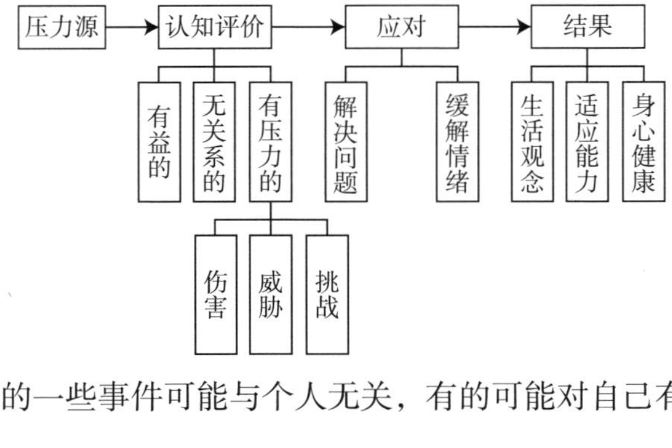

生活中遇到的一些事件可能与个人无关，有的可能对自己有益，一般不需要很高的应对技巧。

假如你选择了完成此事有压力，就会继续展开压力利弊的评估。

当一个事件被评价为有压力时，可能有三种情况：伤害性或损失性、威

胁性、挑战性。

伤害性或损失性评价的性质一般与真实或预期的损伤有关，这种损伤一般对个人的身心健康或资源有较大的损害，如离婚、亲人死亡等。

威胁性评价指某一情景所要求的能力超过个人的应对能力，该事件被评价为威胁性，此评价的感情基调是消极的。它与损失评价所不同的是预感伤害事件将要发生，而事实上没有发生。

挑战性评价是将某一事件评价为冒险性的，其感情基调是兴奋及期待，也包含焦虑与不安成分。

第二步，后果利弊评估

初级评估之后，对自己控制状况或处理伤害、威胁、挑战的能力形成了自我的印象，随后所要回答的问题是："在这种情况下我应该做什么？"

次级评价后会产生相应的情绪反应，如果评价结果为有利，则会出现高兴、骄傲、满足和幸福等正性情绪。

挑战性评价会出现希望、信心十足或焦虑反应。伤害性评价会出现愤怒、焦虑、悲伤、害怕和恐惧等。

伤害：已经造成心理损伤；生气、厌恶、失望或悲伤。

威胁：预期会有伤害；担心、焦虑或害怕。

挑战：是个人克服困难所具备的信心；兴奋或预期。

如果你继续评估的结果为伤害或威胁，可能事还没做，你就已经体验到悲伤或沮丧了。

假如评价为挑战，你可能会变得兴奋，期待一场即将到来的冒险。

经过这两步认知评价，你应该对自己控制局面或处理伤害、威胁、挑战的能力形成了一个基本判断——我能应对，或不能应对。

假如你的基本判断是我能应对，你会根据主观条件和客观社会规范来考虑行为的后果，并选择有效的措施和方法。

此时你会思考三个问题：

"什么样的选择最可行？"

“我可以用哪些策略来减轻压力？”

“有效吗？”

第三步，行动中评价与调节

行动中评价与调节是对自己的情绪和行为反应的有效性和适宜性的评价，实际上是一种反馈性行为。

如果重新评价结果表明行为无效或不适宜，人们就会调整自己对刺激事件的次级评价甚至初级评价，并相应地调整自己的情绪和行为反应。

重新评价不一定每次都会减轻压力，有时也会加重压力。

拉扎勒斯的三级认知评价见下图。

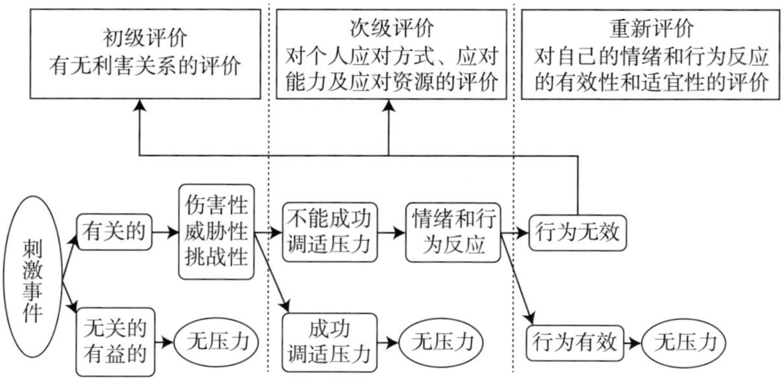

我们该怎么应对压力？

压力应对是应用行为或认知的方法努力处理环境与人内部之间的需求，解决二者之间的冲突，包括评价压力的意义、控制或改变压力的环境、解决或消除问题、缓解由于压力而出现的情绪反应。

于是你开始行动，应对方式包括采取积极行动、回避、顺其自然、寻求信息及帮助、应用心理防御机制等。

在行动中不断评价任务完成情况与自身利益的关系。

在不断的反馈中调节自己的认知评价，调整自己愤怒、恐惧、焦虑、羞惭、罪恶感、幸福感、骄傲、释负和爱慕等情绪，调整自己的行为反应。

应对的功能有两种：解决问题或缓解情绪。应对的结果会影响个人的人生态

度及观念、各种社会能力及身心健康。

有时，你可能觉得前进的步伐一步比一步艰难，也有可能会感到道路越走越宽，步伐越来越稳。

稳时你的压力减轻，难时你的压力加重。所以，拉扎勒斯指出：“有效化解压力的关键在于对压力的积极评价。”

【热点解读】

人性最后的自由：选择自己态度和生活方式的自由

黑暗里提灯的维克多·弗兰克尔

著名心理学家维克多·弗兰克尔是20世纪的一个奇迹。

纳粹时期，作为犹太人，他的全家都被关进了奥斯维辛集中营，他的父母、妻子、哥哥全都死于毒气室中，只有他和妹妹幸存。

在集中营里，他不仅要克服饥饿、缺觉、体力透支和生命危险等，经受炼狱般的艰辛、苦难和摧残，而且还要警醒自己不要突然失去对未来的渴望，因为在这种情况下，心理的放弃便意味着死亡——在当时死亡太容易，活着才是万幸。

日复一日残酷的集中营生活，冰冷的床，破旧的鞋，丁点的面包，凶残的牢头。

在这样一种惨绝人寰的环境下，肉体要忍受冰寒，要进行高强度的劳动，且只有分毫的进食，精神上要遭受无尽的折磨，陷入无尽的黑暗，看不见自由的光明。

度日如年的弗兰克尔没有怨天尤人，也并未因此而颓废麻木。相反，他一直在心中探寻生命的意义。

在冰天雪地里，当他穿着残破的单衣，脚踩着露脚趾的破鞋，兜里揣着一整天的口粮——一小块面包，他没有灰心，没有放弃，没有就此一蹶不振。

弗兰克尔心中无时无刻不牵挂着自己的妻子，内心充满了思念，因而怀着强烈的求生欲望期盼有朝一日能够活着与爱妻重逢。

幻想着从集中营出去之后，他回到家的场景——他推门而入，一家人都在等他，为他准备了一顿丰盛的晚餐。

在洗完热水澡之后，他坐到桌边，开始侃侃而谈他在集中营的经历。一家人有说有笑，其乐融融。

他还不断梦想战后能够到各地举办心理方面的专题讲座，其内容与他在奥斯维辛集中营的种种经历相关。

被弗兰克尔视若珍宝的《医生与灵魂》手稿在奥斯维辛集中营里被销毁了。作为一个医生，这份手稿记录着他多年行医的经验和感悟。

用弗兰克尔的话说，这就是他的前半生。弗兰克尔无法阻止自己的书稿被毁，无法阻止自己的前半生被否定。

为重写这本书而活，成为他在集中营中坚持活下去的理由。

他曾写到，在集中营里某一个特别想死去的晚上，他默默地回忆自己的书稿，才诱使自己坚持到第二个天明。

奥斯维辛集中营的经历不啻于一场噩梦，但这段不堪回首的往事反而强化了弗兰克尔的核心理念：

生活并非弗洛伊德所宣扬的那样，只是简单地祈求快乐；也并非阿德勒所教导的那样，只是为了争权夺利。

人们活着是为了寻找生命的意义，这也是人一生中被赋予的最艰巨的使命。

即使在看似毫无希望的境地，即使面对无法改变的厄运，人们也能找到生命的意义。

奥斯维辛集中营的经历见证了人类潜能之极致，即人能够将个人的灾难转化为挑战，能将个人的厄运转化为人类之使命。

当我们无法改变客观环境时，我们就面临着巨大的自我转换的任务。

没有人想要遭遇苦难，然而，一旦遭遇苦难，我们应该拿出配得上那份苦难的表情，并且从苦难中找寻意义。

弗兰克尔发现可能找寻到生命意义的三个途径：工作（做有意义的事）、

爱（关爱他人）以及拥有克服困难的勇气。

弗兰克尔提供了一条寻找希望的路，哪怕是在那些最黑暗的时刻。

正如弗兰克尔所说："人所拥有的任何东西，都可以被剥夺，唯独人性最后的自由——在任何境遇中选择自己态度和生活方式的自由，不能被剥夺。"

弗兰克尔一生都在传递一个主题：所有危机，都是考验人性的机遇。

苦难本身毫无意义，但我们可以通过自身对苦难的反应赋予其意义。找到苦难的意义，也是一种解脱。

苦难是一种"你所经历的，世人夺不去"的存在，是一笔无形的财富。

正如尼采所说："那些杀不死你的，终将使你更强大。"

正向压力思维模式

斯坦福大学**心理学教授**凯莉·麦格尼格尔**主张：压力面前，除了逃避和死扛，你还有第三种选择——跟压力做朋友。**

"最幸福的人并不是没有压力的人。相反，他们是那些压力很大，但把压力看作朋友的人。这样的压力，是生活的动力，也让我们的生活更有意义。"

正确认识压力

在麦格尼格尔看来，压力就是你在乎的东西发生危险时引起的你的反应。

一直以来，健康专家告诉我们，压力对人体健康有害。但是麦格尼格尔在进行大量的心理学研究后，发现损害人类心理和生理健康的，不是压力本身，而是"**压力有害**"这种观念。

美国专家曾做过这样一个研究，他们对3万名美国成年人进行了一项关于去年一年所承受的压力状况的调查。其中一个问题是：你认为压力对健康有害吗？

8年中，专家对参与者进行了跟踪调查，他们发现，那些坚信压力对健康有严重影响的参与者，死亡风险增加了43%。相反，那些并不认为压力会有什么影响的参与者，健康指数则高得多。

根据美国疾病预防与控制中心的数据，"相信压力有害"可能成为全美第十五大导致死亡的原因，比皮肤癌、艾滋病和自杀夺取的生命还要多。

哈佛心理教授马修·诺克从生理角度的研究也说明了这一点：那些认为压力对健康有害的人更容易失眠、内分泌失调，甚至诱发癌症或心脏病，从而增加了43%的死亡风险。

相反，那些承受着同样压力但不认为其有害，化压力为助力的人，心跳依然加速，但是血管很正常，死亡风险并未升高，甚至比那些压力更小的人还要低。

在麦格尼格尔看来，压力是人们的一种负性体验，但它并不只带来负面结果，压力不过是人生常态的一部分。

压力对人有一定的损害，但这种损害主要在那些以消极的心态面对压力的人中存在（表现为心身疾病的高发）；而那些以积极心态看待压力的人，与普通人群相比，压力并未给其带来明显的损害。

在压力中爆发潜能

最新的科学研究表明，压力不仅无害，反而能激发人的生理爆发力，促进人的社会交往，还能在一定程度上改善健康状况。

压力能超乎想象地激发人的潜能，它总会重新定义我们能力的边界。

压力如何在生理层面激发人类的爆发力？回想一下你经历过的压力很大的场景，还记得当时的感受吗？

呼吸沉重，心跳很快，精神高度紧张。人的身体在高压状态下会释放出远大于平常的能量。

在高压的状态下，肝脏动员更多的脂肪和糖为血液加油；呼吸加深为身体导入更多氧气，心跳加速将氧气、脂肪和糖输送到肌肉和大脑，压力激素帮助肌肉和大脑更有效地接收和使用能量。通过这些方式，你的压力反应使你做好准备，应对面前的任何挑战。

除了激发身体的爆发力外，压力还能明显地促进社会交往，提升人们的沟通质量。之所以产生这样的效果，是因为压力会刺激催产素的分泌。催产素是一种男性和女性都会分泌的激素。

人类在拥抱时，脑垂体会释放大量催产素，因此催产素常被媒体吹嘘为“爱情分子”和“拥抱激素”。

其实，催产素的作用不止这些。它负责调节大脑的社交功能，最明显的作用是建立和强化社交纽带。

当催产素大量分泌时，人们会不由自主地渴望和他人连接，比如触摸、发短信或相约一起喝啤酒；也更愿意信任他人和帮助他人，并能从关爱他人的行动中获得满足。

此外，催产素还是勇气激素。它会抑制大脑的恐惧反应，遏制身体僵硬、不知所措等本能反应。它会让你勇敢面对平时不敢面对的挑战。

令人意外的是，压力竟然还会对健康产生促进作用。没错，是促进，而不是危害。医学研究表明，催产素对心血管健康十分有利。

催产素能帮助心脏细胞再生，修复心脏的微小损伤。因此，当压力诱发催产素分泌时，反而帮助我们强化了心脏。

这和我们通常听到的信息大不一样——一般认为，压力会诱发心脏病！虽然存在压力诱发心脏病的案例，但不是每种压力都会损伤心脏，压力的情况非常复杂，很难一概而论地说压力一定是有害的。

自我心力赋能的第二个途径：修心养性练定力

“定力”本是佛家语，指去除烦恼和妄想的禅定之力。

克制自己内心的欲望

定力是对自己内心欲望的克制力，有定力的人如静水无波，不随物流、不为境转，不被假象迷惑，不为名利动心。

《大学》开宗明义：“知止而后有定；定而后能静；静而后能安；安而后能虑；虑而后能得。”

朱子《大学章句》“知止”指对归宿有明确了解，则已经是“志有定向”的。所以，“定”字应指坚定不移。

“知止而后有定”即是说，能对归宿有明确的了解，然后方能坚守不移。

《孟子》说：“吾四十不动心”，不动什么心？不动烦恼的心、不动名利的心啊！孟子的修养工夫是“动心忍性”，这就是做人做事的修养。

孟子说：信念是定力的统帅；定力是身心的支撑。信念所到之处，定力如影随形。

信念坚定则能增强定力，情绪的扰动也会影响信念。就像跌倒或急走是人气血冲撞的表现，反过来也会扰乱人的心思。

庄子称赞宋荣子：“举世誉之而不加劝，举世非之而不加沮。”意思是说，世上的人都赞誉他也不会让他感到鼓舞，世上的人都责难他也不会让他感到沮丧，他清楚地知道该做什么，不该做什么，辨明荣辱的界限，至此而已。

王阳明说：“此心不动，随机而动。”无论用兵还是做学问，阳明先生为什么总能远胜他人？原因就是他的心里像明镜一样，没有杂念，不乱于心，不困于情，所以他才能应对自如，基于客观现实，运筹帷幄纵横捭阖，这就是心力的意义。

在动与不动之间达成平衡

心力不够强大的人容易沉不住气。看见的也都是自己的妄念在事物上的投射，而不是事物本来的样子，这样做决定或者采取行动就容易出问题。

而心力强大的人可以化繁为简，抓住事物的本质，就像老子讲的，治大国若烹小鲜。

避免此心乱动。若此心动了，恰恰说明你做选择时的意志不够坚定，你没有完整的认知体系或者足够强大的心力支撑你去往你所选择的方向，并且你在这个方向上前进时没有足够的积淀，还达不到此心不动的状态，你的心是飘的，意志是不坚定的，你对事情的理解停留在浅层次上，因此你做的很多选择和决定都只能在短期内奏效，而无法长期有效。

建立正向的压力思维模式

怎样才能化压力为动力，在困境中实现能力的爆发？答案很简单，就是形成正向的压力思维模式，在压力环境中开发自我的潜能。

什么是正向的压力思维模式？

麦格尼格尔认为，思维模式就是大脑的基本认知结构，是我们看待这个世界的方法。

思维模式虽然很难直观地被人感受到，但人们所想所做的每件事都是通过它实现的。

小小的思维模式转变，在成千上万次的积累后，就会明显地改变我们的状态。所谓正向的压力思维模式，就是认为压力有益，它将为我们的生活质量带来长期的影响和改善。

那么，如何培养正向的压力思维模式呢？

压力思维干预有三个步骤。

首先，我们要正视压力的存在，合理地定位压力——压力不是个体问题，人们普遍会感受到压力。

其次，肯定个体的成长性。你现在解决不了一些问题，不代表以后永远都解决不了，没必要为现在的烦恼太过沮丧。

最后，认清压力背后的意义，高压力总是和有意义的事情一起出现。

压力能帮助我们突破已有成绩的上限，掌握这一类问题的解决方案。压力不是阻碍我们的绊脚石，而是我们创造辉煌战绩的机会。

一旦正向的压力思维模式生了根，就会自动接管大脑中压力管理的板块，你就不需要在这方面持续投入了。

那些认为压力有益的人更愿意积极主动地应对压力，比如他们更愿意接受已经发生的压力事件；会积极搜集信息，主动寻求帮助或建议；进而采取措施消除或改变压力源。而秉持压力有害观念的人，更可能通过逃避来应对压力。

一旦明白这一点，我们就该努力去消除压力所带来的困扰，学习如何平复自己的心情。

说到底，压力只不过是负面情绪所带来的一种负性体验，它的存在是不可避免的，但它的影响却是完全可控的。

我们想要在压力中实现潜能的爆发，就要将自己的思维模式，转变为正向的压力思维模式。思维模式是我们看待这个世界，以及做事情的方法。

在电影《遗愿清单》中，两位身患绝症的老人，用“写下自己心中的十条愿望并一个个去实现”代替“绝望地等死”。为此，他们不仅暂时忘记了身上的病痛，还获得了莫大的满足感，这就是压力所带来的爆发力，使他们重新审视了人生的意义。

【热点解读】

董宇辉需要心理支持

知道董宇辉在东方甄选上直播带货走红的消息，但没看过他的直播视频。因为教师行业知识渊博、底蕴深厚、出口成章的老师很多，所以我可能多少有点儿同行相轻的心态，感觉不屑于去围观。

他具有语言天赋，不论是英语还是汉语。转型时期的坚守和韧性、丰富的知识储备、出色的表达能力和转述能力成为他的个人优势，使他在这个自媒体时代脱颖而出。

开始关注他是从 2023 年 12 月 6 日吉林小作文开始的。我是长春人，从朋友圈看到他播的吉林小作文，还很兴奋地转发到一个由全国各省多位朋友组成的群中，因为 2023 年 8 月中旬我刚刚陪同她们一起游览过长白山和净月潭。

这是我对董宇辉的初步印象，真正让我开始关注他的有三个场景：

第一个场景：吉林小作文风波后，董宇辉改了签名。

几天后发生了小作文风波。2023 年 12 月 13 日，董宇辉社交媒体主页被发现已将签名更改。此前，董宇辉个人签名为“曾经是老师，现在是售货员”，而改成“毋意，毋必，毋固，毋我”。此外，董宇辉 IP 地址显示当时在陕西省。

该签名出自《论语·子罕篇》，意为孔子杜绝了四种毛病：不主观臆测，不绝对肯定，不固执己见和不自以为是。

在舆论的风口浪尖上，这个签名和 IP 地址显示出他的冷静、智慧、定力，可以打破很多不实传言。

第二个场景：冯唐一语成谶，俞敏洪打太极，董宇辉人间清醒。

冯唐在直播中提醒董宇辉要保持清醒，不要被金钱和名利冲昏头脑。俞敏洪则给董宇辉画饼，激励他五年十年后会有钱和一切。对话期间董宇辉秒懂，哈哈一笑说："认清形势，放弃幻想。"

后面经过一系列变化，他自己出来做"与辉同行"了。董宇辉有知识分子的良知和坚守，有悲悯人性的道义和情怀，有知世故而不世故的纯粹和善良，有引发共情的成长经历，有符合时代需求的个人优势。有这样的文化底蕴和人格特质，不论是当教师，还是做文旅，都有前景。

第三个场景：记者采访董宇辉的 17 分钟视频。

2024 年 11 月 24 日，我在公众号推送上看到了近 17 分钟深度采访董宇辉的视频：超越他年龄的冷静、克制、隐忍、憔悴。

访谈中，记者提了 10 个尖锐、直白的问题。董宇辉都一一真诚地做了回应，面对镜头时表现得极为克制，说话极为谨慎，"隐忍"、"克制"、"沉默"、"孤独"和"误解"这些词汇频繁出现。

在这次访谈中，我们得以窥见聚光灯下，那些光鲜亮丽背后所隐藏的复杂与无奈、痛苦与委屈。经过两年的历练，他的内心逐渐变得坚强。

看到他说大学时心理老师找他谈话那段，我倒是会心一笑，很熟悉的画面感。我就是心理咨询中心的老师，学校每年都会对新生进行普查，对心理测试反映出来的有焦虑或抑郁倾向的学生，都要重点关注，一对一谈话疏导。

压力、焦虑、失眠、隐忍、克制的董宇辉同学，你有时间再来一次心理咨询中心吗？老师想跟你聊聊：怎样保持身心和谐一致、养护生命充盈的动力源泉；怎样去除烦恼和妄想回归内心平静、像苏东坡一样呼呼大睡；怎样建立滋养生命的深度关系、找回感受幸福和快乐的能力。

自我心力赋能的第三个途径：正念提升专注力

强大的心力，除了表现为明知现实残酷，依然勇往直前，为了梦想殚精竭虑；还有一个明显的表现就是静气，即遇到大事不慌乱，随时能够排除噪声带来的干扰。正如古语所言：“胸有惊雷而面如平湖者，可拜上将军。”

心力即人生，心力越强大，人生越从容。专注正是认知到位、心力强大的表现之一。

专注的人不关注外界有什么质疑的声音，也不在乎竞争对手在做什么，他们的心中没有任何杂念，只是专注于自己正在做的事。

当然，不仅是只专注于做事，还有一个更高维度的含义，就是专注于自己做的事情。

庄子写过曾子居卫的故事，让我们看到曾参的专注力。

“曾子居卫，缊袍无表，颜色肿哙，手足胼胝，三日不举火，十年不制衣。正冠而缨绝，捉襟而肘见，纳屦而踵决。曳縰而歌《商颂》，声满天地，若出金石。天子不得臣，诸侯不得友。故养志者忘形，养形者忘利，致道者忘心矣。”

曾子住在卫国，穿着粗糙麻絮填充的袍子，袍子没有华丽的外表装饰，颜色浮肿憔悴，手脚都长了老茧。他三天没生火做饭，十年没做新衣，端正帽子而帽缨断绝，提起领子就袖口裂而露出手肘，穿着麻鞋而后跟裂开，拖着散乱的发带唱《商颂》，声音洪亮充满天地，像金石那样清脆。天子不能使他臣服，诸侯不能和他交朋友。所以养志的人忘了形体，养形的人忘了利禄，致力于道的人忘记心思了。

曾子以他的建树，走进大儒殿堂被后世尊为“宗圣”；曾子的《大学》成为中国人的精神灯塔，构建了修身齐家治国平天下，内外兼修的哲学体系。

庄子想通过曾子居卫来说明：养志者忘形，养形者忘利，致道者忘心。曾子专心致力于自己的人生道路，从而忘记了吃饭穿衣，忘记了功名利禄，甚至于忘记了自己的形体，他还有什么不快乐的呢？

什么是正念？

“正念”这个概念最初源于佛教禅修，是从坐禅、冥想、参悟等发展而来的。

美国麻省理工学院医学院主任乔·卡巴金，开创了正念减压疗法，将佛教正念冥想带入西方主流身心医学界，并致力于身心相互作用的疗愈力量，以及将正念训练运用于压力和慢性疼痛的临床研究。

卡巴金为正念赋予了新的定义，即通过有目的地将注意力集中于当下，不加评判地觉知一个又一个瞬间呈现的体验而涌现出的一种觉知。

他将正念作为一种精神训练的方法。在这种精神训练中，强调的是有意识地觉察、将注意力集中于当下，以及对当下的一切观念都不作评判。

简单地说，正念，就是让我们觉察自己的当下，让自己活在此时此刻，保持全身心地专注做好现在做的事情。

正念主要有三个特征：

①此时此刻，即聚焦此刻的体验。

②不加评判，即不对自己所做的事情进行评判。

③有目的地注意，即有目的地控制自己的注意力，专注自己当下的每一次呼吸，全然的觉知。

正念缓解压力的两个途径

研究显示，日常生活中如果长期存在难以释放的压力，就会导致一种持续的、过高水平的应激反应（本文中的应激就是指压力），日积月累将会对健康产生危害，例如会导致身体不适或情绪紊乱。

而正念，已经被证明可以改变大脑中的两个压力处理途径："自上而下"的情绪调节途径和"自下而上"的降低应激反应的途径。

所谓"自上而下"的途径是指，当有了压力的刺激时，冲动刺激会传到大脑皮层，经过大脑皮层认知加工，对压力源做出周密细致的反应。正念增加了前额叶皮质区域的调节活性，这些调节区会缓冲压力反应。

而对于"自下而上"的途径来说，应激反应中的一个重要的链接是下丘脑，当压力刺激进入大脑时，下丘脑通过交感神经系统来激活身体，身体会以战斗或者逃跑的方式来防御，而副交感神经作用与交感神经作用相反，副交感神经系统主要维持安静时的生理需要，多数扮演休养生息的角色。

现有研究表明，正念训练可以缓冲交感神经系统对急性应激的不良应对，同时一些研究表明正念冥想可能会增加副交感神经系统的激活。

正念被认为可以改变大脑中的压力处理过程，进而改变外周压力反应级和随后的压力相关疾病风险。因此，正念、压力和健康之间有着密切的关系。还有研究表明，正念训练可能会对癌症患者的身体健康产生积极的影响。

正念的日常练习法

注意力不集中，我们任何事都做不好，正念能快速集中我们的注意力。

关注呼吸的正念练习

你不用去寺庙，不用像僧人那样盘腿禅修，任何时间和任何地点都能让我们从对自己的愤怒或不安的情绪中找到自己内心的平静。

在众多方法中，最简单的就是关注自己的呼吸，如果感觉到烦乱，只要觉知自己的呼吸，知道此刻我还活着；放慢呼吸，就能瞬间让我们保持平静，关注到此刻正在做的事情，不被自己的情绪所控制。

正念，一个全新的生活方式，只需要一个呼吸就能让你的注意力瞬间提升10倍，让我们从糟糕的情绪中解脱出来，每天精力十足充满能量感。

拿洗碗来说，如果用正念去洗碗，洗碗就是洗碗，我们要对“正在洗碗”这个事保持全然的觉知，去感受水的温度，我的存在，此刻你是在全身心地投入，而不是想着别的事情。

此刻你的注意力就是集中而又愉悦的。

但如果你洗着碗还想去看电视剧，碗还没有洗完，电视剧开始了，你就会觉得此刻洗碗这件事很痛苦，想迫不及待地跑到电视机前去。

此刻你就体验不到当下活着的状态，碗洗不好，电视也看不好。

这就是正念能提升我们的注意力，能够调控我们的情绪。

砍柴即砍柴，担水即担水，做饭即做饭

有一个修行之人向得道高僧求教的小故事。

行者问老僧：“您得道前都在做什么呢？”

老僧说："挑水、砍柴、做饭。"

"那得道之后呢？"行者继续问道。

老僧仍答："挑水、砍柴、做饭。"

行者不解："难道不是一样的吗？"

老僧笑答："得道前，挑水时想着砍柴，砍柴时想着做饭；得道后，挑水就是挑水，砍柴就是砍柴，做饭就是做饭。

【热点解读】

正念——全球流行的减压方式

近年来，随着生活节奏的加快和工作压力的增大，人们越来越意识到身心健康的重要性。在这一背景下，正念作为一种源自东方智慧、融合现代心理学的身心调适方式，正在全球范围内掀起一股热潮。从科技精英到明星名人，从公司白领到学校学生，越来越多的人开始加入正念练习的行列中，寻找内心的平静与力量。

正念减压的常见练习内容

正念呼吸觉察：通过专注于呼吸的自然过程，培养对当下体验的觉察和接纳。这种练习可以帮助你放松身心，减少杂念，提高对自身和环境的敏感度。

正念冥想：包括正念呼吸、正念身体、正念声音、正念想法等方面，旨在有意地、不逃避地、不加评判地观察当下。

①**坐姿冥想**：以舒适的姿势坐下，闭上双眼，体验此时此刻的想法、情绪状态和身体感觉，然后将注意力集中到呼吸上。

②**正念行走**：在行走时将注意力集中在每一步的感觉上，感受脚步与地面的接触。

③**躺卧冥想**：躺下并逐步注意身体的各个部位，释放紧张和压力。

身体扫描：是一种逐步关注身体各个部位的练习。通常从脚趾开始，逐步向上移动，直到头顶。通过这种练习，可以提高对身体感受的觉察，放松身体，减少紧张。

正念饮食：正念饮食是通过注意食物的颜色、气味、味道和质地，缓慢而有意识地进食来提升饮食体验，帮助改善饮食习惯和健康。

正念日常活动：正念可以融入日常生活中的各种活动，如洗碗、打扫、开车等。在这些活动中保持注意力集中，体验每一个动作和感觉。

你愿意在走路的时候花一点时间，将注意力关注到脚底和路面接触的感受吗？这也是一次不错的正念练习哦！

正念练习——用正念吃葡萄干

在这个练习过程中，所有的想法和感受都会出现。让它们呈现和消失，让你的注意力集中在这个练习上。当你发现你的注意力游离的时候，简要地看看是什么让你分心，然后把你的注意力转回到葡萄干上。

拿起：现在拿起一粒葡萄干，把它放在手掌上，注意观察它，就像你是一个好奇的孩子，从来没有见过葡萄干。

观察：注意它的形状、颜色、轮廓，它不止一种颜色，它有很多不同的色调，注意它在手中的分量。

触碰：轻轻地挤压它并注意它的纹理。

闻：把它放到你鼻子下面闻它，专注地闻它的味道。

放入口中：把它拿到嘴边，靠在你的嘴唇边，在咬它之前暂停一会儿，然后注意你的嘴里发生了什么？注意你的唾液、注意你想咬的冲动，停一会儿，先不要做，打算把它咬成两半，先留一半，将另一半放进你的嘴里。

品尝：接着，用非常慢的动作把葡萄干咬成两半，并注意你的牙齿在做什么？让葡萄干在你的舌头上停留一会儿。请你闭上眼睛，来加强这种体验，只是去注意有没有出现任何冲动，然后温柔地用舌头去探索葡萄干，注意它的味道和质地。

吞咽：当你想要吞咽的冲动出现的时候，在吞咽之前先注意一会儿这种感觉，当你吞咽的时候，注意你咽喉的运动和声音，然后注意你的舌头在哪里以及做了什么？

自我心力赋能的第四个途径：心理韧性是内心强大的法宝

心力越强大，困难在你的面前就越弱小；心力越强大，你就越容易得到他人雪中送炭式的援助。

无论你面临什么样的生活，面对什么样的挑战，只要心理足够坚韧，就可以不断去创造快乐幸福的生活。

心理韧性：内心强大的基础

心理韧性就是从逆境、矛盾、失败甚至是积极事件中恢复常态的能力。心理韧性有三个要素：

一是复原力，即一个人在痛苦、挫折、磨难和失败等各种压力的挑战下，依然能够复原，回归到正常的状态。

二是毅力，这就像心理学家安吉拉·达克沃斯所说的“小沙粒”一样，无论你怎么碾压，它都不变形。向着长期的目标，坚持自己的激情，即便经历失败，依然能够坚持不懈地努力下去。

三是反脆弱力，即人们从有些事情的冲击中受益的能力，当暴露在波动性、随机性、混乱和压力、风险和不确定性中时，他们反而能茁壮成长和壮大。

心理韧性是内心强大的关键，它不仅可以帮助个体在面对生活挑战和逆境时，保持积极和坚韧，还可以提升个体的幸福感和生活满意度。

心理恢复的七个要素

心理恢复可以描述为个体从逆境中反弹的心理过程。研究者认为，人们通过心理恢复调整对外界的反应，以应对可能出现的社会心理危机。

心理恢复是一个动态过程。个体在心理恢复过程中会使用到各种要素，包括各种保护性的技能。

杰克文和沃特金认为这种关键能力是能够测量、传授和提高的，他们为此提出一个包含七大要素的心理恢复计划。

情绪管理能力：能够在压力下管理内心世界，以保持效率。心理恢复能力强的个体会使用一系列完善的技巧来控制自己的情绪和行为。

冲动控制能力：能够管理思维与情绪冲动的行为表达，包括高尔曼情绪智力中的延迟满足能力。冲动控制与情绪管理有关。

因果分析能力：能够准确识别造成困境的原因。心理恢复能力强的个体能够跳出固有的思维模式，看到更多可能的原因和解决方案。

自我效能感应：意识到自己是有价值的。相信自己能够解决困难并获得成功。心理恢复能力强的人相信自己，同时也构建他人的信任，因此他们能够更加成功，并得到更多机会。

乐观现实能力：能够基于现实，并对未来保持乐观。它和自尊有关，与自我效能感应存在因果关系；它包含现实性和精确性，而不是盲目乐观。

共情能力：能够阅读他人的行为线索，了解他人的心理和情绪状态，并建立良好的关系。心理恢复能力强的人能够阅读他人的非言语线索，建立更深的关系，并相应地调整自己的状态。

拓展能力：能够增加生活的积极面，接受新的挑战和机遇。窘迫、完美主义和自我设限都会妨碍个体的拓展行为。

心理韧性可识别可衡量

如何去发现那些具有心理弹性的人？

意大利心理学家盖梅奇关于心理弹性的理论模型，包括补偿模型、保护因素模型和预防模型。他的理论模型很复杂，清华大学彭凯平教授将其简化为六种能力。

适应力：有韧性的人就像水一样，可以适应各种环境。这跟达尔文的思想是一致的。

成长力：不断向上发展、不断追求进步的能力。

抗挫力：在打击面前不失控、不失常，能够继续坚持下去。

积极力：调节情绪的能力。

关系力：一个人能够坚持到最后，有时候仅凭自己的努力是不够的，往往还需要他人的帮助和激励。

控制力：淡定、从容地面对压力，需要我们极大的自控力。

怎样提高自己的心理韧性?

拥有心理韧性并非难以实现，每个人都拥有心理韧性的潜力，都可以通过适当的训练和实践不断提升自己的心理韧性水平。以下是一些建议：

培养成长型思维

改变对挑战和困难的态度，将挑战和困难视为成长的机会而不是障碍，面对挑战和批评时，不逃避或反应过激，把它们看作是自我成长的机遇，从中收获经验和知识，并相信自己有能力应对挑战。

提升自我效能感

学会转变消极想法为积极想法，通过关注解决方案而不是问题本身来培养积极心态。

在遇到困难时，我们可以回顾过去的成功经验，强化我们的成就感，让我们对自己有更多的信心和认同感，并能够更好地完成当前的任务。

做好情绪管理

学会接受和管理自己的情绪，而不是被情绪左右。通过自我反思和自我观察来了解自己的情绪和反应，从而更好地处理各种情况。

适当地身体锻炼

通过锻炼和良好的习惯来增强身体健康，以支持心理健康。学习并实践冥想、深呼吸和放松技巧，以缓解压力和焦虑。

拥有目标和方向

拥有积极的追求有助于我们从负面情绪中解脱出来。为了实现梦想，就要找到内心的动力和意义，从而让自己的生命变得更加有意义。

面对压力和困难时，希望你也会拥有“千磨万击还坚劲，任尔东西南北风”的毅力与坚韧，不断磨砺自己，不断提高自身的能力和素质。

【热点解读】

为什么人人都爱苏东坡?

苏东坡是中国文学史上一位罕见的通才人物，他的诗词忧国忧民、寓意深厚，充满了对人生的深刻感悟和体会。

此外，他还在绘画、书法、军事、医药、建筑、水利，语言、音乐和宗教等方面都有极深的造诣。苏东坡如此多才多艺，是中国历史上旷古少见的人物，然而他的生活之坎坷曲折，也是旷世罕见的！

宋神宗时期苏东坡辗转贬谪各地，诗情勃发，诗文中充满了丰沛的情感，有悲愤，有痛苦，有迷茫，有失落。他牢牢地遵守着文人的最高精神准则，达则兼济天下，穷则独善其身。

豁达与失意如影随形，跟了苏东坡一生。便是在这豁达与达观里，佛儒道兼修，他成了千古唯一的苏东坡。

公元 1101 年，被贬海南的苏东坡，因遇大赦而获准北归。那个时候，他的生命已经快走到尽头。

当他路过金山寺时，突然心生感慨，提笔写下了他这一生的注脚：

心似已灰之木，身如不系之舟。

问汝平生功业，黄州惠州儋州。

苏东坡的一生都是在这样的颠沛流离和怀才不遇中度过的，可他的成就却是非凡无比的。

那么，是什么力量使苏东坡如此地身居逆境而又自强不息？又是什么力量使苏东坡如此从容地应付官宦生活的沉浮？

从心理学上讲，这都是因为苏东坡天生就是个乐观主义者，他具备无人可比的“苦中作乐”的功夫。

烦但不闲着，这是苏东坡的心理平衡手段。人生得意时，他可以筑一条苏堤，创一代画风；人生失意时，他可以拢田种地，下厨烧饭。

从这层意义上讲，苏东坡一生最大的成就不在于其大量的文学创作，不在于其字画的功夫，而在于其经年修炼的苦中作乐的功夫，这才是他留给后人最大的精神财富，也是人们世代敬仰他的原因所在。

经历了无数大风大浪的苏东坡，已然看淡了生死，也看透了人生的真谛。他甚至觉得，那些曾让他遭受了无数苦难的地方，恰恰也是他的成长之地。

人活于世，生命中绝大部分的风景，其实都在行经的途中。那些欢笑、眼泪、挫折，甚至痛苦，都是你这一生不可多得的非凡体验。

有句话说得好：凡是经历，皆是成长。你淋过的雨，扛过的苦与难，都将是生命里最好的安排。正是它们的存在，才能让你的人生真正变得圆满。

看看苏东坡一生颠沛流离的路线图，读读苏东坡豪迈大气的诗篇，人生如逆旅我亦是行人，还有什么越不过的坎、翻不过的山呢？

巴顿将军说："衡量一个人成功的标志，不是看他登到顶峰的高度，而是看他跌到谷底的反弹力。"

能力之上，是认知力，认知力之上是心力。

心力最常匹配的关键词是困难，而认知力最常匹配的关键词是判断和方向。由此，我们可以推论：心力越强大，困难越小；认知力水平越高，越能区分陷阱及机会；心力越强大，困难越小，这种隐藏的力量其实就是心力，而这个隐形的开关就是困难。

很多事情都需要心力的支撑，特别是遇到困难、麻烦、压力时，心力不强的人往往容易放弃，而如果你的心力足够强大，就可以激活克服困难的潜能。

同时心力会带出一股势能，只要你的意志足够坚定，它就能够发挥巨大的威力，逢山开路，遇水架桥，最终带你突破困境找到出路。经过反复锤炼之后，你的内心也会愈加坚定。

认知力和心力就是在能力基础上改变潮水方向的指数，并且认知力每上升一个维度，你的眼界和格局就会相应拓宽；心力每上升一个层次，你的眼界就会又拓宽。一个横向一个纵向相互作用，你才能实现裂变式成长或者宏观维度上的跃进。

【拓展阅读】

[1] [美] 理查德・拉扎勒斯. 压力：评价与应对 [M]. 曲晓艳，译. 北京：中国人民大学出版社，2020.

[2] [美] 理查德・S・拉扎勒斯. 情绪之书：让你痛苦的不是别人，而是你的想法 [M]. 陈霓，张晶，译. 北京：中国人民大学出版社，2023.

[3] [美] 维克多・E・弗兰克尔. 追寻生命的意义 [M]. 弗兰克尔，何忠强，杨凤池，译. 北京：新华出版社，2003.

[4] [美] 凯利・麦格尼格尔. 自控力：和压力做朋友 [M]. 王鹏程，译. 北京：北京联合出版公司，2016.

[5] 一行禅师. 正念的奇迹 [M]. 北京：中央编译出版社，2010.

[6] 吴世春. 心力 [M]. 北京：人民邮电出版社，2020.

第五讲　人际沟通

【关注话题】

你会“说话”吗?

“说话容易得罪人怎么办?”“嘴笨不会说话怎么办?”“不会与人相处、不会说啥怎么办?”“一说话就把天聊死了怎么办?”“遇上毒舌怎么办?”……

生活中有很多场合，我们都曾因为不会说话，要么得罪人而不自知，要么就是惹人厌还自我感觉良好，要么牙尖嘴利得理不饶人，要么半天说不出一句话。

阿拉伯有一句著名的谚语:“世界上有四种东西是挽救不了的，即出口之言、发出之箭、过去之时、忽略之机。”

其中，言语排在第一位，可见说话对一个人一生的重要性。

我们经常会遇到一些情商低、不会说话的人，一张嘴就会暴露自己的弱点。

比如，有些人喜欢争辩，且常常逼人太甚；爱说大话，过于卖弄自己；喜欢抱怨，喋喋不休地发牢骚；在失意之人面前谈自己的得意之事；盛气凌人，用居高临下的训斥口吻说话；宣扬别人的隐私；说话时伴有一些不礼貌的动作；滔滔不绝地谈对方生疏的、不懂的话题。

成年人的世界，说话成了一件需要学习的事情，小时候学说话，是表达自己的想法；长大学说话，则是隐藏自己的想法。学会说话，是成年人的必修课。

话语谨慎，是修己的第一要事；说话不得体，职场难顺畅；说话不好听，夫妻难和谐；网上经常有人“一不小心”就因为“不当言论引发热议”，落得个“房倒屋塌”的下场。

卡耐基曾经说过，一个人的成功，约有15%取决于知识和技能，85%取决于沟通。饭不能乱吃，话也不能乱说，好好说话是成年人的一堂必修课。

所有的沟通学都告诉你：一定要听懂言外之意、话外之音——问题是：怎么听？所有的交际课都告诉你：必须换位思考，站在对方的角度看事情——问题是：怎么站？所有的语言课都告诉你：说话要有技巧，用对方喜欢的语言把话说到对方心坎里——问题是：怎么用？

本讲带你了解：人为什么需要朋友？为何经常被人误解？怎样才能更受欢迎？如何打破沟通困局？怎样处理人际冲突？探究人际关系和人际沟通的底层逻辑，解锁学会说话的核心密码。

【心理探索】

人为什么需要朋友？——人际关系的心理本质

人类天生是社会性动物，从远古的部落群居到现代社会的社交网络，“朋友”始终是我们生命中不可或缺的存在。

他们不仅是欢乐时刻的分享者，也是低谷时期的支撑者。

但你是否想过——为什么友情如此重要？孤独为何比肥胖和吸烟更危害健康？

心理学研究发现，朋友不仅满足情感需求，更在无形中塑造我们的大脑、调节情绪，甚至影响寿命。

探索人际关系的心理本质，你会看到，友谊不仅是心灵的慰藉，更是进化赋予我们的生存智慧。

人际关系的本质是满足心理需要

人际关系的本质是什么呢？它满足了人们哪些方面的需要呢？

美国社会心理学家威廉·舒茨提出的人际关系三维理论，是一种以人际需要为核心的理论。

舒茨认为，每一个个体在人际互动过程中，都有三种基本的需要，即归属需要、控制需要和情感需要。

归属需要

是指个体愿意与人交往，希望与别人建立并维持一种满意的、和谐的相互关系的需要。

比如，师生形成了良好的人际关系，那么学生就会充分融入班级生活中，没有人际交往障碍，不论独处还是与他人在一起时都感到幸福；

反之，学生会感到缺乏归属感，在人际交往中表现为内向退缩，拒绝加入群体，总是与人保持距离。

控制需要

也称支配需要，是个体在权力上与他人建立并维持良好人际关系的需要。

在学生与教师的交往中，有的教师完全支配学生，是绝对的权威；有的教师会给学生一定的自由，允许其自己做出决定，一定程度上不干涉学生的行为。

情感需要

是指个体在与他人的关系中建立并维持亲密情绪联系的需要。

舒茨将这种需要定义为讨人喜欢、受人爱的需要，积极的情感需要表现为从吸引到爱，而消极的情感需要表现为从较温和的不赞成到激烈的憎恨和反对。

舒茨认为这三种基本的需求是人类成长的关键。

他们必须同时被满足，任何一个需要不能得到满足都会造成个体心理障碍及其他严重问题，如精神崩溃，而这种未能满足的需要可能就会在虚拟的网络世界中寻找。

美国心理学家沙赫特·斯坦利曾经做过这样一个试验：以每小时 15 元的酬金聘人待在一个小房间里，这个小房间与世隔绝，没有报纸，没有电话，不准写信，也不让其他人进入。

试验结果是：一个人在小房间里只待了不到两个小时就出来了，另一个人待了八天。这个待了八天的人出来以后说：在里面多待一分钟，就要发疯了。

这就是著名的人际交往剥夺实验，也称人际剥夺实验。

而交往剥夺实验结果表明：作为社会性的人，需要与别人的交往，这是就社会性的安全感需要层面来说的。

人是社会动物，人际交往是人存在世上的一个条件。不与人交往，人没法生存。

交往带来温暖、支持和力量，让人感受生活的美好。离开了交往，人会感到无力、无助、无趣。交往剥夺实验证实了人际交往的必要性。

人际关系三维理论有助于理解个体在人际关系中的行为，为帮助人们改进人际关系技能和建立良好的人际关系提供了框架。

【热点解读】

幸福源于良好的人际关系

史上最漫长的“幸福人生”跟踪研究

美国哈佛大学卫生系主任阿列·博克在1938年提出了一项雄心勃勃的研究计划——选取268名体格健壮、心理健康、学业优良的哈佛大学本科生，在人生刚刚起步时，对他们进行终身的记录追踪。

这批研究对象堪称当时美国精英中的精英，对他们进行分析，阿利·博克认为一定能找到获得幸福人生的各项指标。由于这项研究的资金最初来自“格兰特基金会”，因此这项研究又被称为“格兰特研究”。

差不多同一时期，还有一项由律师谢尔顿和社会学者格鲁克主持的研究项目，选取了456名出生于波士顿市区贫困家庭的年轻人做了类似的研究，被称为“格鲁克研究”。

最终，两个项目合并为“哈佛大学成人发展研究项目”，对总计724名研究对象进行全面追踪与对比研究，定期采集他们的血样等生物学标本，对他们进行问卷、音频和面谈采访。

几十年之后，这些青少年长大成人，生活也发生了改变：

有的从社会底层一路打拼，进入了上流社会；有的却恰恰相反，从云端一路滑向深渊。

这 724 人中，有人当了律师，有人酗酒，有人改变了信仰，有人精神分裂，有人当了工人，有人做了医生，有人成了泥瓦匠，有人甚至当了美国总统（大名鼎鼎的第 35 任美国总统约翰·肯尼迪）。

研究人员不仅会给众多研究对象寄调查问卷，还会专程去他们的住处进行访谈，从医生那里获取研究对象的医疗记录，取他们的血液，扫描他们的大脑，和他们的孩子聊天，用摄像机拍下他们生活的片段，这样丰富的研究手段能让研究结果更加精确。

这项研究预测了有可能会影响人们晚年幸福感的十多个因素，包括他的家庭阶级、体育运动能力、身体耐力、男性特征、社交能力、家族酗酒史、抑郁史、父母受教育程度、祖辈寿命长短，等等。

“哈佛大学成人发展研究项目”因此成为有史以来持续时间最长、最全面、最昂贵的心理和社会学实验，是心理学史上最长的一项努力揭示美好生活与人类幸福的伟大作品。

该研究项目历时 85 年，耗费 2000 万美金，哈佛破译了人类的“幸福公式”与金钱和权力无关，发展最好的、生活最幸福的是那些把精力投入自己与家人和朋友人际关系中的人。

在排除了财富、名声等因素之后，项目组最终得出了一个结论：良好的人际关系能让我们的人生更加幸福。

幸福是让自己处在良好的人际关系中，幸福就是爱与被爱。

如何界定良好的人际关系？

你是否意识到了你身边的人对你的影响？你是否知道你的能力、幸福和成就都受到他 / 她们的影响？你是否选择了正确的人来联结、合作和成长？

丹尼尔·西格尔教授提出的幸福三角形，让我们从人的心理、大脑及人际关系全方位地去了解幸福。

在西格尔看来，人生要获得幸福，必须整合好心理、大脑及人际关系这个黄金三角形，缺一不可。只有将三者相互联结，我们才有可能获得真正的幸福。

西格尔教授认为，任何时候，人与人之间都只有四种可能的关系状态。其中只有一种可以帮助你成长，其他三种总是在削弱你的成就和幸福。

第一层次：孤立状态

人际关系之中，情感联结同时有给予和接受，孤立状态就是给予和接受都有问题，有被他人切断联系的感觉。

你既不能收进来，也不能流出去，你就会越来越陷入孤立状态，要么你就是情感给予受阻了，要么你就是情感接受无能了。

那个时候，虽然有很多人都围在你身边，但是你没有联结上他们的心，就不能够得到他们的支持，还有可能变成不断地损耗、流失。这就是最糟糕的人际关系——孤立状态。

第二层次：坏的联结关系

这种“消极影响”的人际关系通常是由那些有控制欲、有敌意的人所构成的，他们会对我们进行批评、嘲笑、威胁、操纵等，让我们感到被伤害、被剥夺、被压迫。

待在第二层次的经历是人类普遍的经历，这种关系让你感觉不舒服或者不满意，它会让我们感到无助、沮丧、愤怒、恐惧、自卑等负面情绪，也会让我们失去自信、自尊、自我效能等正面品质。

比如，父母对儿女有过高的期望，还爱挑剔，就会把人引入第二个层次之中。处在第二个层次中的父母与儿女相处，就会使儿女缺乏自信、自我怀疑。

在公司里也一样，如果上司是个完美主义者，对下属期望值过高，而且很挑剔，总是横挑鼻子竖挑眼，总要挑出点毛病，下属就会越来越不自信，他们的能力会被压抑，从而成为问题，让自己越来越累。

对于任何一种人际关系，怎么发现自己是处在坏的联结关系之中呢？

如果你发现自己的自信心越来越萎缩，你做事情越来越不自信、越来越往后退缩、越来越不敢承担，那么你一定是处在第二个层次“坏的联结关系”之中。

第三层次：虚假的“良好联结”

这种“虚假安慰”的人际关系通常是由那些友好、善良、和谐、顺从的人所构成的，他们会对我们进行赞美、鼓励、支持、同意等，让我们感到被接受、被认可和满足。

第二个层次是有人整天在骂你，第三个层次恰恰相反，有人整天都在哄着你让你开心，事无巨细地为你遮风挡雨，这种人际关系会让我们处于一种舒适区，渐渐地就会让你产生依赖和沉迷，无法实现自己的进步。

怎样判断自己的人际关系是处在第三个层次当中，是虚假的“良好联结”呢？

如果看起来感觉非常好，比如沉迷游戏、风流韵事、成瘾习惯、大量的食物等，这些都是安慰灵魂的一种尝试，但它们就像镇痛剂，并不能真正地治愈疾病，那么你就是处在第三个层次的人际关系之中。

一个普遍的现象是很多人会在以上三个层次里环游，孤立—无法忍受孤独—随便缔结坏的联结关系来破除孤独—被坏的联结关系折腾得没劲—试图借虚假的“良好联结”逃避真正的问题—感觉虚假的联结索然无味且心累—又封闭自我回到孤立状态。

这种关系将一切负面消息挡在身外，使人感觉“完美”。它会让人上瘾，但它不能持久，人们每天都需要努力找到更多的良好感觉。

前三个层次的人际关系，总是在消耗我们的能量。不管是第一、第二，还是第三层次，这三个层次的人际关系都没有建立真正的联结，都是在不断地消耗我们的能量，不能使我们感受到幸福。所以这个世界，真正的幸福只有自己的心知道。

第四层次：真正的联结关系

真正的联结关系是能让你拥有完整的自我，成为真正的、真实的你，是能调动你的心灵、思想、灵魂和热情的一种人际关系。

这种人际关系通常是由那些真诚、坦率、有责任感、有目标感的人所构成的，他们会对我们进行反馈、建议、批评、引导等，让我们感到被尊重、被信任、被期待。

第四个层次的人际交往具有三个特征：

①能够互相关心，敢于说实话，并且能够提出富有建设性的建议；

②能够互相学习和提供信息，可以从对方身上学习到新东西，能够使自己不断进步；

③能够有良好的倾听，能够给予你关注和倾听并提出真诚的建议。

在这种关系中，双方都毫无保留、知根知底、互相理解，并且互相扶持，任何一方的真实想法、感觉、信念、恐惧和需求都可以安心地分享。

第四个层次的人际关系才是我们需要达到的。你和其他人处在一个真实挑战和共同创造的真正联结关系之中，既有给予，又有接受。

在一个团队里，相互之间说话要以 100% 的坦诚来提意见，不是不提意见，也不是“和稀泥”；

同时要有 100% 的尊重，不是讽刺，不是挖苦，也不是轻视对方，更不是嘲笑对方。

有了这两个“100%”也就差不多了，这就是真正的、有建设性的批评意见。

其实，中国的先贤早就说了，只是我们没有用心去悟。比如，孔夫子说：“益者三友。友直，友谅，友多闻。”“友直”就是朋友很正直，能提出真诚的批评很重要。

【热点解读】

得遇良人，三生有幸

曾在一档节目中听过这样一句话：“从某种意义上说，世间一切，都是遇见。冷遇见暖，就有了雨；冬遇见春，有了岁月；天遇见地，有了永恒；人遇见人，有了生命。”

有些遇见，存于时间长河中，藏在细水长流里，给人们温暖和希望。

作家柳青说过：“人生的道路虽然漫长，但紧要处常常只有几步。”人生路上，若有贵人相助，良机相赐，良友相伴，便是最大的幸运。

《荀子》说：“择良友而友之。”常与人品好的人来往，是一种极高明的智慧。哪怕一生没有太大的成就，也总能感觉生命的灿烂与温暖。

作家弗雷德里克·巴克曼曾说：“每个人的生命中总有那么一刻决定他们将成为什么样的人。”得见良师的那一刻，给人以春风化雨般的滋润；结交良友的那一刻，给人以如鱼得水般的喜悦；紧握良人手的那一刻，给人以美满一生般的憧憬。

你找到你的第四层人际关系了吗？

西格尔的幸福三角形决定了我们在生活中过得幸不幸福，一个孩子能否健康地成长，领导能否带出一个好的团队。

寻找正确的人：我们要寻找那些能够给我们带来真实挑战和共同创造的人，也就是说要寻找那些能够让我们感到激励、挑战、成长、共鸣、协作、创造等积极情绪和品质的人。

我们可以通过参加一些培训、活动、项目等方式来认识这样的人，也可以通过自己的人际关系网来寻找这样的人。

联结正确的人：我们要联结那些能够给我们带来真实挑战和共同创造的人，也就是说要与他们建立一种深入而持久的关系。

我们可以通过分享自己的想法、感受、经历等方式来与他们建立信任和亲密关系，也可以通过提供帮助、支持、反馈等方式来与他们建立合作和互惠。

向正确的人学习：我们要向那些能够给我们带来真实挑战和共同创造的人学习，也就是说要向他们学习一些有用、有意义的知识、技能、态度等。

我们可以通过观察和模仿他们的行为和思维方式来向他们学习，也可以通过询问和倾听他们的意见和建议来吸取他们的经验和智慧。

但是现实中，大多数人建立不了第四层人际关系，那是因为人心复杂、人性复杂，无论是解决矛盾，还是全面思考，对个人能力的要求都相当高。

为何经常被人误解？——影响人际交往的知觉偏见

人们在接触他人时，头脑里并非白纸一张，都是根据以往积累的经验和知识去了解对方。

而经验和知识是人们在日常生活中认识他人的前提，这也恰恰容易把人们带入偏见，制约和影响人们对他人的正确、客观和全面的认识。

有时候，我们所看到的，未必就是事物的全部真相，而我们所了解的，也有可能只是冰山一角。

赫·斯宾塞说：“人人反对偏见，可人人都有偏见。”偏见就是这样，未知事情全貌，自我的思维就先入为主，以自我的立场去给以置评。

认知偏见对我们有很大影响，会严重伤害人际关系。我们需要关注人际交往中的几种心理学效应。

首因效应

我们通常说的第一印象，也称为首因效应。社会心理学家研究表明，两个人第一次相遇的时候，最初的45秒钟是黄金时间，它决定了两个人的情感基础，第一印象一旦建立起来，对后来获得信息的理解和组织有着强烈的定向作用。

心理学家做过一个有趣的实验：

把被试分为2组，同看一张照片，对甲组说，这是一个屡教不改的罪犯；对乙组说，这是位著名的科学家。

看完后，让这2组人员根据这个人的外貌来分析其性格特征。结果，甲组的人说，深陷的眼睛藏着险恶，高耸的额头表明他死不悔改的决心；乙组的人说，深沉的目光表明他思想深邃，高耸的额头表明了科学家探索的意志。

对同一个人，甲乙两组人分别做出了相反的评价，可见第一印象对人们日后认识的诱导作用有多大。

首因效应具有先入性、不稳定性、误导性，很多时候第一印象并非人的日常真实表现，因此在全面认识他人时，需要减小由第一印象带来的片面影响。

怎样表现自己，才能给人留下良好深刻的第一印象呢？

社会心理学家吉拉德·伊根根据研究发现，与陌生人的初次相遇，按照SOLER模式来表现自己，可以明显增加他人对自己的接纳性。

SOLER模式由五个英文单词的首字母组成。采用SOLER模式是人际交往中建立良好第一印象的技巧之一。

S表示“坐（或站）要面对别人”；

O表示“姿势要自然开放”；

L表示“身体微微前倾”；

E表示“目光接触”；

R表示“放松”。

从上面的描述中可以看到，当我们按照SOLER模式来表现自己时，会给人一个“我很尊重你，对你很有兴趣，我内心是接纳你的，请随便”这样轻松良好的印象，有利于建立良好的人际关系。

近因效应

近因效应是指交往中最后一次见面给人留下的印象，这个最后的印象对认知具有强烈的影响。

洛钦斯用实验方法研究了近因效应。他编造了两段描绘名叫吉姆的学生的材料，这两段内容意思相反，一段把吉姆描绘成性格外向、好交际的人；另一段则把他描绘成性格内向、冷漠孤僻的人。

在读故事时，把上下部分间隔开来。也就是先读一段内容，然后插入做数学题或听历史故事等无关的活动，接着再读另一段内容，让被试对吉姆作出比较全面的判断。

结果，大部分被试都根据后面听到的一段内容（无论两段顺序如何）来评价，这就产生了近因效应。

如果前后两次得到的信息不同，但中间有无关内容把它们分隔开，那么后面的信息在形成总印象的过程中所起的作用更大。前后信息间隔时间越长，近因效应越明显。

因此，我们在评价他人时，要注意减少近因效应带来的偏差。

光环效应

光环效应也叫晕轮效应，最早是由心理学家桑代克提出的。

晕轮就是人们所看到的模糊不清的光环，在心理学上，这能够透露出一些重要的信息，那就是在人与人的接触和交往中，很难看清、看透彼此，因此所形成的认识往往都是片面的。

在人际交往中，当对一个人的某种特征形成好或坏的印象后，就会倾向于据此推论其他方面的特征，这就是晕轮效应。

比如情人眼里出西施，爱屋及乌，追星热，等等。

美国心理学家曾以麻省理工学院一个班的学生作为被试做了一个实验。

上课之前，实验者对其中一半学生介绍代课老师“热情、勤奋、务实、果断”，而在对另一半学生介绍这位老师时只是把“热情”换成了“冷淡”，但同学之间并不知道介绍时的差异。

课后让学生评价这位代课老师，结果介绍时得到“热情”信息的学生评价该老师“能体谅别人、有幽默感、脾气好等”，并留下良好印象；得到“冷淡”信息的学生则评价该老师具有比较消极的品质。

仅一词之差，竟会影响对人的整体印象。如果认为某人具有坏的特征，则倾向于认为这个人所有品质都坏，又称为“扫帚星效应”。

例如发现某个学生撒谎，则倾向于推测他的品德其他方面都不好。

晕轮效应是一种以偏概全的认知，夸大优点或缺点，无意中认为别人一好百好、一坏百坏。在人际交往中要注意减少由这种偏差带来的误解。

定势效应

定势效应是指由于人们头脑中存在着某种想法，而影响对他人的认知和评价。

疑邻盗斧这个故事讲的就是心理定势。这则故事描述了农夫在心理定势作用下的心理活动过程。

心理定势效应常常会导致偏见和成见，阻碍我们正确地认知他人。所以，我们不要一味地用老眼光看人处事。

投射效应

人际交往中有些人爱把自己的特性转移到他人身上。比如爱议论别人的人，总以为别人也常议论自己。

最能够体现投射效应的一句话是“以小人之心度君子之腹”，投射效应总是让我们看到别人身上的缺点，却不能看到自己身上存在的问题。

投射可以分为两种类型：一种是个人没有意识到自己已具有某些特性，而把这些特性加到他人身上。

例如有人对另一个人怀有敌意，就总感觉对方也对自己怀有仇恨，一举一动似乎都带有挑衅色彩。

第二种投射是指个人意识到自己的某些不称心特性，而把这些特性加到他人身上。例如想作弊的学生总感觉别人都在作弊，自己不那样做就吃亏了。

又如习惯撒谎的人最不容易相信别人，因为这类人自己骗人，总以为别人也和他一样。

刻板印象

刻板印象是指人们对某个社会群体形成的一种概括而固定的看法。一般来说，生活在同一地域或文化背景中的人们常表现出许多相似性，人们容易将这些特点归纳固定下来。

例如商人精明，北方人憨厚，女人柔弱，等等。这种刻板印象很容易忽略个体性，造成过度概括化的认知偏差和成见。实际上未必如此，女人不一定都柔弱，商人也不一定都精明。

偏见源于无知，但比无知更可怕。

泰戈尔说：除非心灵从偏见的奴役下解脱出来，否则心灵就不能以正确的观点来看生活，或真正了解人性。

【心理有术】

怎样才能更受欢迎？——人际沟通的基本逻辑

不管你喜不喜欢，我们都要与各种各样的人打交道。

如何才能在职场中如鱼得水，营造良好的人际关系？怎样才能让别人愿意与自己交往，获得更多的幸福感？人际沟通有哪些必须遵守的基本原则呢？

首先来了解一下人际沟通的两个基本要素。

人际沟通的两个基本要素

人际沟通是人与人之间交流和信息传递的过程，是人际关系建立和维护的重要手段。

参与沟通要有双方当事人：一方是发讯人，也就是传送方；另一方是受讯人，也就是接收方。人际沟通的两大基本要素是：倾听和说话。

听：倾听是首要的沟通技巧

上天赋予我们一根舌头，却给了我们两只耳朵。所以，我们听到的话可能比我们说的话多两倍。

医学研究表明：婴儿的耳朵在出生前就发挥功用了。听、说、读、写中，听的训练最少，因而难度也可能最大。

不论多么仔细地听，在听了以后大部分人马上忘掉一半以上的内容。两个月后，一般的听者大约只能记得 1／ 4 的内容。

“听”有五个层次：

第一层是听而不闻，也就是根本不听，例如小孩子对于妈妈的唠叨。

第二层是假装听，就是看上去在听，其实内心不知道在想什么。

第三层是有选择地听，他们认为自己的精力有限，不可能总保持高度集中的注意力，所以他们只听他们感兴趣的内容。

第四层是全神贯注地听，又叫聆听，例如老总报告中涉及的明年涨工资的事情。

第五层是最高境界，倾听，是在用心和头脑来倾听并做出反应，以理解讲话的内容、目的和情感。

说：记住 SOFTEN 原则

首先，在使用语言沟通前要有清晰、富有逻辑的思考。与人沟通时，必须先理清自己的思路，说话要言之有物，以此说服、引导、感染和引诱对方。

其次，要充分利用非语言因素。比如使用你的声音、面部表情与肢体语言等。

心理学上有个 55387 人际沟通定律。具体是说，在人际沟通中，决定一个人给他人第一印象的 55% 体现在外表、穿着、仪容、沟通的态度，包括动作、表情等；38% 是讲话时的语气、语调、肢体语言等；7% 是说话的内容。

SOFTEN 这个词是柔和、柔软的意思。SOFTEN 原则强调了非言语交流的重要性，是第一印象 SOLER 模式的加强版。

非言语交流的 SOFTEN 原则具体内容如下：

S (Smile)：微笑，通过微笑展示出热情和大方，使人们更容易接近你。

O (Open Posture or Open Arms)：注意聆听的姿态或展开双臂，通过肢体语言表明你的心扉是敞开的。

F (Forward Lean)：身体前倾，显示出你与对方的亲密度，通过拉近身体距离以缩短心理上的距离。

T (Touch)：接触，适当的身体接触非常有必要，如握手或拍拍对方的肩，表示友好或认可。

E (Eye Contact)：目光交流，看着对方的眼睛说明你专注，是一个好的倾听者。

N (Nod)：点头，表示你在听对方说，也是认同对方。

熟悉并掌握 SOFTEN 法则，可以让你拥有迷人的社交仪态和社交姿势，通过细节的力量来增强沟通的效果。

【热点解读】

说话是权力的游戏

说话的本质是什么？

说话的本质，能够有效沟通的本质，就是你要看清楚权力在哪一方，这个就是本质。话语，人家接受你，这个就代表了权力。

话语权关系决定了现实的语际关系，决定了各类场景下说话的基本原则。每句话，都是权力的游戏。

以“权力”为线索，明白话语里面的权力关系，才算是拎得清状况，说话是权力的游戏，但却不只是争取权力的游戏。

好的语言，既能获得也能赋予权力，也就是能让对方从中获得力量，产生信任，受到鼓励。

我们使用语言的终极目的，是影响他人的观念。分析话语权关系状况，确定正确的说话策略，才能在正确的时机，运用正确的说话方式。

决定你是谁，既非身份关系，也非外在限定，而是你的表述，每一个人都必须平等地以自己的言说来证明自己的存在。

这并不是说“你说什么你就是什么”，而是说，人们更多地从你的言论来判定你到底是个什么样的人。

之所以企业越来越强调当众表达力，之所以创业者越来越注重个人魅力和演讲的功夫，不是因为做事不重要，而是因为在大家能干的活越来越趋同的时候，说话变得更加重要。

隐藏在话语背后的权力

每一次谈话都是权力的游走，而演讲、沟通、说服、谈判、辩论这五种沟通场景可以让你搞清楚“权力”在哪里，根据权力所在，进退有度。

演讲——权力的形成（吸引、聚焦与引导）

演讲偏重“表现”，权力在形成。演讲是通过周全、逻辑清晰的表达，准确地传达思想，塑造主题言论或个人形象，进而得到认可和尊重，达到自己的目的。

沟通——权力的流动（避免冲撞与协调转向）

沟通是权力的流动，偏重“理解”，双方把问题摆在台面上，打开心结，得到双方都满意的结论。

沟通时，双方都没有筹码，所以需要让权力流动起来，消解当下的局势，避免冲撞。

说服——权力在对方（无权的一方要改变有权的一方）

说服偏重“改变”，权力在对方。说服的目的是改变对方的观点，或是接受自己的观点，此时权力在对方，我们需要采取有效的措施达到目的。

谈判——权力在双方（双方要合作，才能解决问题）

谈判偏重“协调”，权力在双方。谈判是双方都掌握着各自的筹码，通过交换筹码、合作等方式达到双赢，使得利益最大化。

辩论——权力在他方（双方无权决定胜负，通常由中立第三方裁决）

辩论偏重“捍卫”，权力在他方。辩论用周全的论据证明自己的论点，找出对方的漏洞，捍卫自己的论点，让听众为之所动。

好好说话就是好好思考

“没有哪个成功的演讲，纯粹只是表演煽动；没有哪个成功的谈判，纯粹只是钩心斗角；没有哪个成功的辩论，纯粹只是针锋相对。”

在沟通时，也会用到辩论和谈判；在说服对方时，也会用到演讲和沟通。好好说话就是把以下五种场景里的话术灵活运用起来。

比如，想要做一个会说话的人，首先要敢开口说话，这里需要用到演讲的勇气；

接着，当敢说话、会表达之后，可以进一步提升沟通技巧；

在和他人沟通的过程中，如果希望对方接受自己的观点，又必须掌握说服的技能；

当说服的技能起不了作用的时候，需要把一切放到台面上来讲，就是谈判；

当谈判陷入僵局，得不到解决方案的时候，就需要引入中立的第三方来裁决，就是辩论。

任何时候都能好好说话，意味着既具有能清晰界定五种话术的能力，知道它们各自的特点与不足，又能对它们综合运用，按照不同场景选取合适的说话策略。

“好好说话其实就是好好思考。”我们在说话前不妨先思考在当前的情境下权力处在哪一方。

你越懂人性，别人越愿意与你交往。这就是人际沟通的底层逻辑。

人际沟通的基本原则

面对不同的人、不同的社交场景，该怎样构建良好的人际关系呢？人际沟通有五条基本原则。

彼此尊重

每个人都渴望得到社会的接纳和尊重，受人尊重是人最本质、纯朴的情感追求。

我们要尊重他人的人格、个性习惯、权力地位、情感兴趣和隐私，保持心理距离。

尊重意味着以理解、平等和包容的心态去接纳他人。

而在人际交往中，互相尊重的前提是：在交往过程中，两人的身份地位是旗鼓相当的，否则很难做到真正的平等对待。

自尊心是人的心灵里最敏感的角落，一旦挫伤一个人的自尊心，他就会以十倍的疯狂、百倍的力量来与你抗衡。

在人际交往中，如何表达尊重？

其实做到尊重他人并不难，有时只需一个微笑、一句问候、一声敬称、一双善于倾听的耳朵、一张不刨根问底散布流言蜚语的嘴巴，就会给他人的心情带来阳光和温暖，当然也会为自己带来真挚的友谊与和谐的交际。

①**学会倾听**！（这样表示你的关心，人们可以信任你。）

②**不要打断别人的谈话。**（打断他人的谈话不仅不礼貌，而且是不尊重他人的表现。）

③**问他们感兴趣的问题。**（如果你对他人感兴趣，而向他们提问，他们会觉得很荣幸。当然这也要基于你真心的基础上。）

④**清晰友好的交谈。**（与人交谈时，你的语音、语调通常比你说的内容更重要，不要太僵硬或太正式。与人交谈时要微笑！微笑是俩人之间最短的距离。）

⑤**在认识新朋友时，要以最佳的外表出现。**（第一印象很重要。）

⑥**真诚就是欣赏。**（学会鼓励和欣赏他人的强项，通常一个微笑、一个掌声，都会给他人很大的信心。）

⑦**记住并使用他人的名字。**（人们的耳朵最喜欢听到的声音就是自己的名字。）

⑧**理解并欣赏人们的性格差异。**（你要明白，每个人都是特别的。）

⑨**称赞并认可他人的成就。**（这不必是什么重大的事情，小事也可以。例如：你今天穿的这件衣服跟你很配……）

⑩**最后记住热情**。（人们容易被有目标和方向的人吸引。热情是一块磁石，是比金子更珍贵的东西，它是很有感染力的。）

建立信任

信任意味着相信他人，相信他们不会做出伤害自己的行为。只有当我们信任他人时，才能毫无保留地分享我们的想法、感受和秘密。

信任也意味着在困难时期，我们会选择相信他人，并愿意为他人提供帮助。

哈佛商学院教授弗朗西斯·弗雷认为，赢得他人信任有三个关键要素：真实性、逻辑严谨性和同理心。

如果你感觉到对方很真实，对方的逻辑很严谨，或者对方在用同理心与你沟通，那么你就更有可能相信对方。

如果这三项中有一项动摇了，你与对方之间的信任就会受到威胁。

首先是真实性，当你与一个陌生人沟通的时候，真实性的重要性不言而喻，这也是信任的基础，他一旦发现你在骗他，基本上就会愤然离场。

然后是逻辑严谨性，当这个陌生人发现你的行为或言语根本就不符合逻辑时，他要么对你开始漠视，要么会主动离开。

最后是同理心，同理心是引发信任的一个很巧妙的手段。如果能有适当的“环境”作铺垫引发他人的同理心，就更容易获得他人的信任。

比如那个经典的故事：街上很多行人来来往往，但都不愿意帮助一个乞讨的盲人。

但当女孩在盲人面前的板子上写下“今天很美好，可是我看不见”后，大家都愿意去帮助他。有了这句话后，过往的行人普遍会有一种同情，也就更倾向于帮助他。

表达赞美

约翰·杜威曾经说过：“人类本质里最深远的内驱力就是希望具有重要性。”

威廉·詹姆士也说过：“人类本质中最殷切的需求是渴望被肯定。”

人人都渴望得到由衷的赞美，这会使人感到自身价值得到肯定，感到愉悦和鼓舞，并对赞美者产生亲近感。

当赞美他人时，对方会感觉受到认可和尊重，从而心生好感。一个人真诚的赞美能拉近彼此的心理距离。

赞美也是有技巧的，按照下面的方法说话能夸到对方的心坎里！

一是赞美要真诚和自然。不要过于刻意或虚伪，应该选择适当的方式来表达我们的赞美。只有真正欣赏他人的优点和长处，才能表达出真诚的赞美。

二是赞美要直接。赞美他人时，要直接表达出来。不要含蓄或暗示，否则可能会让对方感到困惑和不确定。

三是赞美要具体。赞美要具体和有针对性，不要过于笼统或泛泛而谈。

只有赞美中包括了细节，包括了具体事情，被赞美的人才能真正感受到被关注和重视，觉得赞美是发自肺腑且可信的。

比如“你的领带跟西服很配”，要比“你今天穿得很好看”更能说到对方的心里去。

四是适时询问和请教，也意味着赞赏。当我们对他人表达赞美时，不仅意味着我们对他人的在意和认可，还意味着我们对他人的重视和钦佩。

要把赞美的焦点放在对方所做的事情上，比如说“你的书写得真好”“你如何想出这么巧妙的构思”，这样，他一定觉得你很欣赏、很在意他的写作，从而心里一定美滋滋的。

理解对方

理解对方是建立良好关系的关键。理解对方需要耐心和时间。不要急于发表意见或评价，而是给对方足够的时间来表达自己的想法和情感。

很多人都有好为人师的倾向，误以为朋友向自己倾诉就是需要自己帮他出主意，因此在沟通中急于用自己的感受代替别人的感受，急于表达自己的意见或提出劝告。

事实上只有倾诉者最清楚自己需要的是什么，也懂得只有自己才能为自己的行为做选择。

他通过倾诉，希望寻求的只不过是一种安抚和关心、理解和心理支持。

关键在于让对方感觉到，你是在认真地听他说话，而且理解他的意思，理解了他的心情，这就是共情的能力。

什么是共情？共情就是感同身受，是换位思考，更是情绪转移。

比如你跟朋友说：我最近想换工作了，很焦虑，很纠结，没有方向……

朋友 A 回应说：无所谓啦，做自己喜欢的就行……

朋友 B 回应说：现在竞争激烈，大家都面临着这个情况啊……

朋友 C 回应说：我哥也经历过这种事呢！本来干得挺好的，后来遇到瓶颈，工作发展被停滞了。有人劝他离职，有人劝他不要冲动，不管别人说啥，他就是纠结啊……

你觉得哪种回应让你心里更舒服呢？是不是朋友C更具有共情能力？

因此，把对方所说的意思简要地反馈给对方，就是最简单但又十分有效的人际沟通小窍门。

那么怎样培养自己的适度共情能力呢？练习共情五步法，也叫共情的五层次：

第一步：描述事实，说出感受。重复他人的话（缓解他人的情绪），如：你是说那个人做了……是吗？

第二步：同感时刻。举一个自己的事例，引起对方共鸣。我以前遇到一个……我感觉很不舒服（表达自己的感受）。

第三步：允许情绪表达（这个非常重要，感受即情绪，也就是你向对方表明，我接收到了你的情绪）。

第四步：请求澄清。询问对方的感受，你在那种情况下是不是很气愤？（询问感受，接纳情绪）

第五步：尝试解决问题。（情绪得到缓解后，回到"事实"层面。）问有同理心的问题，比如：再遇到这种情况，我们可以怎么办呢？

具体练习一下共情的五层次水平。

讲述者：我和我妈简直没法相处，她对我不是指责就是挑剔。

第一层：一般通常表达会说，我妈也是，老人都是差不多。（表达看法：认同或否定）

第二层：我听到你说你和你妈没法相处，对你不是指责就是挑剔。（看到事实）

第三层：我听到你说你和你妈没法相处，对你不是指责就是挑剔，这让你感到郁闷沮丧。（看到事实＋感受）

第四层：我听到你说你和你妈没法相处，对你不是指责就是挑剔，这让你感到郁闷沮丧，你是希望与妈妈关系好些。（看到事实＋感受＋期待）

第五层：我听到你说你和你妈没法相处，对你不是指责就是挑剔，这让你感到郁闷沮丧，你是希望与妈妈关系好些。在和你妈的相处中，有没有一

些让你觉得很融洽的事情？（看到事实＋感受＋期待＋可能性）

哪个层次的表达，对你来说，感觉是你想要的，也觉得舒服的呢？

适度共情是需要练习和培养的，一旦你学会好好利用适度共情这个技巧，你在别人心目中的魅力指数会直线飙升，也会让你们彼此之间的感觉更舒服，更能产生共鸣。

互惠互利

社会心理学家莫顿·道奇指出，人际关系的发展在某种程度上可以看作是一个社会资料的交换过程。

道奇认为在合作性的社会情境下，群体内的个体目标表现为“促进性的相互依赖”。也就是说，个体目标与他人目标紧密相关，而且一方目标的实现有助于另一方目标的实现。

而在竞争性的社会情境下，群体内的个体目标则体现为“排斥性的相互依赖”，虽然个体目标之间紧密联系，但一方目标的实现却阻碍着另一方目标的实现，是一种消极的相互关系。

“互惠互利”即双赢

“互惠互利”是人际交往的根基，人与人之间的相处如果没有做到“互惠互利”的话，就不可能建立和谐融洽的人际关系。

如果你从别人那里得到了恩惠，反过来自己也应该给予别人报答，这就是互惠互利的根本所在，也是建立良好人际关系的前提条件。

人与人的交往最舒适的度，就是彼此都需要，保持亲密却不过分依赖。也就是你给我的都是我想要的，这是利己利他的一种互惠关系。

互惠关系最好的表现就是：我很好，而你也不错；我能给，而你能与；不是一方一味地付出，是双方的共赢。

要进行有效的沟通，就必须遵循一定的原则，无论时代如何变化，人类如何变迁，沟通的基本原则不变。

只有遵循这些基本原则，沟通才能及时、准确、有效，使我们成为更受欢迎的人。

【热点解读】

“不当言论引发热议”的心理根源

在当今这个信息爆炸的时代，每个人都可能成为舆论的焦点。网上越来越多因“不当言论引发热议”的事件，确实应了古训“祸从口出，言多必失”，但究其根本还有更深层次的心理原因。

在这个充满不确定性的时代，每一句话都可能涉及敏感话题，让相关人群听着刺耳。不会说话得罪人的心理原因可能有以下几点：

不懂得尊重：语言是文明社会的重要工具，我们在面对他人时应以尊重和理解为前提，但有时不可避免地遇到那些言辞犀利、侮辱人格的人。有些网络达人原本就缺少文化底蕴和良好修养，流量加身一夜爆火之后，出于他们的优越感和控制欲，更容易忘乎所以、口无遮拦，缺少对人性最基本的尊重。

缺少同理心：发表言论的人不能站在他人的角度，通过推理、观察和理解来把握他人的情感和处境，理解和体验他人的心理感受和内心世界。不擅长设身处地地为他人着想，不能理解他人的想法和需求，只会站在自己的立场去表达。

缺乏共情能力：发表言论的人不能进入对方的情感世界，难以站在他人的角度看待问题，也很难设身处地为他人着想。他们总是以自我为中心，说话从来不考虑他人的感受，最后却还认为自己非常坦诚。这种行为容易让他人感到不舒服，甚至产生反感。

说话内容不当：有些人说话时总是触及他人的雷区，比如谈论他人的缺点或揭他人的伤疤，使得与之相处的人感到难堪。这样的话语很容易得罪人，即便说话者并没有恶意。

语气和声调问题：除了说话的内容之外，说话的语气和声调也会给人带来不一样的感受。如果语气过于强硬或声调不当，也容易使人产生不满或反感。

因此，我们在享受网络带来的便利的同时，也要时刻提醒自己保持理性和善意，避免因一时冲动破坏网络时代言论自由与社会责任之间的微妙平衡。

在面对争议性话题时应该保持理性和客观，避免情绪化言论引发不必要的争端。尤其对于社会公众人物，在发表意见时需要更加谨慎和理性，更应深思熟虑全面考量自己的言论对社会的影响。

如何打破沟通困局？——人际沟通的分析与调节

无论人们是以有意的还是无意的方式相互影响，当一个人对另一个人做出回应时，就存在一种社会交互作用。这种对人们之间的社会交互作用的研究叫作交互作用分析。

交互作用分析理论又称人格结构分析理论、交互作用分析、人际关系心理分析、沟通分析理论。

埃瑞克·伯恩人际沟通分析学告诉我们，只要掌握三种“自我心理状态”，就能迅速破解潜台词、话外音，挖出对方的潜在需求，一举打破沟通困局，真正实现有效沟通。

三种自我心理状态

沟通中的“自我状态”，是指一个人在不同环境和心理动态下的沟通表现。

比如你早晨急匆匆地赶到单位上班，正好看到主管站在门口，你估计自己可能迟到了，就问：“经理，现在几点了？”主管看了你一眼说：“你还知道时间啊！”

在这个沟通过程中，经理的这种状态就类似于父母在指责你的状态，这就是沟通中的“自我状态”。

结构型自我状态

这个“自我状态”并不是与生俱来的，而是在成长中跟长辈学习的，不同的人经常使用的自我状态不一样。

人际沟通分析 PAC 理论认为：每个人都存在三种自我状态：

①父母自我状态 (Parent ego state)，简称 P。

我们在复制父母或具有父母形象的长辈的行为、想法、感受。

②成人自我状态 (Adult ego state)，简称 A。

以当前年龄的成熟心态，反映出此时此刻的行为、想法、感受。

③儿童自我状态 (Child ego state)，简称 C。

个人重演儿童时期的行为、想法、感受。

PAC 理论中个性心理状态的构成如下表所列。

PAC 理论中个性心理状态的构成

个性	**由三种比重不同的心理状态构成**	
	Parent（父母）	权威、优越感、命令、指责、呵护
	Adult（成人）	客观、理智、成熟、稳重
	Child（儿童）	情绪化、任性、撒娇、服从

对话举例：

近期你最喜欢的明星要在北京开演唱会，你兴高采烈地跟男朋友说：“我最喜欢这个明星了，咱俩去看演唱会吧！”

男朋友：“看什么看，那票肯定老贵了！”

如果这个沟通再继续下去，你们可能就会发生冲突，甚至吵架。

这是为什么呢？我们来看一下，其实你在用“儿童自我状态”的欢脱、撒娇的方式与男朋友沟通，而男朋友用了“父母状态”的指责和批评回应了你，你们的沟通并不在一个频道上，自然双方都会感到不舒服。

如果男朋友也用“儿童状态”回应你：“好啊，咱们一起去追星，就是不知道能不能买得起门票呀？”接下来可能就会讨论怎样才能买到足够便宜的票。当你们处于同一频道时，自然不会发生争吵。

功能型自我状态

依据 P、A、C 三种自我状态的不同功能，又可以分为 CP、NP、A、AC、FC 五种功能型自我状态（见下图）。

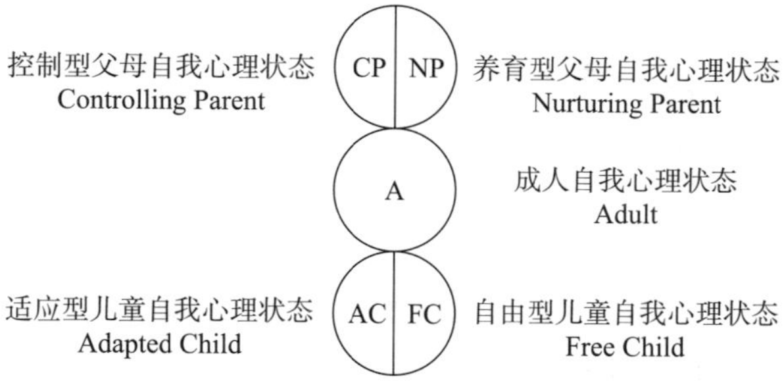

CP（控制型父母，Controlling Parent）

“控制型父母自我心理状态”是指以批判、指责等苛责的态度与孩子进行沟通和相处的父母，当孩子还小时，他们无法意识到什么是危险，父母为了保护孩子，会发出控制指令，告诉他们什么能做，什么不能做，听父母的就好。如果孩子没有按照父母的预期去做，父母就会指责孩子。

当你复制父母的这类行为时，你就处于“控制型父母自我心理状态”。

对话举例：

男：五一想去哪儿玩？

女：随便。

男：去淄博吃烧烤吧！

女：我都长痘了，吃什么烧烤，你不知道我上火了吗？

此时女生处于“控制型父母自我心理状态”，以指责的形式告诉男生，你没有按照我的想法去做。

NP（养育型父母，Nurturing Parent）

“养育型父母自我心理状态”是指，父母除了苛责外，还会有温柔的一面，当你做错事情时会鼓励你；当你受伤时会安抚你；当你孤独时会温柔地抱住你。

他们不会一味地苛责，而是与你以一种鼓励、温柔、轻声细语的方式进行沟通。当你表现出这种行为时，便处于“照顾型父母自我心理状态”，也称“养育型父母自我心理状态”。

对话举例：

男：五一想去哪儿玩？

女：随便。

男：去淄博吃烧烤吧！

女：我最近上火了，咱们去饮食清淡的地方吧，下次假期再陪你去吃烧烤好不好呀？

此时女生处于“养育型父母自我心理状态”，以安抚的形式与男生沟通商量。

A（成人自我，Adult）

对“成人自我心理状态”并没有做进一步的区分，我们把一个人针对特定的状况，利用所有资源做出的反应，都称为成人自我的行为。

对话举例：

男：五一想去哪儿玩？

女：随便。

男：去淄博吃烧烤吧！

女：哦我忘了，我上火了，咱们去饮食清淡的地方吧。

此时女生处于“成人自我心理状态”，两人以正常成人的思维沟通，即表达的意思都是字面意思。

AC（适应型儿童，Adapted Child）

“适应型儿童自我心理状态”是指，当我们处于孩子状态时，为了生存下来，都会依赖一个最亲近的人，大多数情况下这个人是父亲或母亲。

为了让自己不被抛弃，我们会选择顺从父母的指令，也许这个指令并不是我们所喜欢的。

比如父母不喜欢我太吵，我就压抑自己想要玩的欲望，安安静静地待在家里。当我感到委屈哭泣时，父母严厉责备我“再哭就滚出去”，我就压抑自己哭的欲望。

纵使现在长大了，当我做一些符合他人期望的事情时，其实就处于“适应型儿童自我心理状态”，也称为“顺从型儿童自我心理状态”，就像儿童时期，为了迎合父母的期望一样。

对话举例：

男：五一我们去淄博吃烧烤吧！

女：啊，可是我有些上火哎。

男：看那里烧烤特别火爆，我特别想吃。

女：那好吧……

此时女生处于“顺从型儿童自我心理状态”，虽然自己上火了不能吃烧烤，但是男生想吃，为了迎合男生的期望，便同意了去吃烧烤，但心里又会觉得委屈。

FC（自由型儿童，Free Child）

有时，孩子的行为与父母的压力完全无关，这时孩子既没有顺从父母的期望，也没有反抗他们，只是单纯地做自己想要做的事。

比如：当养的兔子死去的时候伤心落泪；花几个小时打英雄联盟游戏，虽然知道父母反对，但是自己喜欢这么做。

当做出类似逆反、表达不同意见，不受他人影响去做自己喜欢的事时，就处于“自由型儿童自我心理状态”。

对话举例：

男：五一我们去淄博吃烧烤吧！

女：我上火了，我想去饮食清淡的地方，比如海边。

男：看那里烧烤特别火爆，我特别想吃。

女：不嘛，我就想去海边吃清淡的。

此时女生处于“自由型儿童自我心理状态”，男生虽然表达想去吃烧烤，但自己的状态不能吃，表达了自己想去海边吃清淡的，且不受男生的影响。

人际沟通分析

交流是“社交对话的基本单位”。一个人发出某种刺激，另一个人给予一定反应的过程即是一种简单的沟通。

简单的沟通一般只涉及两个自我状态，而复杂的沟通将涉及多个自我状态。

三种沟通类型

伯恩发现沟通有三种不同的方式，即互补沟通、交错沟通、隐藏沟通。

互补沟通是一种较好的沟通方式，双方的期待都可以得到满足。

交错沟通是较差的沟通方式之一，双方的期待都没有得到满足，时常以不愉快结束。

隐藏沟通也是较差的沟通方式之一，表面看双方都得到了回应，但一方隐藏了真实的沟通意图，因此可能因另一方未得到满意回应而产生冲突。

下面详细说明几种沟通类型的区别。

互补沟通

互补沟通是指沟通双方的消息状态是平行的，比如我用成人状态与你沟通，得到了成人状态的回复，双方的期待都得到了满意的回应，因此可以愉快地结束对话。

第一个互补沟通对话：

“这学期你选修心理学课程了吗?”

“我选了一门人际关系心理学的课。”

这里两人都用了“成人自我心理状态”进行沟通，包括语言、语气展示的都是“成人自我”，那么双方都可以满足彼此的需求。

第二个互补沟通对话：父母自我对儿童自我的互补沟通。

“我这有好吃的给你拿点儿。”

“太好啦，跟着你总能蹭吃蹭喝。”

第三个互补沟通对话：自由型儿童自我对养育型父母自我的互补沟通。

“这周末别学习了，咱们去爬山吧！”

“好啊，出去放松放松给身体充充电。”

互补交流中蕴含着对对方的预期。当向你询问选课时，我期待你用成人自我回应我，而且你也确实这样做了；当朋友贪玩想放松学习时，他期待对方能用养育型父母的宽松状态回应，最后他也得到了。

沟通的第一定律：

只要交流保持互补，沟通就可以无限持续。我们没有说“会持续”而是“可以持续”。

对话进行一段时间后肯定会结束，但是只要交流是互补的，沟通过程本身就不会破坏刺激与回应间的自然流动。

交错沟通

交错沟通指两人的沟通不在一条平行的线上，双方的预期都没有得到满意的回应，导致产生了不愉快的感受，使沟通以不愉快结束。

下面看夫妻交错沟通的对话：AA—PC

“周末咱俩去逛街吧！”

“你就知道逛街，一逛街就乱花钱，不知道我工作很辛苦吗?”

这里，妻子以“成人自我”发出邀请，希望得到“成人自我”认同的回应；而丈夫以“控制型父母自我”进行回应，对妻子进行指责。丈夫的期望是妻子由“成人自我”转到“顺从型儿童自我”，承认她的错误并迎合自己的期待。

第二个交错沟通对话：AA—CP

“周末咱俩去博物馆看展览吧！”

“那有什么好看的，还不如在家睡大觉呢！”

这里，妻子以“成人自我”发出邀请，希望得到“成人自我”同意的回应；而丈夫以“自由型儿童自我”进行回应，对妻子任性。丈夫的期望是妻子由“成人自我”转到“养育型自我”，承认她的无聊并照顾自己的轻松随意。

沟通的第二定律：

交流受到交错会导致沟通中断，而且为了重新开启沟通，沟通一方或双方需要变换自我状态。生活中有两种最常见的交错沟通，分别是 A—A 刺激受到 C—P 回应或 P—C 回应的交错。

隐藏沟通

隐藏沟通是一种言不由衷的表现，看似传递了信息，实际上把真实想表达的意思隐藏在其中了，通过自身的言语、肢体表达等，希望对方可以懂自己真实的期待。

如果隐藏信息被看到了，并且得到了回应，则双方的沟通会很愉快；反之，如果没有被看到，或者看到了不想回应，则双方的沟通就会很不愉快。

隐藏沟通对话的例子

第一个隐藏沟通对话：AA—PC

妈妈说："王叔叔家孩子考上 985 高校了。"（隐藏的话语：看看别人家的孩子都比你强。）

儿子回应："哦，王叔叔和他儿子都很了不起呀！"（隐藏的话语：就知道跟别人家孩子比，也不看看自己的遗传基因。）

在这对母子的沟通中，妈妈看似在赞扬"王叔叔的孩子"，但她的语气和表情表现出"控制型父母自我"状态，实际表达的信息是责备自己的孩子不如别人。（隐藏的话语：看看别人家的孩子都比你强。）

孩子观察到了妈妈的真实表达意图，用"适应型儿童自我"进行回应，表示老子和儿子都很了不起。（实际上隐藏的话语：就知道跟别人家孩子比，也不看看自己的遗传基因。）

表面上母子的沟通很顺利，实际上言语中都隐含着没说出来的真实意图。

第二个隐藏沟通对话：AA—AC

女儿："妈妈，我们宿舍同学买了个 iPad，看她用着特别方便。"（隐藏的话语：我也想要 iPad。）

妈妈："你上大学的时候不是新买了一个笔记本电脑吗？"（隐藏的话语：败家孩子，笔记本应该比 iPad 更实用吧。）

我们可以看到，这里妈妈没有准确觉察到女儿的真实意图，或者觉察到了，但不愿意回应，女儿以"自由型儿童自我"进行沟通，妈妈以"控制型父母自我"进行沟通，均希望对方理解并回应自己的期待。双方的沟通无法顺利进行，两人内心都会产生指责和抱怨的情绪。

沟通的第三定律：

隐藏交流的行为及过程取决于心理层面，而非社交层面。

在隐藏交流中，社交层面的信息都是通过词语表达的，要想洞察心理层面隐含的意思，需要观察非言语的线索，可以是语调、手势、姿态和面部表情。

选择与改变

如果想进行一段可预测的、顺畅的对话，就需要维持平行交流；如果经常采用交错或隐藏交流方式，则会导致严重的沟通问题。

斯蒂夫·卡普曼提出：我们可以选择用自己喜欢的方式来交流，特别是我们可以选择新的交流方式，打破那些熟悉但不舒服的、与他人“锁死”的交流。

我们的目标是“改变正在发生的，采取你能够采取的任何方式获得自由”。要做到这一点，就必须让另一方摆脱原有的自我状态，或者改变自己的自我状态，或者两者都改变。

但是我们知道，想要改变自己容易，想要改变他人并非易事。所以要想改善人际沟通，就要先从自己的自我心理状态入手。

角色转换——女王叫门

英国维多利亚女王与丈夫阿尔伯特虽然相亲相爱、感情和谐，但由于社会角色不同，女王经常出入社交场合，而她丈夫对社交不感兴趣，因此两人偶尔也闹别扭。

一天，女王独自去参加社交活动，夜深了才回寝宫，却见房门紧闭。女王上前敲门。

房内阿尔伯特问：“谁？”女王回答说：“我是女王。”门未开，女王再次敲门。

阿尔伯特又问：“谁呀？”女王答道：“维多利亚。”门仍未开。

女王徘徊了半晌，又上前敲门。阿尔伯特仍问：“谁呀？”

女王温柔地回答：“你的妻子。”这次门开了，阿尔伯特热情地把女王迎了进去。

自我心理状态分析

“恒定假设”

约翰·杜塞的自我状态分析图有一个**“恒定假设”**，即一个人投入五种自我状态的能量总和是固定的。

如果某一种自我状态的强度增加，则其他自我状态就会呈现代偿性减少。就好像无论心理能量如何流动，其总量都不会改变一样。

比如，你想增加自己的养育型父母自我状态，减少控制型父母自我状态，就要开始练习增加自己的养育型父母自我状态的行为，那样控制型父母自我状态的行为自然会减少。

自我状态图

杜塞的自我状态图，就是一个用于表明人格中总能量与各种自我状态关系的条状图，它可以显示出一个人在特定时间中，如何在不同的自我状态之间分配自己的能量。

绘制自我状态图的方法是：首先，把一条横线作为横轴并进行五等分，分别写上五种自我状态，即 CP、NP、A、FC、AC，如下图所示。

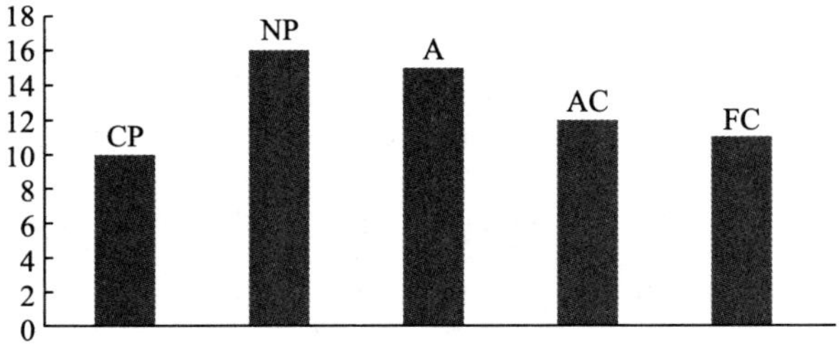

然后，在横轴的每个自我状态上面画垂直柱，纵轴上的高度代表所占用时间的多少。

可以先画出自己认为平时哪种自我状态占时最多，再画出自己认为占时最少的，剩下的三种自我状态就按照所占用时间的多少依次画出。

注意，不存在绝对高度的问题，而只存在相对高度的问题。

自我状态的自我分析

利用自我状态图对自己进行结构分析，可以参考上述画法，为自己画一个自我状态图。

为此，需要首先将自己的人生任务分为以下四大部分：生活、学习、工作和关系。

我们知道，健康的自我状态是与环境相匹配的自我状态，因此，只有在不同的情境中画自我状态图，才能得出比较准确的结论。

比如，一个学生在画自己在课本学习情景中的自我状态时发现，学习中他表现出很高的控制型父母自我状态和很高的适应型儿童自我状态。

这意味着，他的学习主动性不够。而如果他增加了成人自我状态和自由型儿童自我状态，他就不仅能增强学习动机，而且也能够学会享受学习。

我们再来看在各种关系中画自我状态图。比如，在我们和不同朋友相处时，通常表现最多的是哪种自我状态？是成人自我状态多、父母自我状态多，还是儿童自我状态多？

这样的自我状态图可以很直观地帮助我们发现自己关系中的长处和短处，从而为我们提供调节关系的可操作性方法。

在你和别人相处时，自己感觉最舒服且别人也感觉很愉快的时候，通常是哪种自我状态表现最突出呢？在你学习或工作最不顺利的时候，是哪种自我状态表现最多呢？

在大多数情况下，你的哪种自我状态最突出？它对你的社会适应状况起到了积极的还是消极的作用呢？

此外，你也可以为你周围的人画自我状态图，帮助他们通过对比来更好地认识自己。比如，为你最欣赏的一个人画出自我状态图，然后看看有什么发现。

你还可以为你最钦佩的某个成功人士画一个自我状态图，看能从中学习到什么。这样的问题你问得越多，你的自我认识就越深入、越准确。

把自我状态图当作个人成长的工具。比如一个人想让自己更具有创造性、更自然，他就可以根据这个自我状态图，在一段时间内努力增加自己的自由型儿童自我状态的成分，同时降低自己适应型儿童自我状态的成分。

我们可以在自我状态图上，先用实线把自己的现有状态标识出来，再用虚线把自己希望的状态清晰地标识出来，然后付诸行动。

总之，按照约翰·杜塞的“恒定假设”，当我们把能量更多地投入某种自我状态时，另外几种自我状态的行为举止自然就会减少。

正如欧嘉瑞所说的，在沟通分析理论中，一个心理健康的人是一个懂得在恰当的时候，运用恰当的自我状态的人。

【热点解读】

“非暴力沟通”的四要素

如果想让一个人改变想法和行为，那么前提就是“付出理解”。如果想要了解到底怎么做才能更好地表达自己，就有必要了解“非暴力沟通”。

“非暴力沟通”是指用不伤害人的方式，化解人际关系中的冲突，建立人与人之间的和谐体验。“非暴力沟通”不仅是一种沟通方式，还可以疗愈我们内心的伤痛；突破个人心智的局限；将愤怒、沮丧、焦虑等负面情绪，转变为更积极、良好的正面情绪。

非暴力沟通四要素

相比于身体暴力，语言暴力会比较隐蔽，很难让人察觉，但它往往比身体暴力的伤害更大，更令人痛苦。这种语言暴力，无论是有意还是无意引起的，都算是“暴力沟通”。

而非暴力沟通，就是为了改变这种暴力沟通而提出的一种沟通方式。它关注的是观察、感受、需要、请求四个要素。

非暴力沟通的第一个要素：观察。非暴力沟通主张结合时间和环境的观察，不建议绝对化的评论。人类智慧的最高形式就是不带评论的观察。

将观察和评论混为一谈，别人就会倾向于听到批评，并反驳我们。

非暴力沟通的第二个要素：感受。区分感受与想法，用具体的语言清楚地表达自己的感受，让对方了解我们的需求，在表达感受时，可以适当地选择示弱，这样有助于化解冲突。

非暴力沟通的第三个要素：需要。因为某些事情，某些语言，我们的内心会出现种种情绪感受，最根本的原因是自己的内心深处有某种需要没有被满足。

如果我们感到恐惧，那是因为我们需要足够的安全感；感到愤怒，那是因为我们需要得到更多的理解和支持；感到悲伤，那是因为我们需要他人的关怀和安慰。

非暴力沟通的第四个要素：请求。请求，尤其指请求帮助。为了改善我们自己的生活，有时需要别人帮助我们做些什么，这样的希望要向他人表达出来。

在请求帮助时，应尽量避免使用抽象的语言，而应把自己的请求具体地描述出来。另外要注意的是，我们是在请别人来帮助我们，这并非命令，所以也不能强人所难。

非暴力沟通的目的，不是为了让他人迎合我们，而是为了建立一种相互的、和谐的关系，这种关系是建立在彼此真诚和倾听基础上的。

这也正是为什么非暴力沟通重视每个人的需要的原因。

非暴力沟通的过程

非暴力沟通的过程有四步：一是什么是我的观察；二是我的感受如何？三是哪些需要（或价值、愿望等）导致那样的感受？四是为了改善生活，我的请求是什么？具体来说就是：

首先，要留意到正在发生的事情，并且要能以中立、客观的态度去描述它。

我们此刻观察到什么？不管是否喜欢，只是说出人们所做的事情。要点是，清楚地表达出观察的结果，而不做判断或评估。

接着，表达感受，例如受伤、害怕、喜悦、开心、气愤，等等。

然后，学会表达自己的需要，并了解是哪些需要导致了这些感受。

最后，根据这些需要提出具体、明确的请求。

借助这四个要素诚实地表达自己，是非暴力沟通的一个方面。非暴力沟通的另一个方面是借助它们关切地倾听。

举个生活中的例子来解读非暴力沟通四要素：

丈夫下班回家后就一直躺在沙发上玩手机，妻子下班后忙着做饭等其他事情。

暴力沟通的场景可能如下：

妻子说："我一天上班那么累，下班后还要收拾家，给你做饭，你回来就知道玩手机，这日子没法过了。"

受到妻子的指责，丈夫辩解："就你上班累，难道我上班就不累吗？上班受领导的气还不够，下班还要听你唠叨，不过就不过。"

接下来，很可能就是一场不可避免的恶战。一旦沟通进入吵架环节，双方已经不是去满足对方的需要，而是去攻击对方，让对方臣服于自己的观点，即使妻子吵架赢了，妻子也没有得到她想要的。

下面用非暴力沟通四要素来重现一下这个场景：

丈夫下班回家后就一直躺在沙发上玩手机，妻子开始跟丈夫沟通：

一是观察："你下班回来在沙发上玩手机，没有陪我说话。"

二是感受："我感觉到很难过，很委屈。"

三是需要："因为我希望得到你的重视和关心。"

四是请求："你能放下手机陪我聊聊天吗？"

丈夫不知道自己玩手机会给妻子带来怎样的感受，当听到妻子明确且正面的表达后，他很有可能放下手机，陪妻子聊聊天。妻子的最终目的也是希望得到丈夫的关心，这样一来，不用吵架，妻子的目的也达到了。

非暴力沟通提醒我们专注于彼此的观察、感受、需要和请求。它鼓励倾听，培育尊重与爱，使我们情意相通，乐于互助。

非暴力沟通除了观察、感受、需要、请求四个要素外，还有另一个很重要的方面——倾听。

倾　听

我们要放下自己心中已有的想法和判断，一心一意地去体会他人，去关注对方语言中所表达的观察、感受、需要和请求。

在倾听对方的表达后，我们要积极地反馈，可以采用疑问句的方式进行。反馈的问题也是从四个要素出发，比如：

观察："你说的是……事吗？"

感受和需要："你很难过 / 高兴 / 寂寞……吗？是不是因为你的……需要没有得到满足？"

请求："你想让我帮你做……吗？"

非暴力沟通的精髓在于对这四个要素的觉察，而不在于使用什么字眼进行交流。

通过运用非暴力沟通，我们不再仅仅关注自己和他人的行为，而是通过观察与倾听，用心了解彼此的感受、需要及请求，在真诚、愉悦的气氛中与他人进行平等、和谐的互动。

怎样处理人际冲突？——人际沟通的心理密码

你是否对复杂的人际关系感到束手无策？你是否想要摆脱他人带来的情绪困扰？

人们的互动和沟通都隐藏着各式各样无意识的"心理游戏"，人际沟通分析可以帮助你破解这些"游戏"背后隐藏的心理语言，帮你洞悉人性，实现有效沟通。

沟通游戏与人生剧本

你有没有过这样的经历，一场对话结束后你和对话的另一方都感觉很糟。

你对自己说了类似这样的话："为什么我身上老发生这种事情？""怎么又变成这样了？""我本以为他 / 她跟别人不一样，但是……"

你有没有对事情发展到如此糟糕的境地感到吃惊，但同时又意识到这种事情在你身上发生过？

如果你有过这样的经历，那么用人际沟通分析理论来说，你很可能陷入了一场心理游戏，也称为沟通游戏。

和橄榄球或国际象棋这些游戏一样，心理游戏也会按照预先设定好的规则进行，艾瑞克·伯恩最早注意到这种可预测的游戏结构，并且提出了一些分析方法。

沟通游戏

伯恩认为，沟通游戏是一系列朝着一个明确且可预见的结局连续进行的互补式隐蔽沟通，简单来说，沟通游戏是一系列暗藏陷阱或“骗局”的行动。

在人际沟通中，我们会习惯性地过滤掉一些东西，这种过滤会让我们无意识地忽略掉有助于解决问题的各种资讯，这在人际沟通分析中叫作“漠视”。

沟通游戏是两个人相处时一连串的交流和沟通，但这种沟通并不愉快。简单地说，它是“一系列诡异的沟通”。

沟通游戏有以下几个特点：

处在游戏中的人自己并不知道，至少表面上他们并不是有意制造冲突。

游戏结局很混乱，大家都感觉到挫败、互相指责。

游戏是一再重复的。你跟同一个人可能会反复陷入相同的感觉挫败、失落、不对劲的沟通游戏中。

参与沟通的人之间通常会有隐藏沟通。也就是在表面的沟通下，会有隐藏的信息在传递，即“话中有话”。

漠视分为四种情况：

漠视问题的存在。因各种原因没有注意到问题发出的信号，导致严重后果的出现。

漠视问题的重要性。注意到了问题发出的信号却不重视，漠视问题的发展，导致严重后果的出现。

漠视改变的可能性。环境决定论，认为自己无能为力、无法改变，看不到可能性。

漠视个人的能力。不相信自己有能力解决问题，只能维持现状。

针对这四种漠视情况，人们也会演化出相应的行为模式，包括：什么也不做、过度适应、烦躁、无能或者暴力。

人生剧本

在艾瑞克·伯恩眼中，生活中的每一个事件、每一次遇见、每一场对话，都是人间游戏的一部分，也是人与人之间沟通交流的一部分，如果能让人洞悉沟通中的心理游戏，从而了解这些游戏，就能在日常生活中帮助我们摆脱游戏的限制，用理性、客观的方式面对人生。

伯恩认为人们天生有一个“剧本”，就像戏剧一样，包括了主角、配角、几个幕、一个序幕、一个主题、连续的事件，以及特定的结局。

然后，我们尝试与他人一起活出这个剧本，而与我们一起合作的那些角色，他们的剧本也使他们本人适合在我们的剧本中扮演某个角色。

一个人的剧本就是一个人的信念和价值观：描述他们是谁，他们眼里的世界是什么样的，他们如何与世界联系，世界如何与他们联系，以及其他人如何对待他们。

心理学家普遍认为，一个人在四五岁时形成他们的人生剧本。

伯恩建议我们每个人都应该关注“沟通游戏”，有些游戏是无意识地激发了我们与环境以及与我们有联系的人的行为模式。

在这种情况下，“游戏”是一种无意识的信念，它驱使我们的行为，导致或引起情绪发生，唤起我们熟悉的感觉，那种感觉通常是消极的。

四种不同的心理地位

心理地位是指一个人对于自己或他人好或坏的最基本的价值判断。

最简单的心理地位是针对双方的，关于你和我，涉及两个问题：“我是如何看待自己的，我好吗？”“我是如何看待别人的，他们好吗？”

一旦我们在童年决定使用哪种心理地位来看待自己和他人，就会在随后的人生中始终坚持自己的选择，而且这些观点会变成我们认识世界的底层架构，我们会基于此而建构我们所生存的世界。

每个人在沟通之前其实已经对自己和他人有了预定的信念（或者说内心根深蒂固的潜台词），那就是：你是什么样的人，我是什么样的人。

跟扭曲的交流一样，心理游戏阻碍了真正的亲密关系，它只是在操纵和利用别人来得到自己想要的结果（它是无意识的行为）。

人们通过心理游戏来强化儿时的信念，强化自己的心理地位。

对于自己和他人的基本看法，可以概括为四种心理地位：

①我好－你也好：健康的心理地位。

②我不好－你好：自卑、抑郁；逃避他人的生活风格。

③我好－你不好：傲慢、偏执；摆脱他人的生活风格。

④我不好－你也不好：空洞、无望的心理地位。

沟通分析理论的哲学假设

人都是好的：我好，你也好；尊重人本质的价值与尊严。

每个人都有自己的思考能力：有能力做决定和选择，所以要过什么样的生活的责任，也落在自己的身上。

人决定自己的命运，人所做的决定是可以改变的：儿时的决定和行为模式，是可借此时此刻的不同资源，重塑力量改变旧的行为与信念，因此人是可以改变的。

卡普曼游戏公式与戏剧三角理论

在讲到心理游戏时，人际沟通分析理论中最著名的一个是戏剧三角理论。

戏剧三角理论的发明人是美国国家海军精神科医生斯蒂夫·卡普曼。

卡普曼曾和伯恩一起共事。卡普曼经过多年研究，提出了戏剧三角理论，当他把这套理论向伯恩讲述以后，得到了伯恩的高度评价。

卡普曼游戏公式

饵＋钩＝反应→混乱→转换→结局

其中游戏的原型都是孩子。玩沟通游戏的人必定属于迫害者、拯救者、受害者三种角色之一。

卡普曼戏剧三角形如下图所示。

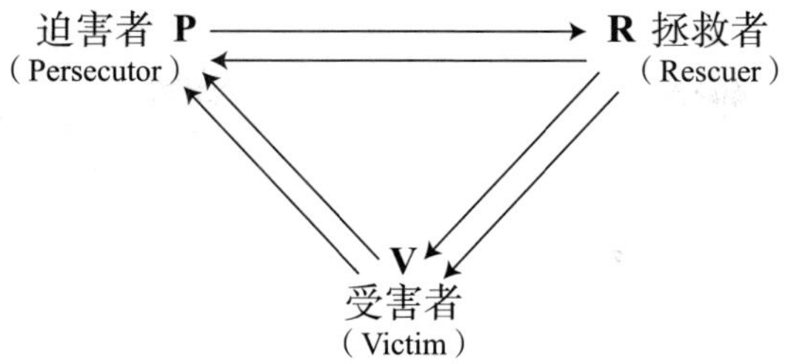

下面解读一下卡普曼游戏公式与戏剧三角形：

有人（通常是受害者）抛出了一个诱饵："你能帮助我吗？"

特定的诱饵与其所针对的人的特定钩子相匹配，通常拯救者会咬饵上钩。

另一方（让我们想象他是拯救者）的回答是："是的，我当然可以帮助你！"

注意：如果诱饵不匹配，拯救者通常不会被"拉入"或"挂钩"，并且受害者会徘徊去寻找其他人来玩这个游戏。

或者，受害者可能会尝试发起另一场游戏，这次是作为迫害者的位置，例如"你是一个糟糕的教练"或者"你是否是被官方认可的？"甚至"你是否属于专业组织？"

一旦游戏开始，只要诱饵适合双方，一场沟通游戏就将展开。

在某些情况下，这一系列的沟通游戏可以不断循环地进行，甚至获得终身友谊或进入婚姻，因为双方都满足于在没有获得回报的情况下留在游戏中。

然而，无论出于何种原因，一方通常会变得不满足，由一种角色往另一种角色转化，事情通常很快就会崩溃，拯救者—迫害者—受害者轮番上演。

拯救者通常在这一点上成为受害者，受害者经常成为迫害者，游戏结束，两人都以"很熟悉的感觉"或者"总是这样"的感觉结束对话，躲回去舔自己的伤口，准备下一次沟通游戏！

可以观察到，卡普曼戏剧三角形在社会层面上所起的作用——这是可观察的行为；在内部动态层面所起的作用——这是玩家感觉到的内在。

因此，很有可能感受到受害者被其他人视为迫害者，或某人作为受害者出现，但实际上却是一名迫害者。

戏剧三角理论

卡普曼发现，每个人心中都有一个戏剧三角形：受害者—拯救者—迫害者。

这是一种“人类互动的社会模型”，用来描述人们在互动关系中那些适得其反的做法及冲突发生时的问题。

本质上，每个人都倾向于扮演适合自己兴趣和个性的三种角色之一。如果这样做能给我们权力，使问题合理化，或只是让我们自我感觉更好，我们就可以迅速转变为不同的角色。

在冲突情境下，人们内心会不自觉地倾向于扮演受害者、拯救者、迫害者中的任意一个角色，并配合或引导他人扮演其他角色，大家一起完成这场表演。

每个人偏好的角色不同，有的人经常是迫害者，也有的人沉溺于扮演受害者、拯救者，不过我们每个人都会依据不同的情境，在三个角色中轮流切换。

这三个角色串联在一起，将当事人困在三角形里。每个角色看似各司其职，实际上背后的动力是在满足自身的内在需要，发泄情绪并且制造矛盾冲突，于个人心智成熟却没有太大的助益。

戏剧三角形是人类冲突的突破性模型

这三个“戏剧的面孔”被放置在一个倒三角形的三个点上。

R 代表拯救者，又名英雄，默认定位是“让我帮忙”。他们会自动介入以拯救受害者，通常会以一种使受害者“成为受害者”的方式行事，但无法解决长期问题。此外，若英雄感到沮丧，他们可能会变成迫害者 / 恶棍或受害者。

P 代表迫害者，或人们称他们为恶棍。扮演这类角色的人往往非常挑剔，并将问题归咎于他人，同时又觉得有必要介入并主导以纠正错误。他们可能被认为是一个控制性的恶霸，但若他们因这种行为而受到谴责，有时会转变为受害者。

V 代表受害者。他们将自己视为因环境或其他而使他们感到无能为力和绝望的受害者。他们可能会抱怨很多，但没有采取富有成效的行动。他们受到迫害者的压迫，并经常寻求或接受拯救者角色的帮助。

在沟通游戏中，一方向另一方发出邀请（一个陷阱），另一方接受邀请后，两人分别在沟通中扮演一定的角色，最后角色发生转换，游戏结束。

我们与他人的每一次沟通，背后可能都在玩一场心理游戏。一个人习惯玩的心理游戏，将决定他的人生模式。

这个三角游戏，我们每个人，每一天，都在内心上演，但是没有人能够察觉我们可以同时身兼多职——变幻莫测，乐此不疲，上演着生活中一幕又一幕的悲喜剧。

在生活中，每个人都不自觉地感受到这个三角游戏中的一种或两种角色，有的人深陷其中而不可自拔，比如陷入种种不幸的婚姻中的受害者，比如有拯救者情结的各种类型的助人者，比如动辄就指责抱怨要求别人的迫害者。

只有当我们明白这个三角游戏中的三个角色其实都是自己时，才有可能走出这个游戏，减少生活中的痛苦和冲突，做回真实的自己。

人际冲突背后的心理密码

心理地位的形成与一个人从出生到长大的经历有关。心理地位应时常被觉察、纠正，除了“我好，你也好”这种健康的心理地位以外，其他三种不健康的心理地位会让我们更多地进入沟通游戏，一次次体会挫败感。

心理地位：我好，你不好

情境 1：晚归的女儿

出场人物：父亲和晚归的女儿

父亲：你搞什么鬼，你看都什么时候了？

女儿：怎么了，不是跟你说过要和同学去看电影吗？

父亲：那也不能这么晚！怎么这么不懂事！

女儿：多晚啊？阿丽和我一起的，他爸就从来不说她，你怎么这么不讲理！

父亲：我不讲理，好，以后晚上不许出去！

结局：两个人都气呼呼地走回自己房间，用力摔上房门。

这是生活中常见的场景，多发生在父母与孩子之间。我们看到的表面事实，是父亲责怪晚归的女儿，女儿辩解。

结局可能是三种：父亲生气回房间狠狠把门摔上；女儿回房间狠狠把门摔上；双方都摔门而去，总之摔门是游戏的结局。

在这里，父亲隐蔽的内心动机和潜台词是：你这么晚回来，我多担心你，就不能为我着想吗？

但一个父亲的威严让他很难表达自己的担心，于是变成指责表达出来。进一步的潜台词是，我担心你，而你根本不在意。

父亲的心理地位是：我好，你不好。

沟通中的戏剧三角形

父亲担心女儿的安全，一直等到女儿安全回家，他扮演的是拯救者；一个负责任的父亲等女儿很晚回到家时，担忧变成了愤怒和指责，从而成了迫害者；等女儿摔门而去时他又成了受害者，一个人沮丧地想为什么女儿不能理解他对她的担心。

沟通中的自我状态

这个沟通表面上是严厉的父亲在批评犯错误的孩子，但其实是担忧的父亲在表达自己的无助。

他不能直接表达担心，有两个原因：一是父亲的权威感及男性角色的身份，让他难以示弱；二是认为示弱不能促进孩子的行为改变，只有指责才有力度让孩子害怕，以后才不敢犯错。而受到指责的孩子则想，有什么可担心的，大惊小怪。

真实的情绪和扭曲的情绪

这里有一个关键的问题：我们如何表达自己的情绪？

情绪分为真实的情绪和扭曲的情绪。

在这里，父亲真实的情绪是担忧，还有一些无助，如果他能直接把这些说出来就是在表达真实的情绪。

但在传统的中国家庭里这样的表达很少，所以父亲用指责的方式表达出了自己的情绪，担心变成了愤怒。也就是说，这是情绪的变形，我们称之为扭曲的情绪。

在沟通中，我们不仅要识别自己的扭曲情绪，尽量表达真实情绪，同时也要学会识别他人的真实情绪。

我们知道，家庭里孩子的有些情绪是被鼓励的，而有些情绪是被禁止的，比如有的家庭不允许孩子哭，有的家庭不允许孩子愤怒，所以当孩子体验到被禁止的情绪时，就会迅速转变到另一种被允许的情绪中。

比如当我伤心想哭时就假装平静，当我愤怒时就表示烦躁，这种情况下伤心就是真实的情绪，平静就是扭曲的情绪，所以真实的情绪就是孩子自然出现的感受，这时的他还没有学会排斥被家庭禁止的情绪。

而扭曲的情绪，就是孩子明白了家庭的禁令后，出现的替代的情绪、扭曲的情绪，是家长“最喜欢、最熟悉、最习惯的坏情绪”。

扭曲的情绪与真实的情绪的区别如下：

真实的情绪是用来解决当下问题的。比如父亲在家等待女儿晚归，他很担心，这是真实的情绪，但是他对女儿的指责和愤怒就是扭曲的情绪，不利于解决问题。

真实的情绪有助于别人了解你的真实需求，扭曲的情绪会混淆别人对你需求的理解。

真实的情绪有助于增进关系，而扭曲的情绪往往会破坏关系。

我们习惯了表达扭曲的情绪，因为这种方式来源于我们熟悉的情境，因此会认为这是通过操纵环境和他人解决问题的办法。

但实际上对方会感受到攻击。如果对方很愤怒，就会直接反抗这种攻击，此时，冲突就会加剧。

心理地位：我不好，你好

情境 2：久病的亲人

出场人物：一对母子

儿子去年因为意外伤害导致身体受伤，行走困难，一直待在家中卧床休养。他经常发脾气，做什么都没心情，妈妈也经常跟他发脾气。

妈妈：我给你切的水果怎么还没吃？让你查看的招聘信息看没看？

儿子：我能做什么呀，都不知道还能不能恢复正常，看那些有什么用？除了养着还有什么办法？

有体会的人都知道照顾病人是一件多么费心费神的事情，除了体力的操劳外，还有精神上的紧张。病人因为感到无助，对未来的担忧经常通过负面情绪表达出来。

但好的家庭系统，一般都有足够的积极力量，帮助无助的人走出阴霾。

我们看到的表面是一个被疾病折磨的儿子，他隐蔽的内心动机和潜台词是“凭什么这样的事发生在我身上”，心理地位是“我成了你们的麻烦”，我也只有自暴自弃什么也不做了。

儿子的心理地位是：我不好，你好。

沟通中的戏剧三角形

母亲最早扮演的是拯救者，心疼儿子的创伤，悉心照顾，无微不至。本希望看到的是儿子的恢复，但病程迁延，让儿子绝望、灰心、越来越愤怒。母亲也觉得自己是受害者，等到承担不了儿子负面情绪的那天，母亲也会爆发，变成迫害者。

沟通中漠视了什么？

在此情景中，儿子漠视的是自己解决问题的能力，认为自己的身体现状什么也做不了；而母亲漠视的是儿子心理创伤的程度。

在这种情况下，母亲最需要做的是让儿子把这个过程中承受的那些无助、对未来的担忧充分表达出来。

儿子如何调整？

面对重大创伤事件，儿子有情绪是正常的，但他需要清楚的是自己必须去面对。

遇到这样的重大刺激，很多人都会封闭自己一段时间，自暴自弃，这也是心理上必经的一个过程。

这个过程可以分为五个阶段：

①否认。回避已经发生的事实，总是想起没有出事前的样子。

②愤怒。为什么是我？总想去反击，总觉得有人应该为这件事负责任。

③讨价还价。总是假设如果当初怎样，现在就不会怎样。

④消沉。强烈的无助感、痛苦、自我怜悯。

⑤接受。面对现实的开始，主动争取帮助，更好地生活下去。

儿子要判断自己处在哪个阶段，需要哪些帮助，可以问自己如下问题：

①愿意把自己不好的感觉表达出来吗？如果愿意，想对谁表达？

②对倾听的人有什么期待？

③现在每天发生的哪些事会让自己觉得开心？

④明天想做点什么能让自己更开心？

⑤如果要让自己沉溺在这个状态里一段时间，那是多久？给自己定一个期限。

母亲可以如何应对？

照顾患者是不容易的，不仅要付出体力，更多的是心理的透支，看到亲人受苦自己却不能改变什么，这种无助感是母亲最大的压力。

给母亲的建议是：

①不要忽略自己所承担的压力，建立属于自己的支持系统，及时处理自己的情绪。

②不要过快地期待对方改变，也不要太焦虑对方的负面情绪。

从上面儿子心理必经的五个阶段来看，这个过程是必需的，没有人能跳过去。要允许对方消沉一段时间，不要过度反应。

③不要强迫对方沟通。患者会有一个阶段需要独处，给他空间。

④对于他的情绪，如果有力量就回应，如果没有可以不回应。

心理地位：我不好，你也不好

情境 3：冤枉的秘书

出场人物：总经理和秘书

总经理端着一杯咖啡愣愣地在出神，最近关于副总的事很让他困扰。

这个副总是好不容易挖来的，原来对他寄予了厚望。没想到进来后，发现他空有其名，在处理人际关系和管理团队方面有很大的问题。

快一年了，情况不断恶化，已经到了不得不做决定的时候了。但当初签的合同是两年，怎么谈是个问题，如何善后也是个麻烦事。

总经理越想越烦，正在这时，秘书推门进来，喊了声“周总”，总经理手一抖，满满一杯咖啡洒到电脑上，电脑瞬间关机了。

于是他气急败坏地喊道：“进来不知道敲门吗？你怎么搞的，那么大声干什么？看你把我害的。”

郁闷的秘书一边赶快收拾桌子，一边小声嘟囔：“我敲了好几次，以为你听见了。”

总经理：“还说，说什么说，快收拾，乱七八糟的，烦死了！”

总经理的心理地位是：我不好，你也不好。

沟通中的戏剧三角形

这个游戏的表面事实是鲁莽的秘书打断了深思的总经理，遭到了斥责，其实我们能看到总经理生气的原因并不是电脑上被洒上咖啡了，而是那句“烦死了”。

他在为什么事情烦呢？显然是自己用人失误的事情，之前决策失误的挫败感和不知如何处理的焦虑感困扰着他。

秘书的出现只不过让他把心里的这些情绪表达出来了，他可能一直在想的是：“都怪那个不靠谱的猎头公司，怎么给我推荐了这个人！这个可恶的副总，我对他寄予了这么大的希望，结果现在企业经营得一塌糊涂。”

可怜的秘书一进来，就撞到了枪口上，于是对猎头公司、对副总以及对自己的抱怨都指向了秘书。

总经理的情绪一下子爆发了，“看你把我害的”，其实是“看你们把我害成什么样子了”，这句话才是总经理最真实的想法。

所以他隐蔽的内心动机和潜台词是：“这个倒霉的猎头公司和这个无能的副总可把我坑苦了。”

沟通中的自我状态

表面上是严厉的父母型总经理对闯祸的秘书的指责，其实是儿童状态的总经理在对自己解释“都是他们让我陷入这么狼狈的状态”。

沟通中漠视了什么？

在此情境中，游戏的发起人是气急败坏的总经理。

他漠视的是改变的可能性及个人解决问题的能力。

用人失误在企业中是正常现象，每个老板都可能经历过。

通过自己的管理团队解决这件事情是迟早的事，但可能由于老板以前没有遇到过，所以就会乱了方寸。

很多时候遇到困难会觉得挺不过去了，等解决之后再回头看又觉得那根本不是问题，一旦夸大问题的严重性，总经理就会陷入儿童状态的恐惧中变得六神无主。

总经理该如何调整？

一个领导，尤其需要觉察自己的压力和情绪状况。

在本例中，总经理的压力到了一个临界值，而他的压力反应是情绪反应——烦躁，在烦躁的时候，他进入了儿童状态的自我否定。

但作为领导者，他往往很难表达这种情绪，而是会转换成挑剔型父母状态去指责别人。

当出现“情况糟透了”这样的想法时，不妨多说几遍“情况真的糟透了”。

多次的重复往往会形成一种强烈的刺激，激发自己的觉察能力。

一个本质上积极的人是不会允许自己在负面的状态下停留太久的，所以多次的重复之后很多人会自己说“很糟吗？真的那么差吗？也没有吧！”很好，反省就在这时出现了。

当反省出现后，人就会从儿童状态中走出来，恢复到具备计算机功能的成人状态，同时开始整合资源研究可能性，找到最好的解决问题的办法。

心理地位：我好，你也好

情境 4：受欢迎的人

出场人物，职场新人小唐

本科毕业的小唐进入公司一个月就成了热点人物，上上下下无一不熟。电脑有问题找他；想买手机问他；摄影找他；同事的同学来北京问如何安排行程，他像活地图一样，不厌其烦地一一介绍。

更重要的是，小唐幽默诙谐，有他在就有笑声，而且他从来也不介意自己成为大家打趣的对象。

半年下来，他不是能力最强的新人，却成了大家心目中最重要的同事。

很多时候，组织里受欢迎和肯定的不是能力最强的业务高手，反而是这种职场中的绅士，毕竟不是每个人都能成为业务总监，大家更关注谁给了自己好的感觉，但是也要注意，小唐不要成为具有讨好型人格的人。

小唐的心理地位是：我好，你也好。你们有问题来找我是信任我，我能帮助大家也很高兴。

沟通中的戏剧三角形

戏剧三角形没有出现。求助的人，不是受害者；提供帮助的人，也不是拯救者。

沟通中的自我状态

大家有时都在成人状态里，有时都在儿童状态里，但始终处于平行的沟通，同样可以实现良好的沟通。

职场上受异性肯定的男士，往往有这样几个特点：

①对自己的能力和创造力充满信心，所以只要有需要自己的地方都愿意展示自己的能力。

②心理层面很成熟，知道人与人之间交往的界限，热情而不会越界，尺度把握得很好。

③很清楚地知道，沟通的目的就是让大家开心。他们内在心理层面的话是：我可以很从容地生活。

他们的表面事实和内心动机是一致的；我是一个快乐的人，我希望气氛轻松，也愿意把快乐带给大家。

人际沟通的心理成长

沟通分析是帮助困扰者看到隐蔽沟通的内容，进而看到隐藏在沟通背后的焦虑和冲突。

如果人们能坦率地进行表达，而不是选择具有某些“坏结局”的游戏来达到某种目的，那么其不良沟通状态也不至于重复和持续了。

一致性沟通的表现

一致性沟通意味着承认自己所有的情感，能很好地表达自己的想法，同时顾及他人的感受，且考虑到情境。

在表里一致的行为和关系中，我们可以不带任何评判地接纳并拥有自己的感受，并且以一种积极、开放的态度来处理它们。

采用一致性沟通的人，其言语表现出一种内在的觉察，表情流露与言语一致，内心和谐平衡，自我价值感较高。

一致性沟通四部曲

①表达你要的，而不是不要的。（比如：妻子抱怨丈夫回来晚了“你还知道回来呀，怎么不死外边”。）

②表达你的感受，而不是情绪。（比如：表达自己现在是愤怒的，而不是愤怒地去表达。）

③表达你的需求，而不是抱怨。（应直接表达自己的需求；可一般大家却表达为，你猜我想要什么？你猜不到说明你不在乎我，然后就开始抱怨了。）

④表达你要去的方向，而不是抱怨你所在的位置。（看目标，而不是陷在事件里。）

一致性的三个层次

第一层：接纳感受

意识到自己的感受，能够理解和接纳，愿意在不带任何否定或投射成分的基础上加工和处理。

第二层：深入觉察

了解自己内心真正的渴望和期待，然后为这份渴望负完全的责任。

第三层：身心合一

与宇宙间普遍存在的生命力保持和谐一致，天人合一、顺应自然。

人际沟通的心理成长目标

人际沟通心理成长的最高追求是："身心整合，内外一致。"具体来说就是：

①提高自我价值（自尊）：自我价值是一个人对自己的价值判断、信念或感受。

②做更好的选择：三种以上才是选择，而且更有力量。

③更负责任：为自己的内在体验和外在行为负责，我们驾驭它们，为它们做出选择，并透过它们体验喜悦。

④更和谐一致（表里如一）：与自己接触，兼顾自我、他人、情境，并能够驾驭自己。

真诚的沟通对人类而言是非常重要的，除了伯恩的沟通分析之外，萨提亚的沟通模式、米勒的《亲密关系》、马歇尔的《非暴力沟通》等都强调了一致性沟通的价值。

正如伯恩所言，当我们获得了自主性，能够在此时此地觉察自己的内心，相信自己有再决定和改变的能力时，我们便能从强迫性玩沟通游戏中解脱出来。

【热点解读】

《人生五章》，你在哪一章？

《人生五章》是波歇·尼尔森的一首很治愈的诗，描述了我们遇到问题时的反应，以及最终如何去解决这个问题的心理过程。这首诗用简单明了的语言给人们讲述了一个人心理和精神成长的故事。

人生五章

作者：波歇·尼尔森

第一章

我走上街，
人行道上有一个深洞，
我掉了进去。
我迷失了……我很无助。
这不是我的错，
费了好大的劲儿才爬出来。

第二章

我走上同一条街，
人行道上有一个深洞，
我假装没看到，
还是掉了进去。
我不能相信我居然掉在同样的地方。
但这不是我的错，
我还是花了很长的时间才爬出来。

第三章

我走上同一条街，
人行道上有一个深洞，
我看到它在那儿，
但仍然掉了进去……这是一种习惯了。
我的眼睛睁开着，
我知道我在哪儿，
这是我的错。

我立刻爬了出来。

第四章

我走上同一条街，

人行道上有一个深洞，

我绕道而过。

第五章

我走上另一条街。

我们把五章分别称为迷失、否认、觉察、接纳、超越。

这五章是人生不断走向成熟的过程。同一个深洞，其实已经不是简单的洞，而是你内心的映射。

第一章，迷失

如同跌入人行道上的深洞，那是对未知的恐惧和困惑，还费了你很大的劲才爬出来，从错误中恢复。

你觉得都怪这个洞，抱怨、委屈，觉得自己根本没有丝毫的错。深洞就好比：要不是那些人那些事我怎么会这样？却从来没有去修正自己的心境，总是寻找自身以外的原因。

第二章，否认

走在同一条街，你知道那里有洞，却选择忽视，看似聪明，实则落入了自我欺骗的陷阱。

你不愿承认问题的存在，开始否认这绝不是我的错，抱怨甚至比第一次还委屈，还多了怨恨，居然花了我那么长时间才爬出来，你愤愤不平。

同样的错误，我们会犯两次以上，这是过于以自我为中心造成的。当事情发生了，我们从来没有从自身找出原因，而是对自己的不足视而不见，它揭示了我们的逃避心理。

第三章，觉察

意识到自己在同一个地方摔倒后，开始醒悟，并立刻站了起来。一般只要是心地善良、重感情、有些悟性的人都很容易走到这一章。

我们开始学会直面，深洞不再是盲目的陷阱，而是自我反思的起点。我们亲眼看见，明白自己的责任，尽管挣扎，却能迅速起身，这是成长的开始。

不再抱怨推卸责任，开始正视自己的问题和接纳他人的不完美，懂得了每个人的思维和认知不同。

同样的事物，你看到的是美好的一面；而有的人看到的可能是丑陋的，也就很难再走到后面两章，为什么呢？

第四章，接纳

我们在错误中成长了，再次面对同样的错误，能及时意识到它的存在，并找到避开它的方法。

学会了策略，绕道而行，意味着从经验中学习，这是对困境的巧妙应对，不再盲目重复错误。

当你发现自身有缺点时，就会用理解、换位思考的心态看待他人的不完美，你的境界在慢慢提升。你已经知道不能再走这条街，因为那里有深洞，你选择绕道，走上另一条街。

当你已接受了自己的缺陷，并愿意去修正时，是对自己的一种善待，它会产生一股强大的吸引力，那就是爱和善良。

第五章，超越

我们抵达了智慧的高峰，在风险评估中洞察全局，我们选择改变，放弃无效路径，因为只有放下，才能找到通往成功的新的道路。

走上另一条街，已经超越了曾经的自己。一个人从迷失、否认、觉察、接纳、超越中已经遇见了另一个更好的自己。这是对自我认知的升华，也是人生旅程中真正的觉醒。

懂得“金无足赤，人无完人”，不被世俗欲望蒙蔽了内心，已经懂得了什么是真正的爱，更理解了他人的不容易，不再用自己的思维去要求、衡量他人。

只想做真实的自己，不介意他人的看法和评论，不再想证明给任何人看，只是安静地做好自己。

这五章是人生不断走向成熟的过程。

那个很深的洞则象征人生路上暗藏的各种挫折、风险和难题。每个深洞都是生活的一个教训，教会我们如何面对挑战，如何从失败中汲取力量。

要从遭遇不测、茫然失措地陷入同样的困境，在反复多次的跌倒中反省自身的责任，到清醒地面对并积极地改变生活，直至彻底摆脱旧的定势，开始全新的生活。

每一次的跌倒，都是我们成长的阶梯；每一次的突破，都是我们的新起点和新挑战。让我们在人生的道路上更加坚定，更加明智。

人生就是一个不断学习的过程，需要我们时刻保持一颗觉醒的心，愿我们都能遇见未来更好的自己。

【拓展阅读】

[1] [美]罗伯特·瓦尔丁格.美好生活：哈佛大学跨越85年幸福研究启示[M].许丽颖，译.北京：中信出版集团，2023.

[2] [美]亨利·克劳德.他人的力量：如何寻求受益一生的人际关系[M].邹东，译.北京：机械工业出版社，2017.

[3] [美]约翰·戈特曼.人的七张面孔：打造良好人际关系的秘诀[M].李兰兰，译.杭州：浙江科学技术出版社，2023.

[4] [美]罗纳德·B·阿德勒.沟通的艺术：看入人里，看出人外[M].黄素菲，李恩，王敏，译.北京：世界图书出版公司，2010.

[5] 马薇薇.好好说话[M].北京：中信出版社，2018.

[6] [美]亚瑟·乔拉米卡利.共情的力量[M].王春光，译.北京：中国致公出版社，2019.

[7] [美]马歇尔·卢森堡.非暴力沟通[M].刘轶，译.北京：华夏出版社，2021.

[8] [美]艾瑞克·伯恩.人生脚本：说完“你好”，说什么？[M].周司丽，译.北京：国际文化出版公司，2023.

[9] [美]艾瑞克·伯恩.人间游戏：冲破社交陷阱的人际沟通分析[M].周司丽，

译 . 北京：中国轻工业出版社，2022.
[10] 杨眉，[瑞典] 欧瑞嘉 . 人际沟通分析学 [M].2 版 . 北京：中国人民大学出版社，2018.
[11] [美] 艾恩・斯图尔特 . 今日 TA ：人际沟通分析新论 [M]. 田宝，张思雪，田盈雪，译 . 北京：世界图书出版公司，2017.
[12] 徐丽丽 . 四大沟通模式 [M]. 武汉：长江文艺出版社，2014.
[13] [美] 维吉尼亚・萨提亚 . 萨提亚家庭治疗模式 [M]. 聂晶，译 . 北京：世界图书出版公司，2015.

第六讲　爱情心路

【关注话题】

“干得好”不如“嫁得好”？

德国诗人歌德说：哪个男子不钟情，哪个少女不怀春？著名音乐人李宗盛感叹：爱情它是个难题，让人目眩神迷……

爱情是个亘古不变的话题，永远都不会过时。世间情爱千千万万，每天都不断上演着悲欢离合的故事。

作为新时代的女性，你有没有在你的领域努力做着自己喜欢的事情，并且在做得很好的时候，身边总有个声音和你说：“女孩子，不要那么辛苦，工作再好，事业再成功，还不如找个好男人嫁了。”

在父母眼中，女孩子事业再好，没有对象也是失败的人生；还有一部分父母认为，女孩子无须那么拼，工作再好还不是要嫁人，还不如趁年轻找个条件好的嫁了。

嫁得好，对于不同的人来说可能有不同的含义。从经济角度来说，嫁得好可能意味着找到一个经济条件优越的伴侣。

从心理学的视角来看，“干得好”不如“嫁得好”这一观念实际上是一种误导。

这种想法容易让女性高估自己的能力。自我认知，即“自知之明”，是人生中最难做到的事情之一。但那些认为“干得好”不如“嫁得好”的姑娘，很容易看不清自己，高估自己的能力。

这种做法容易让女性失去主导权。经营好婚姻，需要关系平等，如果被对方认为是高攀了，则在相处过程中，对方会展现出自己的控制欲，这就导致那些嫁入所谓“豪门”的女性不得不处处谨慎，甚至要看对方的脸色行事。正如作家亦舒所言：“生活上依赖别人，又希望得到别人的尊重，是不可能的事情。”

这种观念容易让女性失去自我。一旦接受了这样的观念，女性就会将其内化为自己的行为规则，从而表现出过分讨好、卑微的态度，在生活中对人察言观色，活得小心翼翼，忽视了自己的真实感受和要求。这与经营好婚姻需要尊重、平等和理解的原则是背道而驰的。

嫁得好的女性，其实自己也可以干得好。就像郭晶晶，很多人羡慕她“嫁得好”，但我们不能忽视她自己“干得好”。退役后的她选择进修学习提升自己，通过艰苦的努力成为国际泳联裁判。

从另一个角度来说，正是她“干得好”，才有了她后来“嫁得好”。正如她自己说的，“豪门有很多，世界冠军只有一个”。

其实，经营好婚姻是需要实力的。

真正嫁得好应该是找到一个与自己相互喜欢、相互尊重、相互支持、相互信任的伴侣，共同建立一个幸福美满的家庭。

那些想着只靠靓丽外表攀高枝的女性，不仅低估了经营婚姻的不易，还低估了自己的能力。

真正聪明的人一定清楚，成年人的世界没有捷径可走，唯有自己努力成长，才能配得上金玉满堂。

更为重要的是，幸福的婚姻离不开尊重、平等、理解和欣赏等能满足彼此心理需要的因素。

怎样维护一段长期的感情？怎样获得幸福的人生？让我们一起从心理学视角探索爱情的心路历程。

【心理探索】

爱情的本质——问世间情为何物?

“爱是什么?”这是无数人都问过的问题。从古到今，各个学科领域的杰出人物都从自身角度出发，试图给爱情下一个准确的定义。

哲学家说，爱是追求真理；社会学家说，爱是最和谐的人际关系；艺术家说，爱是人间最高的欢愉；而科学家又说，爱其实是大脑多巴胺的分泌。

弗洛姆说爱是一门艺术

爱的本质

心理学家埃里希·弗洛姆说，爱的本质，就是对人类生存问题的回答。这句话怎么理解呢?

人有理智，可以认识到自我的存在，认识到生老病死等现象，所以会意识到自己独特的分离处境，并因此产生孤独感和恐惧感，害怕与外界失去联系。

人如何从这份孤独和分离中逃离出来呢?到底什么方式才能真正地、持久地、全面地实现人与人之间的统一呢?

为了解决这个问题，人们进行了各种尝试，比如纵欲、趋同和创造性劳动。但纵欲获得的是暂时的统一，趋同得到的是假统一，创造性劳动不是人与人之间的统一。

弗洛姆说，只有爱才能拉近人与人之间的距离，让他们实现新的结合，并真正克服孤独和恐惧，找到自己存在的意义。

人的根本生存问题就是克服孤独感，重新建立与他人和整个世界的联系。

爱的本质是一种融合，生命合为一体而又保持独立和完整的融合。

爱是一个人人格整体的展现，要发展爱的能力，就要努力发展自己的全部人格，并朝着自我实现的方向做出不懈努力。

这里包含了两层意思:

第一层意思是，爱意味着人的本身就是成熟的，这样的人才能感受到爱和表达爱；

第二层意思是，爱不仅需要学习，还要根据人生的发展而不断改进、创造和培养。

爱其实是一种相互的力量，一方发出爱的信号，另一方能够感受到，这种爱的交流才能让感情更深厚。

什么是真正的爱？

真正成熟的爱是什么样的？弗洛姆说，那就是在保持自我完整性和独立性的基础上，实现两个人的合二为一。

这种爱情是积极的，可以冲破人与人之间的隔阂，帮助人克服孤独与恐惧，但同时又能让双方保持对自己的忠诚。

弗洛姆认为真爱的基本要素，是主动“给予”而不是“索取”。“给”是力量的最高表现；恰恰是通过“给”，才能体验我的力量，我的丰富，我的活力。

双方在互相给予的过程中唤醒着彼此内心的生命力，并获得快乐和满足，这就是爱情的美妙之处。

爱是对所爱对象的生命和生长的积极关心。如果缺乏这种积极的关心，就没有爱。

这种积极的爱，还要具备爱的四个基本要素，也就是关心、责任、尊重和认识。

这里所说的爱并不局限于男女之间的情爱，而是包含世间一切人与人的积极结合，不管是父母对孩子的爱，男女之间的情爱，还是对全人类的博爱。

因为在这些爱中，上面所说的四个要素都是齐备的，只是各有突出而已。比如在母爱中，关心的要素表现最突出。

爱不是针对一个对象的问题，而是一个能力问题。一个有能力爱的人，不但可以爱一个人，比如爱他的孩子、恋人，也可以爱周围的人，甚至全人类，这就是博爱。

一个人要学会去爱，就是要学会关心他人，承担责任，尊重彼此，并正确认识自己和他人。

那么，什么样的人才有能力去爱呢？那必定是一个成熟的人，一个懂得给予和付出的人，一个懂得关心、尊重和认识他所爱对象的人。

这就要求他首先发展自己的人格，发展一种创造性倾向。只有内心可以孕育和创造出爱，才能不断给予他人甚至整个世界以爱。

这种能力不是与生俱来的，对刚出生的婴儿来说，爱就等同于被爱。而只有经历了成长和发展，他才会明白，爱不仅仅是被爱，更是主动去爱他人。

弗洛姆认为爱是一门艺术，人们需要学会爱，就像学其他的艺术，如音乐、绘画、木工、医疗一样，他的成熟需要付出相应的努力。

爱情是需要技术的，不仅仅是依靠激素，依靠激情澎湃，依靠性本能。激情终究会消逝，归于平静。

真正的爱透着理性和成熟，蕴含着责任和尊重，追求人与人的统一，却又不失自身的独立和精神的欢愉。

英国哲学家罗素也曾说过："真正的爱情全然不同于老爷主子式的得意。它令人精神欢畅，却不是只满足本能的快感。只有令本能和精神同时获得满足，才是幸福生活须臾不可或缺的因素，才能从中产生出男女之间最美妙的激情。"

学习如何去爱

在我们所处的这个时代，真爱还存在吗？弗洛姆的回答是，真爱还在，但是很稀缺。在一个人被异化为物，在一个对人性发展缺乏真正关注和认识的社会中，真正的爱情必然是一种稀缺品，取而代之的是各种假爱情。

寻找真爱，并不是撞大运，也不是像在商场里挑挑拣拣，而是首先实现自己，完成自己。当你成为真正的自己时，自然会心中有爱，并唤醒他人心中的爱。

在这样的爱中，你不会失去自己，而是和爱人一起去创造全新的和谐统一，去创造一个超越了自我的全新世界。

弗洛姆说，**爱情也和其他艺术一样，要求纪律、专注、耐心和兴趣。但它又**

是特殊的，要获得爱的能力，就要克服自恋，用客观和理智看待世界，并相信人类可以通过爱情实现新的和谐与统一。

爱的能力取决于摆脱自恋的程度，从而发展出一份如实看待自己、世界和他人的客观性。摆脱对父母、他人、族群非理性的依恋和盲从，并在这个过程中对自己和他人保持信念。

弗洛姆说：那些把自己锁在防御里，将距离和占有视为安全的人，他们只是在画地为牢。那些害怕自己不被爱的人，在潜意识里真正害怕的是去爱别人。

去爱，意味着在不知道能否获得回应前，拥有用爱唤起爱的信念，全然地献出自己。

成熟的爱并不是让人失去独立和自我，而是在保持自身独立的基础上实现人与人的结合。

斯腾伯格爱情三元论

心理学家提出了不少爱情理论，其中最有影响的关于爱情的理论，便是美国耶鲁大学心理学教授罗伯特·斯腾伯格提出的爱情三元理论。

斯腾伯格认为爱情主要是由三个元素构成的，分别是亲密、激情和承诺，如下图所示。

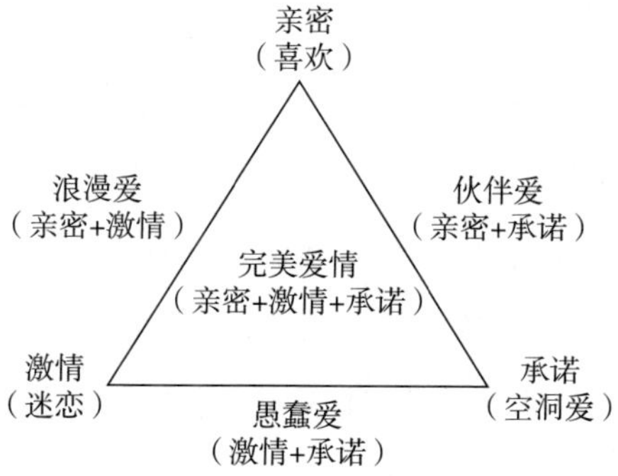

就像是三个点确定一个平面一样，缺少其中的任何一个元素都不构成两个人的恋爱关系。

亲密是一种心理上互相喜欢的感觉，希望加强与对方的情感链接，重视对方的感受，给予对方情感上的支持，它是情绪性的。

激情指两个人之间的相互吸引，情绪上的着迷，伴随有生理性唤起，是爱情中浪漫的来源，有些则与性有关。

承诺分为长期承诺和短期承诺。长期承诺指与对方走入婚姻关系，共度一生。短期承诺指与对方确立恋爱关系，是爱情中最理性的成分。

爱情 = 亲密 + 激情 + 承诺

也就是说，我们如果想跟 TA 构成恋爱关系，就可以按照这个公式来分析，缺少了哪一个，就想办法补哪一个，如果三者都具备了，自然你们也就在一起了。

下面进一步了解这三个元素的具体内容。

亲密的 10 个基本要素

亲密，是两人之间感觉亲近、温馨的一种体验。简单来说，就是能够给人带来一种温暖的感觉体验。

亲密的 10 个基本要素包括：渴望促进彼此的幸福，喜欢与对方在一起，一起做事情时心情愉悦，彼此理解，相互尊重，相互分享，情感上被支持，愿意给予对方情感支持，坦诚沟通，彼此珍重。

激情发展的三个阶段

激情是一种强烈的想要跟对方结合的状态。通俗地表达就是见了对方就会有一种怦然心动的感觉，跟 TA 在一起就有一种兴奋的体验，有性的需求。

从心理学上来看，激情的发展大致经历三个阶段：

第一阶段，意识控制减弱，身体变化和表情动作失去控制，细微的动作因高度紧张而发生紊乱，人的行为服从 TA 体验到的情感。

第二阶段，人失去意识的监督，发生不可控制的动作和失去理智的行为，并且在事后回想起这些动作时会感到羞耻和后悔。

第三阶段，会出现激情爆发后的平静和某种疲劳现象，严重的时候会出现精力衰竭，会变得对周围的一切都漠不关心，也就是经常说的激情休克。

爱的时候一定有一个肢体进挪的过程，就像你总是不敢牵 TA 的手，那么你们也就总是开始不了这段恋爱；而恰当的进挪，会快速推进两人关系的发展。

承诺的两种时效

承诺一般是由两个方面组成的，划分起来很简单，那就是短期的和长期的。

短　期

短期方面就是要做出爱不爱一个人的决定。也就是说，你要决定是不是要跟 TA 在一起，因为尽管 TA 在某些方面很吸引你，但总还有一些地方让你不是那么满意，你有所顾虑，这时你就要好好考虑了。

长　期

长期方面就是要做出维护两个人情侣关系的承诺，包括对爱情的忠诚和责任心。也就是结婚誓词里说到的“我愿意！”这是一种患难与共、至死不渝的承诺。

如果 TA 迟迟不肯跟你确定情侣关系，就可能是你没有给 TA 一个明确的短期承诺；如果在长期关系里总是出问题，TA 总是吵吵闹闹，没有安全感，就明显是长期承诺做得不好。

爱情的七种形式

激情、亲密、承诺这三个元素构成爱情的以下七种形式：

喜欢式爱情：只有亲密，没有激情和承诺。例如友谊。

迷恋式爱情：只有激情，没有亲密和承诺。例如初恋。

空洞式爱情：以承诺为主，缺乏激情和亲密。是没有爱情的婚姻。

浪漫式爱情：有激情和亲密，没有承诺。属于海王的爱情。

伴侣式爱情：有亲密和承诺，没有激情。例如相伴已久、激情褪去的夫妻。

愚蠢式爱情：有激情和承诺，没有亲密。例如一见钟情。

完美式爱情：激情、承诺和亲密都有。是理想的爱情模式。

当前很多大龄青年面临找对象的困难，单身的人越来越多，这些人很大程度上是对理想爱情近乎顽固的执着。TA 是追求完美爱情的信徒和守候者，为真爱不惜赔上自己的黄金年代。

爱需要勇气，更需要能力，没有能力的勇气，有心无力。虽然如此，芸芸众生并不是要等具备了这三个要素以后才开始谈恋爱。

爱情的发生——如何科学地脱单？

爱情有很多方式、类型和特点，每个人的爱情都不一样，看起来似乎没有规律，导致我们在追求爱情时不知该怎样做。

爱情是前世修行的结果还是今世的缘分？如何置身一场一见钟情的爱恋？怎样让 TA 爱上我？爱情有规律吗？

吊桥效应：一个心理学的脱单样本

情绪唤醒实验

心理学上有一个著名的危桥上约会的爱情心理实验。

心理学家亚瑟·埃伦在卡皮诺拉吊桥上做过一个经典的现场实验。

由一位漂亮的女生做主试，进行主题统觉测验。一次是在一座高 230 英尺左右的摇摆吊桥上，下面是深不见底的峡谷；另一次是在 10 英尺高的石桥上。

参加的实验对象是 18~35 岁且没有女伴的男性，每个人单独进行测验。

两次的实验程序完全一样：女主试把题目交给男被试让其完成，之后对他说：如果你想知道这次测验是怎么回事，就可以给我打电话。

说完留下电话号码。实验助手并不知道实验的真实目的。

最后的结果是什么？

实验结果发现，同样的女生，同样的调查问题，走危桥的男性，有三分之一打了那个电话；而走坚稳大桥的男性，只有两个打了电话。

那么是走吊桥的男性对这个测验更感兴趣吗？不，是对这个女生更感兴趣。

所以我们有了一个问题：为什么在类似吊桥这种危险的环境下容易产生爱

情？为什么英雄救美之后，往往佳偶天成？

人在坠入情网或处于危险情境时，不知不觉心跳会加快，生理产生亢奋感。二者所受的刺激虽然不同，但在生理上却有颇多相同之处，使人分辨不清，从而容易把爱与恐惧混为一谈。

由此可以明显看出，人愈是处于不安、恐惧的情境下，对异性的接纳程度愈高。

情绪唤醒与归因

心理学研究认为，这跟情绪二因素规律有关。一个完整的情绪体验（不管是高兴、悲伤、爱、恨，还是其他）一般包含两个阶段：

第一个阶段是生理唤醒的体验。

每种情绪都包含着身体和心理反应，既有生理唤醒，也有我们如何诠释的心理唤醒。比如心跳加速、双手发抖，这是经历恐惧、焦虑？还是喜悦？从生理上讲，这些情绪都很相似。

社会心理学家用情绪唤醒理论来解释初次相遇所体验到的吸引力。如果正处在浪漫的情境中，你可以把这种生理唤醒体验为激情之爱。

第二个阶段（关键在此阶段）是为这个生理表现找一个原因（归因）。

找的原因不同，随后的心理轻微反应和情绪体验也不同。情绪不稳定的时刻，也是容易让关系亲近的时刻。

情绪的二因素理论认为，当处于兴奋状态的男性对女性做出反应时，他们很容易把自己的某些生理唤醒错误地归因于这位女性。如观看恐怖电影、乘坐过山车及体育锻炼、经历鬼屋等，都会让彼此对身边的人产生好感。

这个实验就证明了，对生理唤醒状态的认知评价也是促使青年人投入恋爱的因素。

在暴风雨中的恋人会感到两人间的爱情更加牢固，其原因是：暴风雨引起强烈的生理状态变化，恋人感知到了生理变化而认为这种生理变化是由爱情引起的。

吊桥上较为危险，危险时人会害怕，生理表现为心跳加速、脑门冒汗、脸颊绯红，这个表现是不由自主的。

当我们爱上一个人，眼前出现一个心仪的异性时，表现是什么？也是心跳加速、脑门冒汗、脸颊绯红。

所以，爱情可能是心跳加速后归因错误的结果。

科学脱单：如何让一个人心动？

怎样让一个人爱上你？迟毓凯教授给你支招：**让 TA 心跳加速。当一个人情绪激动、心跳加速时，容易拉近关系。也许你不懂这个道理，但你在不由自主地利用这个规律。**

比如第一次约会的时候做什么？先吃饭。为什么谈恋爱都吃饭？有几个好处。

第一是通过吃饭进行面对面精神层面的交流。

第二是通过吃饭可以把对美食的好感迁移到对方。

第三是吃饭导致胃肠蠕动需要血液，引发心跳加速。

有时吃饭时还会喝点酒，心跳继续加速。

爱情是心跳加速结束之后，找到原因的结果。

所以，心理学也好，艺术学也好，很多行业的共同结论是：**要想跟一个人拉近关系，先要让他情绪激动起来，这样我们才能脱单。**

怎么感觉满满的都是**套路**？别着急，爱情的路还长着呢！

人际吸引力的影响因素

为什么有些人受欢迎，而有些人却不那么受欢迎，究竟有哪些因素能影响一个人的吸引力？根据心理学家的众多研究，我们总结了如下几个方面。

时空接近性

时空距离是影响人际吸引的一个因素。距离越接近，交往的频率可能就越高，也就越容易建立良好的人际关系。

美国心理学家费斯廷格对住宅楼里的人进行的调查显示：居住距离越近的人，交往的次数越多，关系也越密切。可见，邻近性可提高喜欢的程度，容易建立和发展良好的人际关系。

美国心理学家扎琼克针对交往频率与人际吸引开展实验研究。要求所有被试按自己喜欢的程度将照片排序，结果发现了一种极明显的现象，照片被看的次数越多，被选择排在前面的机会也越大。

这就是人际交往的多看效应。若想增强人际吸引，就要留心提高自己在别人面前的熟悉度，这样可以增加别人喜欢你的程度。

心理学上的“多看效应”给我们的启示是：要想增进与一个人的感情，就要与其多接触，培养与对方的熟悉度，这样感情才能不断升温。

魅力吸引性

首先，外表和容貌对初次交往的人来说，是个重要的吸引因素。特别是在与异性交往时表现尤为显著。

沃尔斯特等人让男女大学生各 332 名相互组对举办了两个半小时的舞会，舞会结束时，询问学生是否希望再次同对方约会，结果表明，外表越吸引人，就越被人喜爱。

男性和女性谁会更重视对方的容貌？有研究认为，从表面上看男性比女性更重视对方的容貌，而实际上女性和男性都更倾向于喜欢跟父母相似的面孔。

你是否注意到，很多夫妻都长得很相似？实际上，如果我们把几对夫妻的照片混在一起，并让人们从中选出谁和谁是夫妻，他们通常都能猜对。

为了研究人脸吸引力的原因，英国圣安德鲁斯大学的心理学家大卫·佩雷特开发了一个计算机变形系统，此系统可以根据他的研究需要调整人的脸部特征。

在他的实验中，他把受试者的脸部照片调整为相反性别的脸部照片，并把这张照片混在很多其他人的脸部照片中，然后要求他们从众多照片中选出最喜欢的一张。

结果是，受试者们总是从众多的照片中，找出他们自己的被调整成异性的照片，并认为这个“异性”是他们最喜欢的，即使他们根本认不出这实际就是他们自己。

因此，佩雷特教授得出结论：我们总是认为自己的脸是最好看的，因为我们的脸总会让我们想起童年时每天见到的父母亲的面孔。

其次，在其他条件都相同的情况下，有才能的人容易受到人们的喜爱。

心理学家阿伦森注意到一件怪事，肯尼迪在猪湾惨败后的声望实际上提高了。

“肯尼迪年轻、英俊、潇洒、诙谐、富有魅力、行动敏捷，他是个求知欲很强的读者，杰出的政治家，战争英雄……他有一位漂亮妻子……两个惹人喜爱的孩子和一个天资高、紧密团结的家族。”

犯错误使他同普通人更接近，可能使他在民众的眼里更有人性，使其吸引力又增加了一层。

最后，个性品质的吸引，实际上是人格美的具体表现。

外表美是一时的，而心灵美是经久不衰的。比起容貌和才能，个性品质具有无与伦比的吸引力，而且这种吸引力持久、稳定、深刻。

在实际生活中我们也有这样的体会，只有那些心灵美的人才会真正受人欢迎和喜爱。

人的个性品质有多种，那么哪些品质在人际交往中最受重视呢？

安德森列出555个描写人个性的形容词，既有值得喜欢的形容词，也有不值得喜欢的形容词。结果表明，被试评价最高的品质是真诚和真实，而评价最低的则是虚伪和说谎。

态度相似性

相似性包括态度（信念、兴趣、爱好、价值观等）、年龄、性别、职业、经历等的相似，其中态度的相似是最具吸引力的。

这正说明了“物以类聚，人以群分”“志不同，道不合，不相与谋”的道理。

研究者让互不相识的17名大学生住在同一间宿舍里，对他们的亲密化过程进行了近4个月的追踪研究，实验前调查了他们的态度，然后调查哪个学生跟哪个学生结成朋友。

结果发现，在见面初期，多是住在附近的人成为好伙伴，随着时间的推移，态度相似的人逐渐成了好朋友。

需求互补性

人们需求的互补性是指双方在交往过程中获得互相满足的心理状态。

当双方的需求或个性能互补时，就能形成强烈的吸引力。例如一个有支配性格的人容易和被动型的人相处。

这是因为他们彼此之间可以取长补短，互相满足对方的需求。一般而言，人际吸引中的互补因素，其作用多发生在交情较深的朋友、恋人、夫妻间。

心理学家克切霍夫等人研究了从朋友到夫妻关系的过程中，不同的人际吸引因素所起的作用。

结果发现，在初交时，距离因素、外貌因素及社会资源（如经济地位、职业、学历、文化背景等）都是构成人际吸引的重要因素；

结交后两人的态度、信仰、价值观、人生观、世界观等方面的相似性显得更为重要；

在友谊和婚姻阶段，双方在人格特质上的互补，在需求上的互补，具有举足轻重的作用。

还有一位心理学家在研究中发现，在25对结婚有一定年限的夫妻中，夫妻之间需求的互补性是婚姻关系得以持久的基础。

但是，是不是所有相反的特性都能互补，都能产生吸引呢？不是的，如高雅和平庸、庄重和轻浮等。

所以，互补性是有条件的，不是绝对的，在某些方面互补一些较好，而在另一些方面相似一些会更好。

了解了以上人际交往中的影响因素后，我们就可以在人际交往中注意这些心理因素，增强自己的人格魅力。

如何让你心仪的对方来电?

难道爱情真的这么神秘，只有有缘人才能在一起吗？有没有一些方法和技巧，可以人为掌控呢？

答案是肯定的，科学研究证明，成功的爱情其实是有迹可循的，只要掌握了正确的方法和技巧，任何人都可以让你爱的人爱上你。

符合内心潜意识的需求

科学研究证明，人们在恋爱时，脑子确实会发生不可思议的变化。科学家推测，迷醉情感的核心是一种叫作苯乙胺的物质，苯乙胺与多巴胺、去甲肾上腺素一样，都是在人们产生爱情的感觉时，由人体分泌出来的化学物质。

苯乙胺这种神经递质，主要来源于我们童年的潜意识，就是在我们童年时可能有一件事触动了我们爱的心弦，长大以后我们就会不自觉地朝这个方向去寻找我们的伴侣。

生活中，当人们看到、听到、闻到、感觉到某种东西时，心中奔涌出来的那种感受，其实在童年时代就深埋在我们的潜意识当中。

如果在某个时机，某个人忽然触及了你的某处刻痕，你的血管就会忽然分泌大量的苯乙胺，让你产生一种坠入爱情的感觉。

打造你的“爱情地图”

美国霍普金斯大学心理学家约翰·威廉·曼尼指出，每个人大脑中都有一张“爱情地图”，人们会看中符合自己大脑中由一组信息代码拼成的“爱情地图”的人。

这些信息代码记录了我们所喜欢的人的特征，包括他们的五官、眼睛的颜色和形状、发型、声音、气味和体型。

这个“爱情地图”在我们童年的时代就基本形成。在我们七八岁的时候，我们的理想伴侣的形象就开始出现在我们的大脑中。

在这个基础上我们也可以发现，其实我们喜欢的从来不是某个人，而是某一类人，只要这个人符合我们潜意识当中的心理需求，我们就有很大的概率喜欢上 TA。

美国西北大学罗伯特·温奇教授提出，除了遗传方面的影响外，“爱情地图”的形成也与人们的生活经历有关：我们和来自相似的生活背景、成长环境、受教育程度、社会圈子、文化背景，且具有相同人生追求和价值观的人在一起，会更加自在和舒服。

在寻找配偶的时候，人们会下意识地寻找具有优良基因的人，以确保能够生育出健康的下一代。

你是如何“下意识”地评估对方的基因是否优良的呢？许多研究表明，“爱情地图”引导我们去选择一个长得像我们父母的人。

男性容易被一个和他的母亲的形象和个性相似的女性吸引，同样，女性会看中一个让她想起父亲的男人。

总结一下促使爱情发生的两个因素，就能得出这样的结论：人们恋爱时大脑会分泌出一种名为苯乙胺的物质，它会导致男女之间产生“来电”的感觉。

每个人大脑中都有一幅爱情地图，当某个人忽然触及了你的某处刻痕，你的血管就会忽然分泌大量的苯乙胺，产生一种坠入情网的感觉。

【热点解读】

如何让你爱的人爱上你？

当我们产生了心动的感觉时，如何让你爱的人爱上你？这个在大学课堂上没有教的本领还真是很有必要学习的。

让你爱的人爱上你有六大要素：一是第一印象；二是相似个性，需求互补，能力上互补；三是等价原则，也就是“门当户对”；四是自尊按摩；五是恋爱初期的策略；六是欲望的配方。

建立良好的第一印象

我们都知道与人接触第一印象很重要，那么如何建立良好的第一印象呢？首先要在心态上做好时刻准备去爱的准备，出门穿干净整洁有品质的衣服。

其次是眼神的接触。在聊天过程中学会悠长地凝视对方，可以用慢镜头般展示恋恋不舍的眼神，也可以用目光在他身体的安全区域流连。

然后在聊天过程中使用 SOFTEN 原则，也就是保持微笑，学会放松，身体前倾，不经意间触碰身体，用眼神交流，点头赞同对方。

聊天时用积极的语言表达好感，留心观察对方的身体语言，学会找到对方聊天的关注点，交流共同感兴趣的话题。

初次约会选择嘈杂的地方会使人心乱如麻，而兴奋能调起人感性的方面，因此可以选择一些比较刺激的活动。人只有在感性成分上升的时候才会愿意去谈恋爱。

打造相似的个性，能力上互补

人们要找的对象都是希望在个性上相似、能力上互补的人。个性上相似主要体现在三个方面：兴趣爱好、价值观、婚恋观。

而想要打造相似的个性最笨的方法是学会复制对方的语言，也就是复制对方的语言体系，模仿对方的举止。我们经常说的夫妻相就来源于此。

能力上互补就是去发现对方需要什么能力，然后自己去刻意练习，最后在不经意间表现出来。

意中人总会欣赏你那些能够弥补他弱点的素质。然后你要做的，就是尽力补足他的缺憾。

记住等价原则

生活的本质是交换，在爱情里也有六样“商品”用来交换：相貌、物质或财产、地位或名望、知识或学问、社交风度或性格、人品。

在最幸福的亲密关系中，两人的上述要素多少都是均等的。即使不均等，他们的各项品质在整体上也能够彼此弥补中和，达到均衡。

爱情中的“门当户对”很重要。我们大多数人都不想攀高枝，与一个比自己社会阶层高很多的人在一起需要承受很大压力。

如果你想找个各方面都高分的伴侣，就试着着手提高自己的价值。

外在，可以通过保养、锻炼、赚更多钱给自己加分。

内在，可以通过看书、学习让自己内心更丰富自信。

怕就怕自己不清楚自己的价值，拿着1000元钱想买价值10000元钱的东西，结果是要么买不到合适的东西，使手里的1000元钱慢慢贬值，要么买到假货。

自尊按摩

我们经常在电视上看到好几个女人同时喜欢上一个男人，就是因为男人会自尊按摩。自尊按摩有五步：

第一步无声的赞美。就是注视着她，每次眼神离开都要显得恋恋不舍。

第二步共情。就是要认真倾听她说的话，并表示理解她的感受，把对方放在心上，就算有不同意见也要认真倾听。

第三步爱慕的崇拜。就是发现对方的优点，大胆地说出来。

第四步含蓄的赞美。就是去发现对方引以为傲的优点，暗暗地夸奖。

第五步撒手锏式赞美。告诉她，她是你见过的最美好的人，你喜欢独特的她。

恋爱初期攻心策略

男人和女人是有差异的，具体可以参看《男人来自金星，女人来自火星》一书。了解一些男女差异可以避免很多恋爱中的误会。

记住这个公式——“沉默≠不爱，聒噪≠爱打扰”。女人天生喜欢聊天，而男人更惯于沉默。

恋爱初期男生要多关心帮助女生，不要批评她；女生则要给男生充足的信任和鼓励；在聊天过程中多赞美，少反驳。

多问“对于这件事你的感觉怎么样?”尊重女性说的细节；做错事及时说对不起。

男生在恋爱中要的是信任，女生要的是关心。最重要的是男生要成为一个会聊天的人。

欲望的配方

每一个人对性爱的理解和需求都不尽相同，要切实了解你的意中人的想法才是最关键的，否则很容易弄巧成拙。

没有更早，也没有更迟，在这一刻，相爱的人刚好遇见。这样的故事，并非爱的常态，而是极幸运的一种。

在年轻的时候，爱是浓郁、热烈、直白、投入的，但很多时候那些孔武有力的方式却不得佳人心。

特别是男孩子们，他们时常觉得似乎跟他们同龄的女孩子们是来自不同星球的生物。而女孩子们，也总感觉男孩子们几乎都是白痴，不懂感受，不懂暗示！

如果你对这部分内容感兴趣，可以认真读读莉尔·朗兹的书——《如何让你爱的人爱上你》。爱是需要努力争取的，爱 TA，就捧着这本秘籍去追吧！

【心理有术】

恋爱价值观——爱情的五大需要

爱情是人类生活中不可或缺的一部分，它给我们带来了喜悦、激情和幸福感。然而，在这个复杂的情感世界里，男女在爱情中的需求往往被误解或忽视。

那么，男女在爱情中真正的需求到底是什么呢?

爱情需要勇气

什么是勇气？勇气就是个人面对危险、挫折与困境的积极信念与态度。勇气的心理成分有自信、自我效能感、乐观态度、探索精神等。勇气的养成来自生活中点点滴滴的成功体验。勇气是面对挫折的态度。

美国著名作家、诺贝尔文学奖获得者海明威曾说:“我可以被击毁，但不能被击败。”这大概是勇气的最高宣言。

不只是轰轰烈烈的大事需要勇气，日常小事中也蕴含着勇气。坦白地承认自己的错误，这是需要勇气的；向师长提出不同的意见，这是需要勇气的；走上讲台毛遂自荐，这是需要勇气的；甚至独自走一段黑路，独自完成老师交给的任务……这些都是需要勇气的。

爱情的勇气，就在于“先战胜自我，而后战胜他人”。要相信自己的价值，不要一遇到挫折就放弃爱情，否定自我。

要爱人爱己，坚持不懈，就是被人拒绝了，也没什么了不起。因为你毕竟先战胜了自己的胆怯和犹豫。

爱情的动人，就在于它使恋人不断挑战自我，超越自我。人无论出身如何，或其相貌是怎样的出众或丑陋，爱情都会使其竭力以自我的最佳状态来感动他人。

爱情需要真诚

俗话说：不以结婚为目的的恋爱都是耍流氓。这提醒我们要树立正确的恋爱价值观。

真诚付出：爱一个人不是为了得到什么，而是享受为爱付出的一个美好过程，包括爱一个人而给自己带来的美好感觉。

感情要平等付出，两个人都要有奉献精神，如果哪一方只会一味索取，一定会使感情失去平衡，也只有懂得付出和珍惜的人，才能享受到爱人的快乐。

尊重信任：给对方更多的信任和尊重，可以减少很多冲突和不愉快。

但是，信任不是求来的，而是通过彼此的交流一点一点地建立起来的，要互相信任，彼此坦诚、平等相待，不做情感勒索。

忠诚负责：开始一段感情意味着责任，如果承担不起这个责任，就不配谈恋爱，也不配被人爱。

所以选择了一段感情，就要对感情负责任，这也是对自己负责任，而不能三心二意、见异思迁。

共同成长：双方思想都比较成熟，明确自己的未来，彼此陪伴成长，时刻为彼此做出改变，站在对方的角度思考问题，不断提升自己，让自己变得更好。

爱情需要包容

《圣经》中有这样一段话："爱是恒久的忍耐。爱是不嫉妒、不自夸、不张狂。不做自惭之事，不谋一己之利。不轻易发怒，不计他人之恶。远不义，近真理。凡事包容，凡事信任，凡事企盼，凡事忍耐。"

爱你，我就信任你，这就是爱情中包容的智慧。现在的孩子越来越以自我为中心，不愿意迁就别人、包容别人。

很多男生愿意找小姐姐谈恋爱，一个原因就是他们觉得年龄小或者同龄的女孩子太能作，总需要太多精力去哄。

爱情包容就是换位思维。就心理学而言，包容就是要换位思维及无条件地爱人。

换位思维，也称同感共情，就是指一个人设身处地地站在另一个人的角度看问题，感对方之所感，想对方之所想，急对方之所急，并以此调整自己的心态和思维。

无条件地爱人，也称完全信任，就是指一个人能够全心全意地赏识、肯定、鼓励、尊重另一个人，并令对方充分感受到这种爱是真心真意的，且不带附加条件。

美国著名心理学家格拉泽说："爱与被爱是人的两种基本需求，人若不能得到充分满足，则会陷入种种烦恼、苦闷的境地。"

在现实生活中，包容既意味着对自己心爱之人的过去、缺陷等不尽如人意之处报以充分的谅解，也意味着对自己心爱之人的生活隐私予以必要的尊重。因此，包容是爱情的智慧。

爱情的 37 度理论

爱情的包容不是冷淡也不是退缩，包容是一种将嫉妒心保持在恰到好处水平的艺术。

具体地说，如果拿爱中嫉妒的度数与人的体温相比，30 度以下嫉妒的爱毫无激情可言，35~37 度嫉妒的爱恰如其分，38~39 度嫉妒的爱令人躁动不安，40 度以上嫉妒的爱令人晕头转向——这便是爱情的 37 度理论。

所以，爱情的艺术在于使嫉妒控制在正常温度下：温度太低则兴味索然，温度太高则昏头昏脑。

在婚姻里，37 度的感情代表着夫妻之间温暖而稳定的爱。

这种爱不再像热烈的初恋一般充满激情，而是因为共同的生活经历带来的默契和信任。

夫妻之间的爱情也是需要温度来持续的，这 37 度的爱情氛围，会给彼此带来充足的力量和支持，让彼此不断走向更加美好的未来。

爱情需要做选择

法国哲学家布利丹曾经讲述一则寓言："一头饥饿至极的毛驴站在两捆草料中间，两捆草料看上去差不多，毛驴始终犹豫不决，不知道应该先吃哪一捆才好，结果竟活活被饿死了。"

由此便引出了决策心理学中著名的布利丹效应，指的是人在决策中左顾右盼，难做决定的现象。而这一效应在爱情决策中同样具有重要的意义。

莫做爱情中的"布利丹之驴"

我们经常会笑话驴子，但是身陷爱情谜题中的人未必比驴子聪明。

当今的姑娘就是很好的例子。

在恋爱的选择中，人们往往习惯以十分挑剔的眼光看待对方，于是就有可能出现这样的循环：一个姑娘在挑选对象的时候，嫌有才华的人长得丑，嫌长得帅的人挣钱少，嫌挣钱多的人不顾家，嫌顾了家的人没出息，嫌有出息的人不浪漫，嫌浪漫的人靠不住，嫌靠得住的人不出门……，如此循环下去，满世界没有一个男人可以达标。

又如莫言所说："你选择了能干的女人，就得接受她的强势；你选择了温柔的女人，就得接受她的依赖；你选择了漂亮的女人，就得接受她对物质的渴望；你选择了会过日子的女人，就得接受她的平庸；你选择了拼事业的女人，就得接受她顾不上家；你选择了顾家的女人，就得接受她赚不了钱。”

每个人在爱情路上都面临着种种抉择，最终的选择关系到一生的幸福，因而人们都希望做出最佳的抉择。

在抉择之前反复斟酌，适当地权衡利弊是人之常情，但不断地在一段段恋情之间挑来挑去，就会让人挑花了眼，最后在犹豫不决之中耽误了终身大事。

布利丹效应提醒面临爱情困境的人们：爱情需要果敢抉择。抓住眼前的机会，果断地采取行动，全心全意地付出，坚持不懈地经营，这就是爱情的成功。

一线城市北京有很多优秀的女孩大龄单身，可能是工作压力大，接触面窄；也可能是自身条件优越，比较挑剔……

爱情中不要追求完美

张瑛和马云是大学同学，毕业就拿了结婚证。

张瑛说：“马云不是个帅男人，我看中的是他能做很多帅男人做不了的事情：组建杭州第一个英语角、为外国游客担任导游赚外汇、四处接课做兼职、同时还能成为杭州十大杰出青年教师……”

人生总是充满了选择与放弃的纠结与遗憾。但我们必须明白一个道理：完美只存在于理想之中而非现实生活里。

心理学上有个出丑效应，也叫仰巴脚效应，字面上是指一个人摔个四脚朝天。

这一效应是美国社会心理学家阿伦森提出的，意思是说人际交往过程中，最讨人喜欢的人物往往是精明而带有小缺点的人。

为了解释这一现象，阿伦森设计了一个实验，检验四种人的吸引力。

四种人分别是：①一个近乎完美的人；②一个近乎完美但访谈中笨拙地将咖啡打翻在地“出丑”的人；③一个平庸的人；④一个也出了丑的平庸的人。

结果，最没有吸引力的是不出所料的第 4 个人，但白壁微瑕的第 2 个人超越了无懈可击的第 1 个人成为最有吸引力的人。

俗话说“金无足赤，人无完人”，人都难免出丑犯错。

当某些人的表现完美无缺时，一般人就会感到他不够真实，难以亲近。和完美的人在一起，普通人往往认为自己不如人而感到不安。这样失衡的人际关系是难以保持长久的。

在爱情关系中就更加地致命，因为它很可能导致一方生活在自卑和压抑之中。

由此，被认为杰出或优秀的人偶尔出丑，不但不会影响他的人际吸引力，反而会让他更具人格魅力。

但值得提出的是，出丑效应并不是让人故意出丑来哗众取宠，而是倡导人不过分追求完美。

在不慎犯错的时候能够用一颗平常心接纳自己。爱情不要完美，需要平衡美。

爱情需要有智慧

人们常困惑于情感问题，而面对选择的痛苦或爱与不爱的矛盾常常浪费了我们很多的精力，占用了我们诸多的时间。

拿破仑曾经说过："爱情是害人的东西。"我们经常发现：爱情能使一个美丽的女人一夜之间憔悴不堪，会使一个聪明的人变得愚蠢，失去判断力。

如此，爱究竟是一种感觉，还是一种行动？笔者认为爱情主要是一种行动，是付出和给予。

在相遇的开初，两人之间，或是相互都有好感，或是一方对另一方有好感。之后就开始发展，而进入恋爱的状态，并最终在恋爱双方的共同努力之下，生发出爱情的果实。

但是很多时候，并不是所有的爱情都有完美的结果。也许在爱情的初始阶段，两个人爱得或者轰轰烈烈，或者婉转动人，但最终的结果却是劳燕分飞各西东。

为什么都是爱，却有如此巨大的不同呢？这里面，就有一个爱的智慧在起作用。

懂得爱情的智慧

精神分析师索菲·加达伦指出，情侣之间的差异是他们相爱的起因。

正是这些差异让我们向对方靠近，令他（她）有吸引力，因为他（她）是独一无二的。

而法国心理分析师阿兰·瓦蒂耶认为，爱情是两个人潜意识的相遇，也就是说一个人在不知不觉中选择了爱情目标，因为对方具有和自己共同的特点。

但是，假如这些共性能让爱情牢固，其原因也往往是由于这种共性的最消极作用——在那些让我们不知不觉相互吸引的因素中，显然存在着一些阴影区。

我们为了忘却自己的那些阴影，却更喜欢将它们投射到对方身上。

比如，人们会无意识地选择身上有下列缺点的伴侣：容易被影响、容易消沉或者爱喝酒等，因为这样可以让我们确信在两人世界里自己是缺点较少的一个。

爱情就由我们内心所有这些冲动编织而成。冲动既可以成为爱情的动力，也可以变成爱情的阻力。

动力和阻力虽只有一字之差，却是两种截然相反的效力，全靠爱情的智慧来决定。

两性相爱的奥秘在哪里？

自身的心理需求、性格特点、成长经历。

约翰·杜威曾经说过："人类本质里最深远的内驱力就是希望具有重要性。"

威廉·詹姆士也说过："人类本质中最殷切的需求是渴望赞美与被肯定。"

每个人的气质类型、性格特点、人格特质、成长经历不同，注定了千差万别的选择和喜好。

对方的外在形象、内涵品质、社会条件。

音乐大师贝多芬相貌平平，可年轻美貌的勃伦施维克小姐为他神魂颠倒。

《巴黎圣母院》中的艾丝美拉达看出敲钟人的善良、正直，可没有对他产生爱情，而对人面兽心的卫队长钟情不已。

人的潜意识在择偶中也起着重要作用。

潜意识里潜藏着各因素糅合而成的异性偶像，使你在茫茫人海中会选择他（她），而不是别人。当遇到某一异性时，你会马上被他（她）吸引住，并产生爱情，这是因为对方的某一形象突然唤醒你潜意识中的偶像，于是就有了一见钟情、似曾相识感、恋父情结、恋母情结……

爱情智慧的八大学习

“爱情是一所学校。”也就是说，人们要在恋爱的酸甜苦辣体验中，不断地认识自我，完善自我，把爱情当作个人成长的历练阶梯。

岳晓东教授总结了人们在爱情中要努力完成的八大学习：果敢学习、自尊学习、容忍学习、内省学习、表达学习、沟通学习、自制学习和升华学习，下面加以介绍。

果敢学习　就是要在爱情中学习当机立断，战胜自我，其根本的心理机制是独立人格。独立人格指一个人处世主要靠自己做主，而不是靠他人做主。

自尊学习　就是要学习爱惜自我，肯定自己，其心理机制就是培养个人的自我效能。自我效能是个体对自己是否有能力组织和执行某种特定行为的判断，是自信心在某项任务中的具体表现。

容忍学习　就是要学习平等尊重，善待他人，感对方之所感，想对方之所想，急对方之所急，并以此调整自己的心态和思维。

内省学习　就是从自己的内在角度入手，反省、挖掘自身的缺点、问题，解答“我怎么做才能做得更好？我还存在什么问题”等。

爱情到底是甜美还是苦难，是轻松还是沉重？不同的人有着不同的体验和结论，同一个人在不同的生命阶段也有着不同的体验和结论。

表达学习　就是巧妙地表达爱意／非爱意，杰出的表达者们都有方法能“进入别人的频道”，让别人喜欢他，从而博得信任，表达的意见也易被对方采纳。

美国心理学大师卡尔·罗杰斯就曾经说过：“如果我能够知道他表达了什么，如果我能知道他表达的动机是什么，如果我能知道他表达了以后的感受如何，那么我就敢信心十足地果敢断言，我已经充分了解了他，并能够有足够的力量影响并改变他。”

沟通学习 就是准确地表达爱意/非爱意，寻求共识，消除隔阂，谋求一致。“沟”是手段，“通”是目的。

在爱情中，有许许多多的不愉快、不顺畅、难堪、挫折、失败、不幸，均与缺乏沟通或沟通不畅有关系。所以准确的表达，可以起到爱情催化剂的良好作用。

自制学习 就是要学习用理智战胜情感，其心理机制是自我力量的作用。自我力量是精神分析理论的一个核心概念，它指一个人有自制能力，不会让情感控制理智。

升华学习 就是要学习自我勉励，学习化悲痛为力量，其心理机制主要是心理调适。

所谓心理调适（又称心理调整），指的是当一个人在遭遇挫折或失败后，及时、自觉地改变或强化自己的人生奋斗目标，降低或强化自己的期望值，使自己的整个心理状态和行为活动适应主客观环境的变化，从而保持一个健康的心理状态。

总之，爱情可谓人性的角斗场，它可以使狂妄自大的人头脑清醒，也可以使自卑自怜之人突破自我的禁锢。

人生一世，没有比恋爱更能令人认清自我的面目，也没有比婚姻更能改变一个人的了。

【热点解读】

精神上的“门当户对”

“门当户对”这一词较早出现在《西厢记》中，意思是结婚的两个人在政治地位和经济条件方面要旗鼓相当。古代人认为条件相当的两个家族联姻才能强强联手，相互照应，这不仅有利于家族的繁荣昌盛，对子女来说也是一件好事。

但实际上门当户对的婚姻不一定幸福，也并不一定能走到终点，门当户对的观念也会带来爱情悲剧。

真正的爱情不是家境的相当，而是精神上的“门当户对”。《简·爱》里有一段话：“爱是一场博弈，必须保持永远与对方不分伯仲、势均力敌，才能长此以往地相依相恋。因为过强的对手让人疲惫，太弱的对手令人厌倦。”

精神上的“门当户对”是指两个人在精神、思想、情感和价值观等方面的匹配程度。这种匹配不仅仅体现在物质条件或家庭背景的相似性上，更重要的是双方在精神层面的相互理解和共同成长；简单说就是三观契合，心灵相通。

三观契合：精神上的“门当户对”意味着两个人在价值观、世界观和人生观上高度一致，这使得他们在面对生活中的各种问题时能够达成共识，减少矛盾和冲突。

心灵相通：当两个人在精神上达到“门当户对”时，他们能够心灵相通，彼此理解，形成深厚的情感连接。

我们寻寻觅觅的，并不是要找一个完美无缺的人，而是要找一个彼此理解又能在精神上很契合的人。精神上的“门当户对”才是婚姻最好的归宿。

在中国家庭模式中，男主外、女主内的现象较为普遍。感情要想顺遂，需要精神上的“门当户对”，而不是物质上的。对于很多女性来说，心理能量上的旗鼓相当是关键。

爱情和婚姻中的成长，不是比较双方谁在事业上的成就更大，也不是比较双方谁挣的钱多、谁的地位高，而是提倡内在心理能量的提升、自信心的提升、爱自己能力的提升。一个内心强大、内在平和稳定的人，才会不卑不亢，由内而外地散发出魅力和光彩，才能真正实现爱情的长久。

在这里跟大家讲一讲我和老公是如何保持精神上“门当户对”的。

我和老公是在读大学时相识的。

1997 年结婚后他在外企打工，我一边读研一边工作，我的单位联系了优惠房源，我是第一批按揭贷款买房的人。

2003年我在读博时，他经常出差在外，来回奔波特别辛苦。我就提议并全力支持他自己创业，我是他的创业合伙人。

2006年我博士毕业进京工作，把老公和儿子户口随迁进了北京，老公随后在长春和北京也迎来新的发展机遇。

20年间，我在校园里安安静静地努力工作、陪伴儿子成长，老公勤奋踏实地辛苦奔波于长春和北京，努力经营自己的事业。

2023年8月，老公的公司迎来20年司庆，我们邀请了全国各地的30多位企业家朋友携夫人一同来参加聚会。

我跟大家比较熟悉，曾参加过几次活动，对这个企业团体的社会贡献极为敬佩，对这个团体拥有的企业家精神高度赞赏，对这个团体共有的良好素质由衷赞叹，对太太团成员的精神面貌——随和友善倍感温暖。

我有感而发撰写了一首诗《创业赞歌》，写给这些创业者及其夫人们，表达我们对创业者由衷的赞美、理解、支持、付出，以及自身成长，这首长诗引起了太太团的积极共鸣，推选了8位太太共同上台朗诵。

这里摘录片段以飨读者，让你看看女汉子是怎么自我修炼养成的。

创业赞歌

第一篇章：赞美

……

第二篇章：理解

陪你一路走来，看到你的奋斗拼搏，理解你的坚定执着，点赞你的骄人成果！

看到你披星戴月，鬓发染霜；看到你疲惫不堪，历尽沧桑；

看到你事必躬亲，消耗能量；看到你心力交瘁，焦虑彷徨；

看到你操心费力，四处繁忙；看到你辛苦奔波，顾全各方；

看到你压力重重，烦恼惆怅；看到你心系员工，责任担当！

创业成功率仅有5%上下，你工作时间长，心理压力大，像个陀螺全年无休；

长期高负荷状态下，不可控因素频发，你焦头烂额顾虑大，心力交瘁脾气差；

独自承受难言的千钧重担，许多无法预料的矛盾和复杂，只能自己慢慢消化，痛苦咽下！

企业经营压力持续加大，经济疲软市场低迷，泥沙俱下鱼龙混杂，未来的不确定性增加！

……

第三篇章：支持（我是你精神的家园）

让我做你的精神支柱吧，帮你分担压力，听你诉说衷肠！

让我做你的避风港吧，关爱你的脾胃健康，抚平你的五劳七伤！

你在利益场追逐，我会经常提醒你：不要急功近利给自己持续加压，降低欲望调整心态，企业的终极目标是利他；

商圣范蠡“济贫三致千金富，谁似陶朱得始终”；诗圣杜甫“安得广厦千万间，大庇天下寒士俱欢颜”；

你在困境中焦虑，我会与你探讨如何破局：站在生命与大自然的角度去感悟人生，站在历史纵横的交汇点上去审视当下与未来，站在对国家和民族的贡献上去思考责任与使命；

“会当凌绝顶，一览众山小”，突破认知的局限、拓展自己的格局，就能在变化中明趋势、在危机中孕新机、在纷繁中察规律，格局行止更从容；

你在挫折中茫然，我会跟你分析利弊：事情越是千头万绪，就越需要保持专注和追求卓越；情况越是盘根错节，就越要去探寻背后简单的逻辑，去把握那些不变的规律；

在变局甚至乱局中既审时度势，又顺势而为，社会的基本秩序只可能是向更高文明的迭代；新的平衡、新的对称、新的秩序终归会建立；

你在社会圈浸泡，我会经常叮嘱你：洁身自好，不要沾染攀高踩低的那一套，懂得尊重关心员工，脚踏实地和良好声誉比黄金还重要；

大道至简，不为物役；相对固定的时间抛开工作，“应无所住而生其心”，不让烦恼和压力如影随形；“乘物以游心，独与天地精神往来”，正念减压，热爱生活，放空自己。

……

第四篇章：付出（女汉子养成记，相夫教子内心强大）

有人说：代理商的媳妇儿都挺厉害的，相夫教子内心强大！

茨威格说：所有命运赠送的礼物，早已在暗中标好了价格。

我想说：我是被生活所迫，你就是今生来渡我的活菩萨！

当年我弱柳扶风轻言细语，如今扯着嗓门告诉你早点回家；

当年我十指不沾阳春水，如今可以煎炒烹炸照顾全家；

当年我是乖乖女学霸，如今熊孩子淘气惹事儿，我看着老师来电头皮发麻；

当年我满怀期待浪漫晚餐，如今我自觉去菜市场把生活保障采买回家；

当年我小鸟依人温顺听话，现如今手挑肩扛、胆大心细比扈三娘还泼辣；

当年我最喜欢你脾气好还听话，如今要经常消化你工作中的低气压；

当年我性情温柔见到蟑螂都害怕，如今练就母老虎威仪吓得生扑者退下；

经管好成果、整理好家务、平衡好关系……生活被你搞得好复杂，我恨不得是三头六臂的哪吒！

我就像燃烧的火炬，内外兼修自强自立，竭尽全力为你驱走黑暗，尽我所能与你分担寒潮霹雳！

……

第五篇章：成长（太太养成记，艰辛磨砺包容孕育）

很多人羡慕你的鲜衣怒马，却不知道你，蹉跎了多少花前月下；

看到他火中取栗、剥茧抽丝一般的挣钱过程，你早已失去了消费冲动和花钱欲望！

很多人赞叹你的华屋广厦，却不知道你，经历了多少酸甜苦辣；

水蚌坚韧不拔，忍痛磨砺，孕育珍宝；母贝用最伤痛的泪水，孕育出黑珍珠，这是最艰辛岁月的结晶，所以稀有，并且高贵！

很多人垂涎你的太太宝座，却不知道你，修炼过多少蒲团莲花；

婚姻需要经营，感情需要保鲜，爱情这朵娇嫩的幼苗，用爱和包容才能长大！

很多人以为你是坐享其成，却不知道你，憔悴了多少容颜如画；

婚姻是一场两个人的修行，需要两人齐心协力、共同成长；彼此成就，互为补充；同频共振、旗鼓相当；那些诱人的捷径，其实都是陷阱！

很多人嫉妒你的幸福之家，却不知道你，寂寞了多少绝代芳华；

你理解的太太秘籍是：安之若素，厚德载物。索取的要远远低于他的预期，给予的要远远超乎他的想象！

第六篇：携手（夫妻同心其利断金，珠联璧合伉俪情深）

……

虽然我们生活背景和家庭情况各不相同：有的无微不至温暖陪伴，有的两地奔波云端连线；有的携手相助打理公司，有的甩手掌柜幕后军师；却是一样的人格独立精神高贵；善解人意聪明贤惠；温和坚定乐观豁达！

……

谢谢你不忘初心甘苦与共，夫妻同心其利断金；我会好好陪伴你，执子之手相濡以沫，与你立黄昏，问你粥可温！

谢谢你披肝沥胆带团队，老板就是操心的打工仔；我会更加关心你，做你的红颜知己，齐眉炊烟火，把酒话桑麻！

谢谢你历经沧海心怀大爱，珠联璧合伉俪情深；我会继续支持你，做你的贴身保镖，鞍前不越位，马后不掉队！

谢谢你艰苦创业版图谋划，利国利民心怀天下；我越来越崇拜你，你不仅是公司的顶梁柱，更是我心目中的世界首富！

……

亲密关系的稳固——依恋风格解析

“相爱容易相处太难”，可能大家都对这句话深有感触。我们与另一半开始长期相处，很多矛盾就会爆发，我们会觉得另一半有很多缺点，也会觉得 TA 对自己越来越不好。

恋爱中常遇到的问题

阿伦森效应指出：人们最喜欢那些对自己不断夸奖、赞扬和表达喜欢的人或者事物，最不喜欢那些对自己贬低或者原来奖励现在减少奖励，原来支持自己现在不支持甚至反对自己的人或事物。

为什么会出现这种前后对比，以及我们又该怎么做才能改变这种困境？

恋爱的三个阶段

相爱容易相处难，恋爱中的男女，一般会经过三个阶段。

第一阶段是理想化阶段，那时候什么都是新鲜的，看对方都有一层完美滤镜，被爱蒙蔽了双眼，用各种玫瑰色的滤镜来看待生活中闪现的不完美。

第二阶段是两极化，这个阶段激情已经褪去，人们变得专注于对方的小瑕疵和小缺点。当我们看到了所有的不完美的时候，就会陷入怀疑，我喜欢他什么？是不是该逃离了？

其实，那些弱点，也反射了我们的脆弱之处，而我们未必知道。

从两极化，我们可能又回过头去，回到理想化阶段，或是想着从头再来，或是想着改变对方，或是心存侥幸觉得那些问题也许只是暂时的、偶尔的，以后不会再出现的。

而只有面对现实，放弃完美对象的投射，采取行动去改变可以被改变的部分时，我们才能进入亲密关系的第三个阶段。

第三阶段是整合，在这个阶段，互动是坦诚的、预期也符合现实。要真心尊重彼此的独特性，来努力促进彼此的成长。

恋爱中的嫉妒

恋爱中常遇到的问题诸如嫉妒、抱怨……

莎士比亚说：嫉妒是绿眼妖魔，谁做了他的俘虏，谁就要受到愚弄。

恋爱中的异性嫉妒比较常见。一般可以概括为追前嫉妒、现实嫉妒和防范嫉妒。

追前嫉妒：希望对方未沾其他痕迹的苛求，以对方的绝对清白、忠贞为最大心理满足，以独自占有对方的一切为心理启动，是占有欲的表现。

现实嫉妒：在整个恋爱、婚姻期发现对方现时与其他异性来往（不管是否正当）而产生的嫉妒心理，往往以疑心开始。（以责问、监视、盯梢、暴力等手段对待对方。）

防范嫉妒：唯恐对方与其他异性再接近而产生的嫉妒心理，多见于爱情关系或婚姻关系确定后的双方。

界定亲密关系的六个元素

亲密关系，从狭义来说，通常是指存在于成人男女之间的情感，泛指情侣或婚姻的关系。

但从广义来说，亲密关系就相对比较复杂，它没有一个明确的人群划分，但可以通过以下几点差异来分辨，某个人到底与你是属于亲密关系还是只是一个泛泛之交。

很多研究者都认为，亲密关系和泛泛之交至少在六个方面存在差异：了解程度、关心程度、相互依赖性、相互一致性、信任度以及忠诚度。

了解程度。你了解对方的一切（包括秘密），知道对方的喜好、兴趣、经历和情感，但你却不会把这一切透露给他人。

关心程度。你对对方表现出超于对一般人的关心，会因为彼此的关心而感到被关爱和满足，并在对方的理解和欣赏当中感受到两人之间的亲密度不断增加。

相互依赖性。它是指一方的行为和目标会影响另一方的行为和目标。

相互依赖性体现在四个方面：

它是频繁的，经常发生的；

它是强烈的，彼此都感受到对方的变化；

它是多样的，会以不同的方式来影响对方；

它是持久的，会影响对方很长一段时间。

相互一致性。正因为相互的依赖性，所以两人逐渐从“我”和“他”趋向于“我们”。

这不单是称呼上改变，也是一种对对方的认可，并愿意融合在对方的生活里，表现出与对方很高的一致性。

很多时候我们都说，有的夫妻通过相处，会觉得两个人越来越像，从样貌乃至生活和行为的各个方面。

信任度。信任在亲密关系中起着重要的作用。在确立亲密关系后，我们都会相信它不会伤害我们，并会期待能得到对方的善待和尊重，满足自己的需求。

一旦信任感被打破，两人就会产生猜忌和疑虑。长此以往，就会损害彼此的互相依赖。

忠诚度。忠诚是亲密关系的底线。一段亲密关系的开始都是希望能有个天长地久的未来，因为，两人都会对这段关系付出大量的人力、物力和财力。

一旦忠诚丧失，两人的关系就会走向毁灭，甚至会因爱成恨。

判断一段关系到底是属于亲密关系还是泛泛之交，又或者夹在两者之间，就要看这 6 点的程度，程度越高，亲密关系的程度就越高。

理想的亲密关系，应该满足以上 6 点。但现实往往是，在恋爱或婚姻中，许多人只具备某几点，甚至某一点，比如：

你们需要彼此依赖，但却不能全身心地信任对方；

你们了解和关心对方，却不认同，甚至质疑对方。

亲密程度的波动会影响彼此在其中的体验。

因此，亲密关系总是有诸多问题出现，数不清，理还乱。

那如何拥有一段完美的亲密关系呢？下面与大家一起推开这扇亲密关系的大门，一同成长，来解开这个秘密。

信任与依恋方式

依恋方式指的是你与他人产生情感联系的方式，在你的生活中扮演着重要的角色。对同一个人长达数十年的跟踪研究发现，建立并维持良好关系的能力对长期幸福至关重要。

你的依恋方式起源于你的童年

依恋这个概念，是英国心理学家约翰·鲍尔比提出来的，原本用来解释婴儿与养育者之间的情感联系。

依恋理论的一个核心主张是，人类都有一个天生的依恋行为系统，该行为系统围绕着向依恋对象寻求亲近这一目标而组织。

在鲍尔比看来，依恋系统在实质上是要询问这样一些根本性问题：所依恋的对象在附近吗？他接受我吗？他关注我吗？

如果孩子察觉这个问题的答案为“是”，则孩子会感到被爱、安全、自信，并会从事探索周围环境、与他人玩耍以及交际的行为。

但是，如果孩子察觉到这个问题的答案为“否”，则孩子会体验到焦虑，并且表现出各种依恋行为：从用眼睛搜寻到主动跟随和呼喊。

依恋理论的一个核心概念是“安全基地行为”。

一个安全的婴儿能够把依恋对象作为探索的安全基地，在恐惧、焦虑时作为安全的避难所，他们相信依恋对象能够对他们的要求做出反应，相信依恋对象有能力作为自己的安全基地。

鲍尔比认为，人类和其他哺乳动物一样，对父母或其他照顾者的爱和养育有着根深蒂固的需求。

如果童年缺失了爱和养育就会导致长期的问题，影响与他人的关系。

依恋理论：恒河猴实验

美国心理学家哈洛及其同事报告了一项研究成果：让新生的婴猴从出生第一天起就与母亲分离，在以后的165天中同两个假母亲在一起——“铁丝妈妈”和“绒布妈妈”。

“铁丝妈妈”的胸前挂着奶瓶，“绒布妈妈”没有。虽然当婴猴同“铁丝妈妈”在一起时能喝到奶，但它们宁愿不喝奶，也愿同“绒布妈妈”待在一起。

哈洛由此得出结论，身体接触对婴猴的发展甚至超过哺乳的作用——只在有饮食需要时，它们才去找“铁丝妈妈”，其余大部分时间则依偎在“绒布妈妈”的身上。

哈洛的这一系列实验证明：爱是先天的需要，接触安慰对幼猴与母猴间依恋关系的发展具有极其重要的作用。

对于幼猴而言，接触安慰在依恋关系的形成中比母猴提供乳汁的能力更重要。也就是说，由这种接触安慰产生的依恋情感是独立于饥饿和干渴这些基本需要之外的。

现在我们一般认为，依恋是个体与主要抚养者发展出的一种特殊的、积极的情感纽带，也是指个体寻求并企图与另一个体在身体和情感上保持亲密联系的倾向。

具体来说，当我们对某人产生依恋时，我们会产生接近 TA 的愿望（与其分离时感到焦虑），感到威胁时倾向于求助于 TA，并且感受到被 TA 支持着去探索种种新事物。

依恋既是个体最初的社会性联结，也是情感社会化的重要标志。简单来说，通过依恋他人，我们不再是一个孤单的个体，而是一个融入了集体的社会人。

儿童的四种依恋类型

心理学家玛丽·安斯沃思领导的“陌生情境”实验，为鲍尔比的思想提供了实证依据。

安斯沃思指出，孩子们在与照顾者分开后会有不同的反应，而她认为这取决于照顾者的养育方式。

在此基础上提出了婴儿的三种依恋类型：安全型、焦虑－矛盾型、回避型。

后期研究发现，陌生情境中有些婴儿的行为很难归到以上任何一类，他们把这些行为描述为“混乱－无法定向型”依恋，也称 D 型依恋。

①**安全型依恋：**当婴儿需要照顾时，养育者总是及时回应的话，婴儿就会感受到安全、爱和自信，表现得更爱笑，不拘谨，容易交往。面对新环境勇于探索，并会寻求养育者的支持。

②**焦虑－矛盾型依恋：**当婴儿需要照顾时，养育者是否回应是不确定的，婴儿会努力找寻，表现得更容易紧张和过度依赖。对于新环境大哭大闹，不敢面对。

③**回避型依恋：**当婴儿需要照顾时，养育者总不回应，态度冷漠，婴儿会陷入抑郁，表现得充满怀疑，无法信任他人。害怕也不会向养育者求助或寻找安慰。

④**D型依恋（混乱－无法定向型）：**当与亲密的人分离或重聚时，情绪、行为表现混乱，不适宜。

孩子与父母的依恋状况会不会直接影响孩子以后人际关系的形成？

这一问题似乎根本不需要回答，答案当然是YES！

研究人员进一步揭示了早期与主要照顾者的生活经验会如何塑造——无论是有意识的还是无意识的——我们对于未来生活和关系的期待。

这包括与朋友、家人、同事和恋人的关系。最终，你的依恋类型决定了你对他人的信任程度，你是否害怕被抛弃，你是否与他人保持距离，或推开他们以避免亲密关系。

心理学家约翰·鲍尔比的解释是：如果孩子在早期的关系中感受到爱与信任，他就会觉得自己是可爱的、值得信任的；但如果他的依恋没有得到满足，他就会对自己形成一个不好的印象。

一个不受欢迎的孩子不只觉得自己不受父母欢迎，而且相信自己基本不被任何人欢迎；相反，一个得到充分依恋满足的孩子长大后，不仅相信父母爱他，而且相信别人也觉得他可爱。

这一心理暗示会随着我们的长大而根植到我们心灵的深处，于是，成人的四种人际关系类型也出现了。

成人的四种依恋类型

研究者发现成年人在亲密关系中也有类似表现，且与幼儿时期的依恋模式基本一致。

人际关系专家巴塞洛缪在婴儿的四种依恋类型的基础上，提出成年人的四种依恋类型。

这四种依恋类型是根据两个维度的变化区分出来的。一个维度是“回避”，一个维度是“焦虑”。

高回避者与人亲密时容易感到不安，低回避者与人亲密时感觉轻松。高焦虑者害怕爱人不关注自己，或因为自己不够好而离开，低焦虑者则不担心这些。

两个维度高低组合出来的四种依恋风格是：安全型、痴迷型、疏离型、恐惧型。除了安全型，其他三种可以合称为不安全型。

成人亲密关系中的四种依恋类型如下：

安全型（低回避、低焦虑），也称安全型依恋

可以很安心地与人亲密，并建立相互依赖又相互独立的关系。不担心被抛弃。对自己和他人的评价都是积极的，认为自己值得爱，他人也值得爱和信任。

痴迷型（低回避、高焦虑），也称焦虑型依恋

渴望与人亲密，又怀疑对方并不想和自己亲密，很担心失去，有强烈的情感依赖和饥渴。会做许多努力以获得关注和爱。

对自己的评价消极，觉得自己低价值、不值得爱。总想努力得到他人的赞许，寻求认同。

容易感觉被误解和不被重视，对别人的负面评价非常敏感，喜欢夸大负面信息，让自己更加焦虑。

常处于怀疑、又爱又恨、拿不起放不下的矛盾中。人们常说的“作女”大多出现在这种类型。

疏离型（高回避、低焦虑），也称回避型依恋

回避亲密接触，难以信任和依赖对方，追求独立，因此容易让爱人陷入焦虑。

对负面情绪和信息有回避倾向。往往关系还没进展就开始退缩，觉得对方不可靠，亲近他们的企图会让他们紧张。

对自己的评价是积极的，自认为有价值，觉得自己可以不需要依赖他人，因此不太在乎他人是否喜欢自己。

希望和爱人保持清晰的边界，反对依靠。不需要对方为自己付出什么，因为自己也不打算有所报答。

出现冲突之后会拒绝一切沟通。在亲密关系中寻求的是个人的满足和期望。

人们常说的不主动、不拒绝、不负责的“三不”男人，最容易出现在这种类型。

恐惧型（高回避、高焦虑），也称迷失方向

内心期待亲密关系，但因害怕受伤而表现出犹豫和抗拒。既想依赖又希望独立，这种对依赖的抵触是一种自我保护机制。

对自己的评价较为消极，怕被拒绝，或担心自己离不开对方，因而避免和他人建立亲密关系。

进入亲密关系之后，又担心被抛弃，时常感到恐惧。爱人不在身边时不安，爱人在身边又有点厌烦。

在亲密关系中，希望有掌控感、自我价值的证明感，追求平静与轻松。

与爱人有冲突时，更喜欢以间接方式表达不满，如疏远冷淡；也容易做“爱的逃兵”，想做先放手的人，以此缓解内心的焦虑和被控制的感觉。

对亲密关系既渴望又恐惧的心态，让其表现得若即若离，总在亲密与疏远之间挣扎。因而，恐惧型最容易使自己陷入无序和混乱。

依恋类型决定爱情命运

《亲密关系》一书中说：我们最初被某人吸引，通常是由于内心未被满足的需求。我们会在亲密关系中寻找满足，抱着期待，希望能在关系中获得亲近感、舒适感以及安全感。

恋爱的绝佳人选——安全依恋型

很多人际关系和爱情研究发现，安全依恋型的成人对爱情和人际关系很满意，他们也倾向于寻找一个具有同样安全依恋潜质的恋人。

他们会强烈地支持这样一个观点，即人际关系并不是仅仅由血缘、工作、地理环境而决定的，而是有许多爱、义务、信任的内容在里面。

并不是你为了人际关系而需要和他人处好，微笑、拥抱、努力信任他，这是你生活中必不可少的一个情感课程。

他们很喜欢和朋友待在一起，喜欢在适当的时候与朋友分享自己的秘密，能宽容地接受伙伴、家人和伴侣的缺点，无保留地支持他们。

这些特性和发现，使得安全依恋类型的人成为恋爱的绝佳人选，他当然比焦虑－矛盾型的人更自由、更舒展，也比回避类型的人更温暖、更亲密。

警惕爱情中的“依恋伤害”

遇到了觉得是对的人，开始了一场美好的恋爱，但关系总有很多变化。在得到满足的同时也有可能得到伤害。

心理学者约翰逊等人在研究中，提出了“依恋伤害”的概念，指在亲密关系中，当一方破坏、违背或达不到关系的“预期”时，就会给另一方造成情感或心理上的创伤，此时“依恋伤害”就出现了。

依恋理论的研究者们认为，人们儿时与照顾者的关系，决定了其依恋类型，影响了成年之后在亲密关系中的表现。

安全型的人，能够在关系中信任他人，容易与人亲近；非安全型的人，对他人无法信任，总是担心被抛弃；又或者自我孤立，拒绝与人亲近。

不过，一个人的依恋类型并不是一成不变的，约翰逊等人认为，一个人的依恋类型会影响 TA 成年后的亲密关系；同时，成年后的亲密关系也会反过来影响 TA 的依恋类型。

这也是为什么有时候我们发现，一个人会在一段感情中受伤后，整个人性情大变，原本是个在感情中很有安全感的人，却变得无法信任另一半，成天疑神疑鬼。

亲密关系中的“预期”

前文中已经提到，依恋损伤的发生，与人们在关系中的“预期”有关。这里的预期，指的是对于关系本身以及双方在关系中言行的一些期待，主要包含两个层次：

一是社会对于亲密关系的基本期待。

在社会上，大多数人对于亲密关系都抱有这样的预期：这是一段亲密的、彼此存在感情交互的关系，双方相互付出并获得“亲近感”、“舒适感”及“安全感”。

彼此之间的平等和相互尊重，可以说是大众对于亲密关系最基本的期待了。

二是双方在关系中达成的“共识”。

关系中的另一层预期则是因人而异的。有时，两个人其实对关系抱有不同的预期，这与两个人之间不够充分的“知情同意”有关，而这就给关系中依恋损伤的发生埋下了一些伏笔。

比如，关系中的A心中认为伴侣就应该能够把工作之外的时间都花在彼此身上，然而B却并不知晓这样的预期。

于是，当B花费许多时间和其他朋友在一起时，A就很容易有一种“TA不够在乎我”的受伤感。此时，B对A关于关系的预期并不“知情”。

又比如，关系中的B觉得两人只是以一时愉快为目的，并不想朝着更深承诺的方向发展。但通常，大多数人默认关系会随着时间加深。

于是，当A投入更深的承诺后，发现B完全没有回应甚至是拒绝的，A便会感到不被尊重、被欺骗。

此时，B没有把自己的预期告诉A，A在这段关系中对B的预期并不知情，也没有同意。

当那些令我们感到被欺骗、被背叛、被辜负、被否定的事件在亲密关系中发生时，所带来的不仅仅是这些不愉快的感受，它还会直接威胁我们对外在世界和他人的看法。

不仅如此，这些事件还会威胁我们对自我的认知与看法。它让人们开始怀疑，自己是否有能力对世界和他人做出准确的判断。

甚至开始否定自我的价值，认为可能是由于自己不够好才不被珍惜，是自己不配被人温柔以待。

可以说，很多时候，当在一段新的关系中，即便对方并没有做出任何欺骗，我们仍然对对方持续地不信任，归根结底，其实是我们对自己失去了信任。

依恋模式的关系重建

依恋模式，影响亲密关系质量。至关重要的是，依恋科学表明，除非你了解并试图改变你的依恋风格，否则你很可能会继续根据童年时期从最早的照顾者那里学到的习惯来管理当前的关系。

长大后，要自我直面和看见自己的成长经历，挖掘整理关系模式的形式和动机，修复早年的心理缺失，发展出自爱和爱人的能力，拥有爱的正向回应能力。

幸运的是，通过在人际关系中尝试新的行为，在你感到焦虑或压力时找到新的应对办法，你可以改变你的依恋风格，享受更好的人际关系，过上更充实的生活。

接下来将向你展示如何探索自己的依恋风格，并且如果你愿意的话，开始改变它。

第一步，确定你当前的依恋类型

要理解为什么你在人际关系中会有这样的行为，第一步是确定你当前的依恋类型。

还要记住，你的依恋类型并不是你的最终命运。一系列研究发现，在同一个人身上，婴儿依恋行为和成年后的依恋行为之间只有适度的相关性。

这并不奇怪：一系列因素影响着我们对感情的期望和行为，包括基因影响的气质。

这些因素也不会在童年结束时消失。支持我们的教练、老师和朋友可以影响和改变我们的依恋风格、期望和信念。

我们可以学会更加信任他人，与安全依恋型的成年人和同龄人建立健康的关系。

所以，虽然我们早期的关系会塑造我们成年后的关系，但它们并不是唯一的影响。

这可以给我们带来希望：如果我们对身边的人做出了正确的选择（或者如果

我们足够幸运地遇到他们），就可以抵消我们生命最初几年的一些负面影响。

第二步，理解这四种依恋类型

一旦理解了依恋的科学，你就有了一个平台，从这个平台上你可以了解在关系中的自己，从而更好地了解你关心的人。

这可能包括：为什么你总是犯同样的错误，为什么人们总是离开你 / 为什么你总是离开他们，为什么你总是失去工作 / 错过晋升机会，以及你可以做些什么来改变。关键是要明白，你通常会根据以前被对待的方式来期望现在会被如何对待。

安全型依恋类型　如果你足够幸运地拥有一种安全的依恋方式，你的主要照顾者可能是“足够好”的（精神分析学家唐纳德·温尼科特对情感敏感、反应敏捷的母亲的评价），你很有可能在生活中享受健康的关系。

除了安全依恋类型以外，其他三种主要的依恋类型是不安全的，会导致建立和维持良好关系的困难：

焦虑型依恋类型（有时被称为“心事重重型”或“矛盾型”）缺乏安全感的人往往是焦虑型依恋，对亲密关系的依恋程度远超常人，用情至深，态度会变得过于执着甚至偏执，心思会变得患得患失甚至脆弱。

如果你们还没在一起，那么必然会导致自我感动式的一味付出，渴求通过日复一日的追求去感动对方。

如果你们已经在一起，那么必然会因为对这段关系的期待过高，依赖过深导致对方在这段关系里疲惫不堪。

好的关系是基于共性和吸引，双方其实都会体会到轻松和愉悦，压迫、捆绑和一味付出只能让人在这段关系中喘不过气来。

焦虑型依恋是如何形成的？

通常是由于父母不连贯或侵入式的养育模式，或父母 / 照顾者与孩子之间的界限模糊而造成的。

如果父母对孩子的需求十分敏锐，总是能及时给予爱的关注和情感支持，那么孩子也敢于向外探索，从而逐渐完成和父母的分离，形成安全型的依恋风格。

相反，假如父母的回应断断续续、时好时坏，有时回应有时不回应，有时表现得很关心，而有时又不在乎，那么对于孩子来说，他们难以确认自己是安全的、被爱的，害怕任何美好的事物都会随时消失，在反复的得与失之间陷入矛盾和恐惧。这就是焦虑型依恋风格的形成。

作为一个成年人，你可能会重视亲密和联系，但发现自己总是在担心惹恼别人或被拒绝，你可能倾向于认为最坏的情况正发生在一段关系中。

因此，你可能会发现自己有嫉妒和粘人的倾向，或者你可能会退缩，采取冷暴力的方式，比如“沉默对待”别人。

回避型依恋类型（有时根据伴随的行为被称为“轻视－回避型”或“恐惧－回避型”） 缺乏安全感，不会轻易相信别人，个人防御水平高，个人边界感强，很难有知心朋友；情绪不稳定，敏感多疑，会通过试探证明被对方喜欢，渴望亲密关系又害怕亲密关系，会陷入恋爱循环。

回避型人格的人会回避与任何人的依恋及亲密关系；而回避型依恋的人一般可以与其他人建立情感链接，但是在接触到心仪的另一半时，无法正常进入亲密关系，或者亲密关系不够紧密。

因为回避型人格的人基本没有获得过来自父母完整且包容的爱，所以他们不会爱。从小到大他们就没有得到过无条件的爱，所以往往并不知道爱是什么，既不知道怎么爱自己，也不知道怎么爱别人。

回避型人格的人处理问题的方式与其他人格类型的人不同，所以很容易让别人误会他们的冷漠、没有同理心。

没有被呵护和关心过，所以回避型人格的人就不太知道怎么去关心别人，其实也不是他冷漠，是他们真的不懂。

《马男波杰克》是一部又丧又治愈的成人动画，前几年火遍了全球。

男主波杰克，是典型的回避型依恋人格，原生家庭中父母关系不和，母亲对待他的方式是许多中国父母的那种“我为你牺牲了这么多，你最好有出息”。

这种长期的精神虐待导致他不相信爱，他终其一生都在寻找认同，无法做出承诺，害怕改变，丧，颓废。

与人关系亲密后就会恐惧、逃避，怕被伤害，所以先伤害别人。

回避型依恋是如何形成的？

如果父母疏离而冷漠，难以满足孩子的需求，孩子无法获得安全感，那么感到很无助的孩子会选择进入自己的世界以保护自己。

由于缺乏安全感，导致感觉温柔、亲密、感情投入等都是危险的，变得极其疏远冷淡，形成回避型依恋风格。

照顾者对孩子情感需求的持续和重复的拒绝，导致他们无法肯定自己，客观看待自己，这也会导致回避型自卑等不安全的人格特质产生。

如果这是你的经历，那么作为一个成年人，你可能会发现你总是试图独自应对生活中的一切。

你可能会拒绝谈恋爱，或者，如果你在谈恋爱，你可能会发现你很难在情感上与人亲近，或者很看重对方的长相。

你可能不喜欢过多关注别人的情绪，你可能更倾向于认为自己没有任何问题。

最后的依恋风格——无序风格（有时称为“迷失方向”）最好是将其理解为是喜欢被困在一个令人难以置信和困惑的矛盾里。

在这个矛盾情境中，照顾者（和未来潜在的朋友或合作伙伴）偶尔是安慰的源泉，但在更多的情况下是威胁的来源。

这种风格与儿童时期的严重虐待和忽视有关。如果这是你经历过的事情，你可能会与自尊作斗争，可能会因为你的强烈情绪而发现你后续的关系都相当困难。

第三步，了解你爱的人的依恋类型

依恋本质上是一门关系科学。显而易见的是，每个人都想更多地了解自己，但每个人也都想了解那些我们关心的人，让他们在与我们的关系中感到情绪上的安全与舒适。

所以，一旦你觉得你理解了自己的依恋行为，开始观察你周围的人，你就能更充分地理解为什么他们在亲密关系中会有这样或那样的行为。

真正理解对方的心灵需求

如果你和你的伴侣不理解彼此的依恋类型，你们更有可能重复同样的行为和争吵。

如果你真的想要在心灵上走进你的伴侣，你就需要真正理解他们为什么难过，而不总是下意识地道歉——你要尝试通过他们的眼睛看世界。

你可以通过表现出对他们为什么会这样做的兴趣和好奇而更有效地做到这一点。

这些换位思考将带给你所需的信息来改变你的行为，从而满足你伴侣的更多需求。

比如，如果你的伴侣是焦虑型的而你是逃避型的，对依恋类型的了解可以帮助你回忆你的伴侣通过其依恋行为向你发出的信号：他需要你，而不仅仅是粘人。也许是他内心深处感觉到了被遗弃的恐惧。

当你与伴侣有一段时间没有打电话或发短信时，你可能不需要安慰，但他可能会因为缺乏沟通而感到不安全。

试着对他人的依恋行为表示同情和理解，这样你就更有可能满足他们的需求，也更知道他们如何能够满足你的需求。

第四步，努力改变你的依恋风格

神经科学研究越来越多地表明，人类的大脑仍然具有可塑性，能够在整个生命过程中进行调整，直至进入老年。

对于隐藏在调节我们情绪能力之下的大脑网络来说，这当然是正确的，这与依恋类型直接相关。

依恋模式可以改变吗？

虽然存在先天因素的影响，但婴儿时期的照料模式是形成依恋类型的关键。

比如，也许你在人际关系中很粘人，渴望得到伴侣的关注以获得安全感——很可能这些反应深深植根于你在童年时期的人际关系中所看到的，以及你被对待的方式。

每个人的依恋类型不都是典型单一的，有的人是两种类型的交叉。甚至有人在两个维度上都居中，这样的情况不属于任何一种依恋类型。

依恋类型在后天是可以变化的，就算同一个人，在不同时期和情境下，也有不同的类型表现。

比如，有可能，面对自己喜欢的人表现出焦虑型；而面对不喜欢的人，就变成了回避型。

在成长过程中，遇见不同的恋爱对象，依恋模式都可能会被影响和塑造。

比如会受经历的影响。经历过感情失败的人，会本能地保护自己以免再次受伤，所以会向不安全型变化。

我们已有的依恋模式，会不断被新的经验一点点地更新和改写；大多数人可能通过不同的经历和有意识的努力，或多或少地变得更加安全。

但通常情况下，我们最初的依恋模式或多或少还是会在整个一生中都对我们在亲密关系中的行为和思维产生影响。

不论心理学的发现和解释是怎样的，我们只会有这样一个心理事实和生活事实：当我们进入一个安全、持久的人际关系中时，我们的心理依恋类型就会有所改变。

爱与信任完全有可能改变你的依恋类型，你的人际交往状况也会有新的局面，即使这些爱与信任在你小时候是缺乏的。

【热点解读】

回避型依恋者该如何自救？

从前面的内容可以知道，回避型依恋的人缺乏安全感，不会轻易相信别人，个人防御水平高，个人边界感强，渴望亲密关系又害怕亲密关系。

回避型依恋者一般可以与其他人建立情感链接，但是在接触到心仪的另一半时，无法正常进入亲密关系，或者亲密关系不够紧密。

回避型人士过的并不是独立自主、自我依靠的生活，而是不断挣扎、不断压抑依恋系统的生活。

压抑策略根深蒂固地存在于回避型人士的思维模式中。

阿米尔·莱文在《关系的重建》中提到以下四点建议：

一是学会识别自己的“压抑策略”。

当你遇到一个令你心动的人，又立刻本能地感觉他不是那个对的人时，静下来想想自己是否正在使用“压抑策略”。

当你发现自己开始挑伴侣的小毛病时，试着反问一下，这种美中不足的感觉，是不是自己的依恋机制在作祟。

总之，千万不要急着把对方推开。

二是别再执念于自我依靠，要转而关注互相支持。

如果暂时做不到，可以先试着采用注意力分散策略，一起徒步旅行，参观展览，在约会中，用其他的事分散自己对伴侣的注意力。在这种情况下，你会不那么排斥他的亲近，也更容易与他靠近。

学会接受伴侣的帮助，并帮助伴侣解决问题，用这样你来我往的方式，去消解自己制造的距离感。

三是找一个安全型的伴侣。

敏感多疑的焦虑型伴侣，会加剧你的回避倾向。

而一位有爱、宽容的安全型伴侣，或许会让你慢慢地放下防备，也能使你们的关系少一些争执和误解。

四是注意你对伴侣行为的误解。

很多时候，你对伴侣的消极解读，比如“他是不是想利用我”“他是不是在控制我”，与现实并不相符。

当产生这类思维时，一定要引导自己关注客观合理的事实，提醒自己，对方是你的爱人，而不是要谋害你的人。

你可以试着列出一份爱情感恩清单，把目光焦点转移到伴侣积极的一面上。

对于回避型依恋者，面对自己和接纳自己，是一件很不容易的事情，或许你已经习惯了掩饰和自我催眠，认为自己不配拥有美好的感情，但只要你能勇敢地迈出这一步，改变永远不算太晚。

记得自己是一个值得被爱的人，对亲密关系的渴求是合理的，不要因为依赖亲密的人而感到不安。

如果你恰恰爱上一个回避型依恋者，而且想跟TA在一起，需要你本身是一个内心强大的人。同时要清楚，你不是一个拯救者，谁也不能拯救谁，自救是自己的功课。

至于有人问，如果喜欢的人是回避型依恋者怎么办？如何跟TA相处？那你需要具备三个条件：

一是你是安全型依恋者，情绪稳定且性格独立。

二是你真的非常爱对方，愿意去接纳和包容TA。

三是你的意志力强，不太受环境影响或者对人性有深刻的了解。

对于内心强大的人来说，如果你真的喜欢一个人，那就抱着一颗平常心去与对方相处，无论对方是焦虑型人格还是回避型人格，你都不要计较太多，不安全依恋只是他们对自己的认知出现了偏差，但这也不代表他就不好。

很多回避型依恋的人都是非常优秀的，而且对伴侣的忠诚度特别高。只要我们能客观看待自己，看待他人，那就没问题。

每个人其实都是普通人，回避型和焦虑型的人也是。如果可以，那就引导他们重新认识自己，改变认知，重新建立安全感，这就没问题了。

其实无论与哪种人相处，努力修正自己的认知，建立自信，获得内心的安宁，能够感受爱与被爱，才是最重要的。

恋爱是两个心理成熟的人之间的事，拥有健全的依恋风格及健全的人格，就能够建立幸福良好的亲密关系。

拒绝情感勒索

“情感勒索”这个概念是美国心理治疗学家苏珊·佛沃德提出的，她发现在很多关系中，都存在这么一种现象：一方控制，一方让步。

这些控制者往往在我们生活中扮演重要的角色：合伙人、顶头上司、父母、兄弟姐妹、朋友……。苏珊博士把情感勒索的出现比喻为，像一阵迷雾，只要遇到情感勒索，受害者就会陷入情绪反应的泥潭，缺乏决断力，失去了思考和回应的能力，就像被人掐中了死穴，无处可逃，不得不向情感勒索者让步；否则，对方就会付出十分巨大的代价。

情感勒索的六个要素

大部分情感勒索都是很难察觉的，而且常出现在那些看似和谐、美好的关系中。

我们知道对方最美好时的模样，以往的愉快记忆也掩盖了似乎有些不对劲的感觉。

直到情感勒索的阴影渐渐浮出水面，悄悄地越过了原先的安全界线；之前尚能接受的相处模式逐渐改变，开始夹杂了一些不得不为之的妥协。

所谓情感勒索，是指以爱之名，通过要求、威胁、施压、打击、沉默等手段，在亲子、情侣、职场等关系中争夺控制权，让对方就范。

这种勒索有可能是勒索者利用自己的强势有意地进行，也可能是因为他们性格上的弱点无意中伤害到了自己所爱的人。

情感勒索最大的特征就是被勒索者被动地受他人情绪的控制，做出一些不利于自己的事来。因为他们了解你的弱点和需求，这样的控制往往很奏效。

情感勒索的六个阶段

情感勒索的发生，通常会经历六个阶段：要求、抵抗、施压、威胁、屈服、重启。其中，施压、威胁和屈服是核心。

当你拒绝对方的要求时，发现对方持续施压让你质疑和改变自己的想法；当你面对这个人时，出现了强烈的无力感，甚至无法独立为自己做出决定，这就需要小心了。

无论是哪一种情感勒索，其本质都是以自我为中心，罔顾别人的感受，以感情、大义、职位等方面的优势，有意或无意迫使别人就范，从而达到自己的目的。

情感勒索者惯用的伎俩

瞄准你的恐惧感

在恋爱关系发展过程中，一方对另一方各方面信息的熟悉，反而成了勒索者的武器。

勒索者很清楚你对什么事情最恐惧，你内心的秘密是什么。他会抓住你的恐惧，量身定制一套行动策略，以达到他想要的目的。

自尊心是一个女孩子最脆弱的领域，被恐惧感笼罩之下，曾经有的自信会不堪一击，迫于对这种恐惧感的压力，威吓就发展成为进行精神控制的一种手段。

利用你的责任感

我们从小受到来自父母、学校、社会既定规范的影响，形成了一种责任感。

这种责任感一般情况下是合理的，它为我们的社会生活打下了伦理与道德的基础。

但是，当我们衡量对自己和对他人的责任时，往往会失去平衡，会过分强调我们的责任感，这给了情感勒索者以可乘之机。

苏珊博士说："一旦责任感超越了自尊与自我关怀，情感勒索者很快就会明白该怎么利用这一点了。"

放大你的罪恶感

我们都愿意相信自己是好人，但是情感勒索者却用欲加之罪让我们对自己和善、负责的固有评价打了个大问号，我们会觉得自己该对情感勒索者的痛苦负责。

如何摆脱情感勒索？

假如为了维系一段关系，你只能让情感勒索者不断予取予求，那么你就必须问问自己，这种关系中到底有什么值得你付出自己的幸福来换取。

如果得到的答案是否定的，那么你就需要通过以下三种方法，摆脱情感勒索。

解除恐惧键

在情感勒索中，受害者感受到的大部分恐惧情绪，都是源于勒索者在周围操控着这些恐惧感，将其放大。

了解自身的价值，清楚自己有哪些好的品质，坚定自己的信念，树立与责难者对抗的勇气。保持极高的自我完整性，坚定自己的信念。

解除责任键

如果在亲密关系中，你总是把对方的需求摆在你自身的需求之前，或者对方要求你在身体、头脑、情绪、精神和经济方面为他付出一切，你就要审视并改变你长期以来秉持的责任感和信念了。

最好的方法是，把对方施加给你的那些令你心情沮丧和感受到压力的要求写下来，前面加上“凭什么”几个大字。

只有当你认为自己应该遵循哪些行为准则，并坚持你的信念的时候，你才不会屈服于别人的威胁。

解除罪恶键

我们很难分辨真正的罪恶感和他人故意煽动的罪恶感，情感操控者就是在这一点上做文章的。

正确判断自己的罪恶感，不要自我厌恶。要学会尊重自我完整性，对自己的行为负责。

只有拥有健全心智的人，才不会让情感勒索者把施加给你的罪恶感当作勒索的背景。

苏珊博士说：“只有在你屈服之下才能够持续的亲密关系，对你的人生根本毫无益处。”

亲密关系的催化剂——心灵交流

在恋爱中，有一句名言，我需要你的时候你不在，那就没有必要在了。

我需要你的时候，大部分和面包牛奶无关，而是你能不能为我提供情绪价值，让我在不开心的时候开心起来，让我在难受的时候好受一些。

我懂你，比我爱你更难。亲密关系中，触及心灵的交流沟通能力非常重要。

适度共情

“回应对方内心渴望的，才是正确的沟通。”这是亲密关系大师们时常告诫我们的。

只有提升自己的共情能力，才能真正在亲密关系中找到对方的需求点。

共情力是一种能设身处地体验他人处境，从而达到感受和理解他人情感的能力。从爱情的角度来说，就是两个人感同身受，一起欢笑一起忧愁，一起白头偕老。

适当共情，有助于关系的发展和推进；过度共情，只会让你越来越痛苦，身心俱疲，甚至毁掉你的生活。

卡耐基说：“请记住一句话：你的观点我一点都不否认，如果换作是我，我也会和你有相同的感受。”

如果你正在气头上，忽然听到这样一句话，你多半就不会生气了。因为你知道，他很理解你，他会设身处地为你考虑。

真正爱你的人，会想方设法和你感同身受

共情能力强的伴侣，能够及时察觉到你的情绪变化；

TA 懂你为什么难过，为什么高兴；

明白你为什么愁眉苦脸，心情抑郁；

跟共情能力强的人在一起，会让你感到舒适、愉悦，有种灵魂伴侣的感受。

很多时候，我们都自以为很了解对方的性格，但面对问题的时候却总以自己的思维方式为中心，矛盾就产生了。

黄澜老师具体解释了恋爱中的共情能力，“共情是什么？就是你高兴，我也能体会你的高兴；你不开心，我也能体会你的不开心。这才叫谈恋爱。

反过来，你高兴我却说有什么好高兴的，你悲伤我却说有什么好哭的，那就不叫谈恋爱。

尤其在她情绪比较强烈的时候，如果你过分地强调冷静、强调你认为怎么样更好，那女生她一定是失落的。

希望大家都能站在对方的角度体会一下对方的情绪，遇到问题的时候多一些感同身受，会让相处和谐很多。”

积极共鸣

婚姻的最诚恳的诠释是“在这个世界上，即使是最幸福的婚姻，一生中也会有200次离婚的念头和50次掐死对方的想法。”

北卡罗来纳大学教堂山分校的心理学教授芭芭拉·弗雷德里克森说：“爱就是你与另外一个人之间那种温暖与情感联结的微小瞬间。”

爱是至高无上的情感，是普遍存在的情感联结，是伴侣之间共同体验积极情绪时，通过行为和生理同步而产生联结感的积极共鸣。

积极共鸣是一种会发生在两个人及两个人以上群体中的瞬时联结，广泛发生在情侣、朋友、同事及具有竞争关系的陌生人之间。

“积极共鸣”是爱情的保鲜剂

加州大学伯克利分校的心理学家们在近20年的时间里，追踪了154对中老年夫妻。

他们每5年都会前往大学的实验室，讨论最近发生的事儿，以及冲突和愉快的话题；并接受录像观察，以及婚姻满意度和健康调查。

研究人员对互动录像进行编码，并从四个方面评估了积极共鸣：

①**共享的积极情绪：不约而同的笑容、开心的语气音调和肢体语言；**

②**共同表达的积极情绪：同时减慢或加快表达开心的时刻；**

③**表达爱和关怀的无意识动作：微笑、点头和向前倾；**

④**生理同步：心跳频率。**

在产生积极共鸣的时刻，彼此在某种程度上成为对方的映像。

多项实证研究发现，积极共鸣能够强有力地提升个体的健康水平与幸福感，而积极共鸣发生在即时感官层面中，会产生更积极的效果。

“积极共鸣”是爱情的保鲜剂，最好的爱情是同频共振。较高的“积极共鸣”频率，预示着更好的未来、更健康的身体和更长的寿命。

这些产生“积极共鸣”的微小时刻，是持久关系的关键因素。它让两个独立的个体，体验到温暖、幽默和感情的激增，并产生一种合一感。这是最深刻的亲密，也是爱最具体的形式。

产生积极共鸣的方法

①接纳他人与我们不同的价值观、不同的表达方式、不同的立场和思维，尝试接纳他人而不是评价他人。

②多考虑对方的需要，用亲切友好的态度关心对方。

③与他人交谈时，要学会体验对方的感受，尝试领悟对方想要表达的语句，并尝试在对方未言时提前把它说出来。

④在交流中，我们要注视对方的眼睛，并通过眼神、微笑或言语等给予对方肯定的反馈，即使不同意对方的观点至少也点头表示理解。

⑤在交流中，我们自己内心产生的积极情感要及时表达出来，与对方分享。

主动型人格

性格决定命运，决定一个人在爱情里面是否受欢迎的主要因素也是性格。人的性格大体可分为两类：一类是主动型，另一类是被动型。

在爱情中，具有被动型人格特点的人，一旦遭受到心仪的人的拒绝，便会感觉到自尊心受损，从而在面对爱情时变得悲观消极，伤心地选择放弃这段感情。

而具有主动型人格特点的人，在爱情之中会表现得自信积极，即使遭遇到了爱人的拒绝，也不会灰心丧气，正是因为他们在爱情之中百折不挠，所以他们更容易收获爱情。

具有主动型人格特点的人，更容易收获爱情

心理学上有一个著名的“马太效应”，它指的是：强者愈强、弱者愈弱的现象，即两极分化现象。

将“马太效应”运用到爱情之中，我们可以得到这样一个结论：在爱情中，越积极乐观的人，越容易得到爱情的青睐；越消极悲观的人，越容易与爱情擦肩而过。

具有主动型人格特点的人，对待生活总是有着积极的态度，能将快乐带给所爱的人，即使遭到了爱人的拒绝，也会选择坚持追求爱情。

他们在爱情中的坚持，很容易感动对方，让对方觉得是真爱，因此，具有主动型人格特点的人，更容易获得爱情的青睐。

具有主动型人格特点的人，不会因为爱人的拒绝而感觉到消极沮丧，他们懂得在爱情中执着，但却不会在爱情里面固执，一旦他们发现这段爱情无望的时候，他们便会选择果断放手，去寻找另一段崭新的恋情。

而具有被动型人格特点的人，他们虽然在爱情中会表现得很悲观，但同时他们也会在爱情之中很固执。

他们卑微地不敢接近所爱的人，又暗自期望对方会对自己有好感；可怯于表达爱情的他们，并不能让他们所爱的人发现他们的爱。

因此，他们总是会与爱情擦肩而过，独自黯然神伤。

关于爱情与面子的关系，作家毛姆曾说过这样一句话：在爱情中，如果你太在意面子这件事，只能说明你最爱的还是自己。

爱的五种语言

盖瑞·查普曼博士提出了男女双方互动的五种“语言”模式。

当双方“爱语”对称时，谈心能达到最好的效果，当然也最能拉近彼此的距离。

五种“爱语”具体指什么呢？

肯定的言辞

肯定的言辞的核心表达方式是以仁慈、谦和的态度进行赞美或鼓励。当我们在伴侣的父母或朋友面前称赞 TA 时，效果更好。

精心的时刻

精心的时刻指将注意力全部放在对方身上、与之分享的高质量时刻，包括日常交流、约会、旅行等场景，其核心是共情关注。

接受礼物

赠送礼物一方想要让对方心动，平时需要多留意对方的喜好和需求；接受礼物一方应尽可能真实地表达自己的需求，而不是违心迎合。

服务的行动

服务指用自己的时间、精力、投入等为对方、为婚姻、为家庭所做的事情。比如家务、照顾病人、接送孩子等。

身体接触

身体接触是伴侣之间非常重要的一种沟通方式，牵手、拥抱、亲吻、抚摩不一而足。尽可能了解并满足对方的需求，能为感情增添不少乐趣。

在表达自己的同时，我们也要善于感受对方。无论对方以什么方式爱自己，我们都应该表现出理解、接受、认同、喜悦。

当然，当我们了解了对方的"爱语"之后，也要尽可能以对方喜欢的方式与TA谈心。

人类的共性是被需要、被尊重、被肯定、被信任、被赞美，只有我们尽可能给予对方这些基本需求，才能滋养对方，浇灌感情。

谈心要从"爱语"开始，但远不止于"爱语"。愿你的谈心之路充满"爱语"，愿你的亲密关系温馨甜蜜。

生命价值的融合与升华——幸福密码

幸福，是深藏在每个人内心的守候。人人都希望自己能幸福。幸福是什么？怎样能获得幸福？

幸福的含义

在心理学上，幸福的含义可以从两个层面去阐释，即从普通心理学的情感角度，以及从积极心理学的终身幸福的角度。

当我们从普通心理学的情感角度来阐释幸福的含义时，它代表的是一种积极的情绪，是一种短暂或者是长久的心境状态，是一种愉悦的、欢快的、积极的情感。

如果放在爱情中，便是两个人在一起都能感受到快乐，双方都能享受这段关系。于是就都拥有了幸福的感觉。

而当我们从积极心理学角度去探讨幸福时，指的是人们的终身幸福，积极心理学认为幸福是人的终极目标，人的一生都在为追求幸福而奋斗着。

放在爱情中，就是我将与 TA 在一起，让我们把彼此快乐视为此生奋斗的目标。

所以，爱情里的幸福感，就是这样，包含此刻的幸福及此生的幸福。

幸福是投入的副产品

心理学家维克多·弗兰克尔说：幸福是一个副产品，它不是通过直接追求获得的。

当你全心全意地投入到爱一个人或做一件事时，幸福感就会自然而然地降临，幸福是投入的副产品。

当你投入地爱一个人，或者投入地做一件事时，就能够与你眼前的一切形成深度“深爱”的关系，你就会变成一个过程主义者，也会在你的深度投入中，遇见幸福。

任何浅尝辄止，或者玩弄利用，或者心不在焉，最后都会伤害你自己，因为你在同样的单位时间内，没有得到“享受自己”这份礼物。

凡是不够深入、不够深爱、不够享受，都是对你生命的严重浪费，你也不会有任何结果，即便有了结果，你也不会珍惜，同时，你也失去了过程中的美好。

幸福五要素 PERMA

积极心理学之父马丁·塞利格曼在《持续的幸福》一书中提出：幸福是可以

分析、可以学习的，人的幸福由五大关键要素组成，可以缩写为 PERMA。

幸福五要素 PERMA：幸福的五个要素

一个人想要达到幸福，就必须有足够的 PERMA。这五个字母分别代表幸福人生的五个要素。

P = 积极情绪（Positive emotions）；

E = 投入（Engagement）；

R = 人际关系（Relationships）；

M = 意义（Meaning）；

A = 成就（Achievements）。

幸福 = 积极情绪 + 投入 + 人际关系 + 意义 + 成就。

要将幸福感提升到理想水平，就要关注 PERMA 五要素的各个组成部分如何被触发，并且注意你可以创造哪些最佳的条件以追求目标、滋生热情以及培育坚毅。

幸福的第一个要素 P：积极情绪（Positive emotions）

芭芭拉·弗雷德里克森是积极心理学研究领域的杰出研究者之一。

她在一项已经获奖的研究中发现，当人们体验积极情绪时，会发生很多有利于人类这个物种延续下去的事情，包括这样一个事实：我们扩展了对自身环境的认知，对别人更感到好奇，这反过来有助于构建人际关系。

积极心理学认为，幸福的第一个因素就是积极的情绪，也就是我们的感受：愉悦、狂喜、入迷、温暖、舒适等。在此元素上的人生称为：愉悦的人生。

当我们的需求得到满足时，我们的情绪是积极的。当我们感受到愉悦、快乐、温暖、安静时，我们是幸福的。

幸福的第二个要素 E：投入（Engagement）

投入：指的是完全沉浸在一项吸引人的活动中，时间好像停止，自我意识消失。换个词解释：废寝忘食，聚精会神。

这种境界是一种很安详的境界，我们把这个时候称为：心流（flow），也翻译成福流。

心在流动，感觉停止，是特别专注于自己熟悉和喜爱的工作时达到的幸福酣畅的状态。

在东方的智慧里，福流的最高境界可以称为“物我两忘，天人合一”，当身心融为一体时，福流体会得越多，我们的幸福指数就越高。

幸福的第三个要素 R：人际关系（Relationships）

人际关系，生命即关系，我们的生命无法脱离关系而独立存在。幸福不是出世，不是离群索居，幸福的一个基本条件就是与人交朋友。

在对幸福的研究中，最有力的成果之一是如果某人没能与他人建立高质量的人际关系，便不能认为是具有丰盈生活的人。

医学博士乔治·维兰特发现，在生命后半段，在情感上蓬勃发展的人，会在生活中与家人和朋友构建并保持积极的关系。

因此，维兰特总结道：**“幸福就是爱。句号。”**

积极心理学研究的先驱者之一的克里斯·彼得森经常说，对幸福的每一次研究，其结果都可以归结为一句话：**“他人很重要。”**

有人曾要求克里斯·彼得森用两个字来描述积极心理学是什么，他的回答是：“**他人**。”

他人有两层含义：一是，他人对你的帮助和依靠，你的被需要感和存在感；二是，你存在的意义，你帮助他人，自己会感觉很满足。

幸福的第四个要素 M：意义（Meaning）

有意义的人生，意味着追求某些超越你自身的东西，并为之奋斗。

当我们找到了人生的目的和意义，当我们为了此意义不懈努力时，我们就拥有了幸福。

幸福的人们不只是生活得快乐或者积极投入生活，还觉得人生有意义，并且怀着让世界变得更美好的更高目标。

人生的意义有很多种形式。它可能来自于对自己孩子的爱、为他人突破障碍、拥有一项他人急需的技能并为他人服务，或者是给他人带去希望。

有意义的人生充满着热情。因此，坚毅地追求值得的目标，是使你的人生变得更加丰富多彩、兴旺繁荣的重要部分。

找到生命的意义

意义带来的幸福感能对抗很多消极情绪，包括抑郁。得抑郁症的人最大的感受就是觉得：生命没有意义。

有一个富二代，家里非常富有，但他得了抑郁症，经常想办法自杀，可他每次自杀都被救活。

有一次，他又跑到海边去跳崖。当他跳下去的时候，看到另一个人也在喝海水，他一时念起，就把那个人救了上来。

那个人上来后，对他感恩戴德，说海水真不好喝。从此，这个救人的经常自杀的青年就不再自杀了，因为他找到了人生的意义。从那以后，他没事就到海边去溜达，救上来不少人。

如果你暂时不能找到生命的意义，那就好好活着。对于我们来说，只有好好活着，才能发现和去做更多有意义的事。不是吗？

幸福的第五个要素 A：成就（Achievements）

在 PREMA 五要素中，成就并不是关于胜利或者夺得第一名；相反，它是关于实现有意义的、有使命感的目标。

研究发现，人们希望做些事情，而不是什么事都不做。对此，自我决定理论指出，想要实现成功，必须让人们感觉自己能够游刃有余、熟练地掌控身边的环境。

然而，并非所有成就都能带给人们幸福。追求一些体现了肤浅渴望的外在目标（比如金钱和名誉），或者以别人梦想的目标为自己的追求，并不会给人们带来满足的成就感或幸福感。

研究还发现，最幸福的人们每天醒来后都致力于实现明确而艰难的目标，这些目标超出了他们的舒适区。他们的努力不但赢得了最佳的成果，而且还可以带来最高水平的自尊感和自我效能感。

如何拥有幸福的爱情

真正的幸福爱情是指两个人在相爱的基础上互相关心、互相支持，并且能够包容和理解对方的情感和行为。

当两个人能够相互信任、始终忠诚地对待彼此，并且能够共同追求某些目标时，他们的爱情才能真正变得幸福并持久。

不论爱情里的幸福感是什么，它们易得还是要价不菲，我们都期望它留存在每一段感情中，长长久久地陪伴着我们。

如果你在为伴侣和自己的幸福而奋斗，有必要做好以下几件事：

保持积极的情绪状态

爱情从根本上讲，是一种积极情绪的交换。我们因为能让彼此快乐而走到一起。当我们发现一个人已经无法给予我们快乐的情绪时，我们便会开始回避，甚至选择离开。

真正的幸福爱情是建立在相互尊重、理解和关心的基础之上的，是互相支持、包容和成长的。建立起坦诚的沟通和良好的互动，适当的时候展示关切和理解，同时要注意避免争吵和冷战，始终保持平和的心态。

在这样的爱情中，彼此能够互相信任、倾诉和分享内心的想法和感受，敢于表达自己，并且不断进步和成长，共同面对生活中的喜怒哀乐。

真正的幸福爱情是建立在信任、忠诚、有共同目标、包容、理解和沟通基础上的。只有两个人能够共同努力，才能拥有真正的幸福爱情。

投入精力经营和维护感情

幸福的达成，是需要付出的，不论那是金钱，还是行动。我们要明白，没有从天而降的幸福。真正的幸福爱情需要多元的因素来支撑，例如共同的价值观、相似的兴趣爱好和承担责任的能力。

真正的幸福爱情还需要包容、理解和沟通，这样的爱情会让人感到真实、自由、温暖、满足，是一种相互的奉献和付出。

在两个人长久的相处过程中，难免会出现一些分歧和矛盾。此时，要克制自己的情绪，学会妥善处理矛盾，珍惜彼此所拥有的爱情，用心去经营和维护这份感情。

真正的幸福爱情需要有彼此的信任和尊重。在感情的世界中，没有比信任更加珍贵的东西了。而尊重则是信任的基石，真正的幸福爱情必须建立在两人彼此尊重的基础之上。

建立平等和尊重的恋爱或婚姻关系

爱情中良好的关系，可以让我们心情舒畅，情绪积极，也能让我们获取正面的力量，从而创造出更大的幸福。

平等和相互尊重的爱情，双方不会试图占据或控制对方，而是愿意为对方着想并一起成长。

双方需要拥有良好的沟通技巧和解决问题的能力，以应对在共同生活中出现的挑战和矛盾。两个人必须能够包容彼此的缺点，理解彼此的需求，并且能够及时沟通、解决问题，从而有效地维护彼此的关系。

在这样的幸福爱情中，爱情不仅是两个人之间的感情，也是两个人的生活方式。

做有意义的事，共同成长

不要做无意义的事。如果这件事做完，并不会有助于我们幸福的达成，那么不要去做。

两个人可以互相扶持、共同实现自己的梦想，并且享受互相陪伴和支持的愉悦感受。

心理学家罗伊·鲍迈斯特教授提出，生活的意义感主要由四个维度构成：

一是目的性：知道自己真正想做的是什么、想过的生活是怎样的；

二是重要性：认为自己所做的事情是有价值的；

三是自我效能感：觉得自己擅长做某件事，能获得成就感；

四是连贯性：现在所做对未来是有益处的。

如果两个人在这四个方面都能达成共识，每天就能活得精神抖擞，共同的人生规划能让彼此共同成长。

体验成就感，激发行动

真正的幸福爱情并非来自于最初的激情，而是需要经历生活的种种考验才能真正成型。

幸福有大有小，长久幸福及终身幸福的达成，是分阶段的。当我们已经开始感受到快乐和幸福的时候，要给予自己鼓励和肯定。

小小的成就感，有着激发我们行动的作用。保持这种持续的、积极的自我鼓励，追寻幸福的道路也会平坦很多。

真正的幸福爱情需要有共同目标和奋斗的力量。两个人在一起不仅仅是为了享受彼此的陪伴，更要相互促进，共同成长。

只有在共同奋斗的过程中，才能保持感情的长久和幸福的持续。

《幸福的婚姻》里说，每一桩婚姻，都面临着一定的情感任务，需要丈夫和妻子共同完成。

这些任务总结起来就是：让婚姻稳步成长，双方感情不断深化。

【热点解读】

爱情就是一场双向奔赴

双向奔赴的意义大概就是，当你为一个人奋不顾身的时候，他恰巧也在热烈地回应你。双向奔赴的爱情是双方互相鼓励支持，提供情绪价值，给彼此提供能量的关系。

无论是人生还是爱情，都充满了无数的未知与惊喜。我们在这条路上行走，感受着人生的悲欢离合，品味着爱情的酸甜苦辣，最终汇聚成一部属于我们自己的独特人生剧本，记录着千姿百态的生命故事。

我的恋爱和婚姻生活恰巧暗合了宋代词人秦观的“两情若是久长时，又岂在朝朝暮暮”。

1992 年我从中师毕业保送到东北师大心理系。刚入大学不久，学校召开新生联欢会，文科新生在一食堂、理科新生在二食堂。我们在教育学院，所以到一食堂参加联欢会。

联欢会的前半部分是乐器表演、歌舞表演等节目，然后是把桌子推到旁边，放上舞曲开始交际舞会。我和老公就是跳舞认识的。

当时高校为了组织引导好广大青年学生，丰富学生业余生活，经常开展周末驿站联欢晚会；而且给所有的食堂和运动馆安装上霓虹灯，周末就变成免费交际舞舞厅，学生会的会议室周末就变成录像厅放香港武打片。

刚开始我们在一食堂观看节目，交际舞会开始的时候，感觉一食堂这地面粘脚，宿舍里的大姐叫上我一起转去二食堂。

刚一进入二食堂刚好舞曲开始，大姐苗条又漂亮，立刻就被别人请去跳舞了。我是傻大个儿，穿着也土气，没有人请我，我被剩下落了单，自己一个人很尴尬地靠窗根低头站着。

不久有人从楼梯走上来，我余光感觉到径直朝我而来。他说："同学，可以请你跳支舞吗？"我被解救了一样满心感激，抬起头就给他一个愉快的微笑，竟然眼前一亮看到一个高大帅气阳光的大男生！

我们用笨拙的舞步开始随着音乐摆动。那时经常有工大和体院的学生来师大跳舞，并且我们师范学校高个子男生不多。出于对他的好奇心我便主动问话："同学你是师大的吗？"

就这样轻松随意地聊起来，他告诉我，他是隔壁工大二年级的学生，今天晚饭后来找河南老乡聊天，老乡邀他一起到学校食堂参加新生舞会。还扯着身上的衣服告诉我，这是老乡借给他的西装。哈哈，这么帅气、坦诚、实在的男生，我顿时心生好感，因为我父母也都是河南人更感亲切，就这样一个话题接着一个话题聊着，一曲接一曲地跳着，不知不觉到舞会结束，相互留了联系地址。

要知道我之前周末晚上跟舍友一起参加舞会的时候，基本都是不跟男生聊天的，但凡有男生问我们是哪个系的哪个宿舍的，我们都是瞎说一气，告诉别人最多的是隔壁水房的门牌号。见怪不怪了，经常有男生到宿管阿姨窗口请求帮忙喊人，阿姨已经熟练到不用查都知道哪个是水房号码，哈哈。

当时我是中师保送的，按照规定本科毕业时是必须要定向回到开通县通榆师范学校工作的。到省城读大学以后，难免心就野了不想回县城了，却又陷入迷茫不知所措的状态。

认识他以后，为了能跟他分配到一起，强大的内驱力促使我下决心要考研。但是我在中师四年是没有英语课的，也就是说我没有高中英语基础。从此我在上各门大学课程的同时，开始刻苦地补习高中英语，过二级、过四级、考六级，直到考研上岸。

我的大学本科四年很忙。忙专业课，忙着学英语，忙着做家教做钟点工挣生活费，忙学生干部组织委员的工作，还忙里偷闲地谈恋爱，每周末一起看电影。工大电影院每周末都播放电影，那时我俩一起看了很多奥斯卡经典影片。

1995 年作为优秀毕业生，他被双选到大型国有企业天津夏利汽车桥厂，成为售后服务科的一名职员。工作期间，他逐渐发现，国有企业缺少活力，原本充满雄心壮志的梦想，都被喝茶看报的日常琐碎取代。工资待遇低到只能勉强维持生活，一起分到工厂的大学生们纷纷跳槽离职。

在天津夏利汽车桥厂工作一年后，由于我在长春东北师大一边读研一边工作，毕业可以留校，我就建议他回长春。

1996 年 7 月经过考虑，他扔掉铁饭碗从国企辞职回到长春。为了生存，不得不降低择业标准，先后做过汽车配件商店销售业务员、出租车公司经理助理、电动工具全国销售业务员等。

1997 年 5 月在他处于工作最艰难最低谷的时候，为了让他心安，我俩登记结婚了。春节时，他第一次将我带回了河南老家。

1999 年 8 月，他在长春人才市场应聘加入一家美国公司驻长春办事处。此后的近五年，先后工作于吉林、锦州、哈尔滨三地办事处和沈阳分公司。

2000 年，他在锦州办事处工作，我怀孕期间，他每个月只能回家陪伴一天。

2001 年，他被调配到了寒冷的哈尔滨工作，为了周末能多陪我和孩子，他每周五坐火车深夜 23：30 到家，周一凌晨 3：00 又要出发赶火车，为了当天 8：00 能准时到岗。

2003 年我开始读博士，不想让他总在外面奔波，就建议并全力支持他自己创业，起点不高，规模很小，却为未来发展奠定了基础。

2006 年我博士毕业后有机会到北京高校工作，我们意见一致，全家迁居北京。一年后长春那边有平台有机会扩大企业规模，他又把工作重心移回长春。

2013 年正当公司高歌猛进大跨步发展时，意想不到的是 9 月 5 号我因积劳成疾突然查出乳腺癌，猝不及防的灾难如五雷轰顶，全家人如坠深渊。

9 月 12 号中午，儿子在学校因为忧心分神意外摔伤昏迷，他上午跑了 3 家医院为我寻求治疗方案，下午又跑了 4 家医院紧急抢救儿子。

我和孩子的突发危机刚刚缓解下来，两个月后几乎没有预兆，83 岁的婆婆在安睡中与世长辞！生活的苦难降临得让人猝不及防。

时间的脚步从来也不会为谁停止，每个人都要负重前行。以病为师，主动成长，五年后我的身体逐渐康复痊愈。

我很幸运得遇良医，身体没有太多损害，采用内分泌治疗法，从 2013 年到 2018 年五年用药打针治疗。那时高铁还没开，坐飞机耽误白天时间，于是他选择夕发朝至的火车卧铺往返：每周五晚上 10：00 上火车回北京，第二天早上 6：30 到家，洗漱后马上开车送儿子去周末辅导班；周日晚上 10：00 上火车回长春，周一早上 6：00 多到长春，直接到单位简单洗漱后召开例会。这五年的时间里他每周有两个晚上都是在火车卧铺上度过的，为了防止懈怠，他每周一就买好往返火车票，一坚持就是五年。

共同经历过风风雨雨，那份患难中的不离不弃全力以赴，比任何宝藏都更加珍贵。

时至今日，我们依然在长春和北京之间各自忙碌。他在经济不景气的大环境下保就业，我早出晚归地在图书馆修改书稿。

生日当天的早上，他自己煮个鸡蛋拍照发给我，说等过几天搞完活动就回北京陪我，我说“等我退休每天都给你做好吃的”。

精神上的双向奔赴和彼此成就，提供能量互相滋养是我们婚姻稳固的法宝。

幸福的终极密码到底是什么？

幸福陪伴着我们，当我们拥有积极的情绪、当我们全身心投入、当我们在寻找生命的意义、当我们拥抱朋友、当我们心存善念、当我们追求成功，做一切有益于我们生命的事情时——幸福就会如同最忠实的伴侣，始终陪在我们身边，伴随我们人生中的潮落潮起，花谢花开。

最终你会发现能获得幸福的逻辑链条是：努力自我成长，创造价值去利他，幸福是在被他人需要的感受中得到的副产品。

【拓展阅读】

[1] [美] 埃里希·弗洛姆. 爱的艺术 [M]. 李健鸣，译. 上海：上海译文出版社，2011.

[2] [美] 罗伯特·斯腾伯格. 爱情心理学 [M]. 李朝旭，译. 北京：世界图书出版公司，2024.

[3] [美] 莉尔·朗兹. 如何让你爱的人爱上你 [M]. 毛燕鸿，译. 北京：新世界出版社，2011.

[4] [美] 罗兰·米勒. 亲密关系 [M]. 北京：人民邮电出版社，2015.

[5] [美] 苏珊·福沃德. 情感勒索 [M]. 成都：四川人民出版社，2018.

[6] [美] 阿米尔·莱文. 关系的重建 [M]. 北京：台海出版社，2018.

[7] 岳晓东. 爱情中的心理学 [M]. 北京：机械工业出版社，2010.

[8] [美] 亚瑟·乔拉米卡利. 共情的力量 [M]. 北京：中国致公出版社，2019.

[9] [美] 芭芭拉·弗雷德里克森. 爱的方法 [M]. 北京：中信出版社，2014.

[10] [美] 盖瑞·查普曼. 爱的五种语言 [M]. 北京：中国轻工业出版社，2006.

[11] [美] 马丁·塞利格曼. 持续的幸福 [M]. 杭州：浙江人民出版社，2012.